Anton Gunzinger

Kraftwerk Schweiz

Für die nachfolgenden Generationen

Anton Gunzinger

Kraftwerk Schweiz

So gelingt die Energiewende

Zytglogge

Der Zytglogge Verlag wird vom Bundesamt für Kultur mit einem Strukturbeitrag für die Jahre 2016–2020 unterstützt.

MIX
Papier aus verantwortungsvollen Quellen
FSC® C068066

3., neu bearbeitete und ergänzte Auflage 2017
Alle Rechte vorbehalten
Copyright: Zytglogge Verlag 2015
Ghostwriter: René Staubli
Lektorat: Barbara Lukesch
Intermezzi: Seraina Morell Gunzinger (Texte) und Gianni Vasari (Bilder)
Fotografie der Kunst: Heinz Windler
Infografiken: Klaudia Meisterhans
Diagramme: Supercomputing Systems AG, Zürich
Umschlagsfoto: Thomas Gierl
Satz/Druck: Schwabe AG, Druckerei, Muttenz/Basel
Printed in Switzerland
ISBN 978-3-7296-0975-4

www.zytglogge.ch

Inhalt

Zu diesem Buch — 7

1. Im Paradies — 15
2. Weshalb es so nicht weitergehen kann — 19
3. Ein Leben fürs «Elektrische» — 25
4. Ziele einer Energiestrategie — 33
5. Werkzeugkoffer für gutes Systemdesign — 39
6. Werte bestimmen den Umgang mit Ressourcen — 51
7. Staats-, Privat- oder Allmendenwirtschaft? — 59
8. Von der Taschenlampe zur Energieversorgung — 65
9. Wie Strom erzeugt wird — 75
10. Spielregeln für das «Kraftwerk Schweiz» — 83
11. Risiken und verdeckte Kosten der Kernenergie — 89
12. Szenario «Weiter wie bisher – mit Kernenergie» — 103
13. Chancen und Grenzen der Solarenergie — 113
14. Szenario «Nur Solar» — 123
15. Strom aus 100 Prozent erneuerbarer Energie — 131
16. Szenario «Solar und Wind» — 137
17. Szenario «Solar, Wind und Biomasse» — 145
18. Intelligent: dezentrale Batterien und Lastverschiebung — 153
19. Stromautarkie – oder Abhängigkeit vom Ausland? — 159

20. Die Schweiz und der europäische Strommarkt — 165

21. Unser Stromnetz ist für die Energiewende gut gerüstet — 173

22. Ein SmartMeter für jeden Haushalt — 183

23. Unternehmertum statt Planwirtschaft — 193

24. 90 Prozent sparen beim Heizen — 199

25. Unser Treibstoffverbrauch – ein energetischer Unsinn — 209

26. Warum 1 Liter Benzin mehr als 10 Franken kosten sollte — 223

27. Land unter Strom — 235

28. Vergleich mit EU und USA: Musterland Schweiz — 245

29. Wenn ich Politiker wäre... — 253

30. Rosen statt Dornen — 261

31. Brief einer Studentin an ihren Urgrossvater — 267

Anhang — 273

Team — 311

Zu diesem Buch

Seit «Kraftwerk Schweiz» in der ersten Auflage erschienen ist, sind fast drei Jahre vergangen. Ich wollte mit dem Buch einen Beitrag leisten zu einer echten Energiewende unter Verzicht auf Atomstrom. Weil erbittert gestritten wurde, ob die Schweiz ihren Strombedarf mittel- und langfristig ausschliesslich mit erneuerbaren Energien (Wasser, Sonne, Photovoltaik, Biomasse) decken könnte, entwickelte ich zusammen mit Mitarbeitenden meiner Firma Supercomputing Systems AG (SCS) ein digitales Modell, das die Abbildung unterschiedlicher Versorgungsszenarien inklusive Kostenfolge ermöglicht. Zu meiner Überraschung zeigte sich, dass die Schweiz unter bestimmten Voraussetzungen tatsächlich zu 100 Prozent mit erneuerbarem Strom auskommen könnte.

Ermutigt durch dieses Ergebnis simulierten wir im folgenden Schritt das gesamte Schweizer Energiesystem unter Einbezug der mächtigen fossilen Energiefresser Wärme (Heizung) und Mobilität (Verkehr). Zu meinem abermaligen Erstaunen stellte sich heraus, dass wir in allen drei Bereichen mit der heute benötigten Strommenge auskommen könnten – unter der Voraussetzung, dass wir unsere Hausaufgaben machen: 1. Gute Gebäudeisolation, 2. Einsatz von Wärmepumpen, 3. Elektromobilität, 4. Verzicht auf unnötige Fahrten und 5. Strom sparen, wo es auf einfache Weise möglich ist. Was sich ebenfalls zeigte: Mit der Umstellung auf erneuerbare Energien lassen sich Hunderte von Milliarden Franken einsparen.

Nachdem mehr als 6000 Exemplare verkauft worden sind, erscheint «Kraftwerk Schweiz» nun in der dritten Auflage. Das Buch gilt im Energiesektor inzwischen als Standardwerk. Während mich Befürworter der Kernenergie vor der Abstimmung über die Energiestrategie 2050 des Bundes als «Volksverführer» bezeichneten und im Wallis Nein-Plakate mit meinem Konterfei aufgehängt wurden, liessen sich viele Politikerinnen und Politiker, Branchenvertreter und breite Bevölkerungskreise auf die Diskussion meines Energiemodells ein. Ich erhielt 2016 und 2017 so viele Einladungen zu Vorträgen wie nie zuvor. Bei einer Veranstaltung mit Bundesrätin Doris Leuthard im Casino Winterthur rund drei Wochen vor der Abstimmung war der Andrang so gross, dass 250 Personen keinen Platz mehr fanden. Viele Menschen schrieben mir, sie hätten dank des

Buches die Zusammenhänge begriffen und ihr persönliches Verhalten geändert, ein Elektroauto oder -velo gekauft oder das Haus isoliert und die alte Ölheizung durch eine Wärmepumpe ersetzt. Am 21. Mai 2017 hat das Schweizer Volk die Energiestrategie 2050 mit 58,2 Prozent deutlich angenommen. Dies trotz einer massiven Kampagne der Gegner.

Ich staune manchmal selber, wie schnell die Entwicklung im Energiebereich vorangeht. Als ich das Buch schrieb, kostete die Batterie des Elektro-Sportwagens Tesla Roadster 1000 Franken pro Kilowattstunde (kWh). Die eingebauten 56 kWh schlugen also mit stolzen 56 000 Franken zu Buche, der Hälfte des Fahrzeugpreises. Ich prognostizierte für das Jahr 2022 einen Batteriepreis von 300 Franken/kWh, worauf mir meine Mitarbeitenden sagten, ich sei ein unverbesserlicher Optimist, ein so niedriger Preis sei technologisch gar nicht möglich. Seit Anfang 2017 ist Renaults Elektrofahrzeug ZOE mit einem Batteriepreis von 200 Franken/kWh zu haben. Ein chinesischer Besucher meiner Firma sagte mir kürzlich, dass in seiner Heimat jetzt schon Batterien für 100 Franken/kWh erhältlich seien.

Die Realität übertrifft also meine kühnsten Erwartungen. China hat 2016 rund 850 000 Elektrofahrzeuge in Verkehr gesetzt, was einem Prozent der weltweiten Produktion entspricht. Mittlerweile sind dort 200 Millionen Elektroscooter unterwegs, eine unfassbare Zahl. Norwegen setzt voll auf erneuerbare Energie, obwohl es im Gegensatz zur Schweiz über eigenes Öl verfügt. Bereits sind dort 30 Prozent der Neuwagen Elektrofahrzeuge; in der Schweiz ist es nur gerade 1 Prozent. Das Ziel von Norwegen ist es, ab 2025 nur noch Elektrofahrzeuge zuzulassen. Meiner Meinung nach steht die Automobilindustrie am Anfang einer ähnlichen Entwicklung, wie sie die Telecomindustrie vor zehn Jahren beim Smartphone erlebt hat.

Es gibt aber auch besorgniserregende Entwicklungen: Die Klimaerwärmung schreitet beschleunigt voran, in der Schweiz erhöht sich die Temperatur doppelt so schnell wie im Weltdurchschnitt, unsere Gletscher schmelzen drastisch, und es kommt zu verheerenden Murgängen wie jenem im bündnerischen Bondo im August 2017. Der neue US-Präsident Donald Trump setzt erneut auf dreckige Kohle und lässt eine Pipeline bauen, die Öl aus den Teersandvorkommen in der kanadischen Provinz Alberta zu Raffinerien in Texas befördern soll.

Öl aus Sand hat einen katastrophalen CO_2-Rucksack und trägt massiv zur Erderwärmung bei. Klimaforscher sagen, dass 1 Grad Celsius Erwärmung weltweit zu 20 Prozent mehr Regen führt – Houston in eben jenem Texas hat das im August 2017 bei der Sturmflut auf katastrophale Weise erlebt.

In der dritten Auflage von «Kraftwerk Schweiz» habe ich in den Kapiteln 25 und 26 über die Mobilität einige Ergänzungen vorgenommen. Neu ist in der Berechnung der CO_2-Emissionen jetzt auch die «graue» Energie in Fahrzeug und Batterie enthalten – also jene Energie, die zur Produktion und Entsorgung aufgewendet werden muss. Ebenso habe ich das Kapitel 29 über den politischen Handlungsbedarf angepasst, weil sich die Situation seit der Abstimmung anders präsentiert. Das Ja zur Energiestrategie 2050 ist aus meiner Sicht ein Schritt in die richtige Richtung, aber eben nur ein erster Schritt auf dem Weg zu einer Schweiz, die – gemessen an ihrer Grösse – zur Erhaltung ihres Wohlstands nicht mehr die Ressourcen von drei bis vier Erden verbraucht, sondern ihren Fussabdruck deutlich reduziert. Den Rest des Buches habe ich beibehalten, weil sich auf technischer Ebene nichts Grundsätzliches verändert hat. Einzig die Preise einiger Technologien (z.B. Photovoltaik) sinken noch schneller als damals angenommen – ein weiteres Argument für den Einsatz erneuerbarer Energien.

Dass dieses Buch zu einem solchen Erfolg werden konnte, verdanke ich auch unzähligen engagierten Helfern und Mitdenkenden. So konnte ich beispielsweise auf Arbeiten und Resultate von Vorprojekten zurückgreifen, die die SCS mit dem Bundesamt für Energie (BFE), der BKW Energie AG und dem Elektrizitätswerk der Stadt Zürich (ewz) durchgeführt hat. Für die Beisteuerung solch unverzichtbarer Informationen danke ich den Verantwortlichen dieser Organisationen herzlich. Ebenso danke ich Roland Troxler (Energie 360°) für das Modell zur Berechnung der Heizenergie in Häusern. Ein grosser Dank gebührt auch allen Studenten und Mitarbeitenden der SCS, die mit Ausdauer und Präzision relevante Daten in den richtigen Kontext gestellt haben. Ohne ihre ausgezeichnete Arbeit wäre die Realisierung des Simulationsprogrammes und dieses Buches nicht möglich geworden.

Hugo Ramseyer, ehemals Inhaber des Zytglogge Verlages, gebührt ein ganz besonderer Dank dafür, dass er mich dazu bewogen und inspiriert hat, dieses Buch zu schreiben. Inzwischen ist der Basler Schwabe Verlag massgeblich an

Zytglogge beteiligt. Thomas Gierl, Mitglied der Geschäftsleitung der Schwabe AG und Zytglogge-Verlagsleiter, danke ich ebenfalls herzlich für seine Offenheit und Unterstützung dieses Buchprojektes.

Ich bin als Ingenieur übermässig zahlenorientiert, was die Kommunikation zuweilen etwas kompliziert macht. Der erfahrene Journalist René Staubli hat das Unmögliche möglich gemacht: Er hat aus allem, was ich ihm erzählt und erklärt habe, das Wesentliche herausdestilliert und es in eine klare, griffige, gut verständliche Sprache gefasst. Formeln und Zahlen erlaubte er mir nur dort, wo sie fürs Verständnis unverzichtbar waren. René Staubli ermöglichte mit seiner engagierten Arbeit den Transfer vom Wissen zum Buch. Für seine Geduld, Genauigkeit und Ausdauer danke ich ihm ganz herzlich. Mein Dank gilt auch der Infografikerin Klaudia Meisterhans, die alle technischen Zeichnungen in eine übersichtliche, verständliche Form gebracht hat, sowie der Journalistin Barbara Lukesch für ihr sorgfältiges Lektorat. Ebenfalls danke ich meiner Frau Seraina und meinem Freund Gianni Vasari für die Intermezzi zwischen den Kapiteln, die wie kleine Ruheinseln im komplexen Meer der Energiematerie zum Innehalten und Verlüften des Kopfes einladen.

Wenn dieses Buch einen Beitrag zum besseren Verständnis unseres Energiesystems leisten kann und Sie, liebe Leserin, lieber Leser, dazu animiert, persönlich zum Gelingen der Energiewende beizutragen, dann hat sich unsere Arbeit mehr als gelohnt.

Ich möchte an dieser Stelle auch den vielen Menschen danken, die mir ein schriftliches Feedback auf das Buch gegeben haben. Und ich möchte mich bei denjenigen entschuldigen, die immer noch keine Antwort von mir erhalten haben; ich bin einfach überwältigt von der schieren Menge der Zuschriften. Und nun wünsche ich viel Spass und Erkenntnisgewinn beim Lesen.

Zürich, im September 2017, Anton Gunzinger

Viele Menschen haben mir in den letzten Monaten und Jahren mit ihren differenzierten und kritischen Kommentaren wertvolle Anregungen für dieses Buch gegeben. Ihnen allen gebührt mein grosser Dank:

Adrian Altenburger, Vizepräsident, Schweizerischer Ingenieur- und Architektenverein (SIA); Prof. Dr. Göran Andersson, Institut für Energieübertragung, ETH Zürich; Dr. Felix Andrist, Leiter Sektion Statistik und Perspektiven, BFE; Stephan Attiger, Regierungsrat, Vorsteher Departement Bau, Verkehr und Umwelt, EnDK; Franziska Barmettler, Co-Geschäftsführerin, Leiterin Politik swisscleantech; Dr. Rainer Bacher, Managing Director, Bacher Energie AG; Nick Beglinger, Präsident swisscleantech; Dr. Mohamed Benahmed, Leiter Sektion Netze, BFE; Peter C. Beyeler, ehem. Regierungsrat Kanton Aargau; Urban Biffiger, Leiter Sektion Energiewirtschaft, Kanton Aargau; Jon Bisaz, Leiter Energie, Telecom und Elektroanlagen, SBB Infrastruktur; Prof. Dr. Gianluca Bona, CEO, Empa; Prof. Dr. Konstantinos Boulouchos, Institut für Energie, ETH Zürich; Christian Brunner, Kommissionsmitglied, Elcom; Lukas Bühlmann, Direktor, Vlp-aspan; Jürg Buri, Geschäftsleiter Energiepolitik, Energiestiftung; Dr. Maurus Büsser, Generalsekretär, Departement Bau, Verkehr und Umwelt, Kanton Aargau; Andri J. Casura, Leiter Qualitätsmanagement, ewz Verteilnetze; Dr. Philipp Dietrich, Leiter Technologiemanagement, Axpo Holding AG; Prof. Dr. Ralph Eichler, ehem. Präsident, ETH Zürich; Michael Frank, Direktor, Verband Schweizerischer Elektrizitätsunternehmen (VSE); Dr. Daniele Ganser, Leiter, SIPER; Dr. Pascal Gentinetta, ehem. Geschäftsführer economiesuisse; Pierre-Alain Graf, CEO, swissgrid AG; Elmar Grosse Ruse, WWF Schweiz; Dr. Andreas Grossen, Leiter Politik, GL-Mitglied des Verbands der schweizerischen Gasindustrie (VSG); Jürg Grossen, Nationalrat; Peter Grütter, Präsident, asut; Bernard Gutknecht, Projektleitung ideja, Agentur für erneuerbare Energien und Energieeffizienz (A EE); Prof. Dr. Lino Guzzella, Rektor und zukünftiger Präsident ETH Zürich; Hans Hess, Präsident, swissmem; Dr. Stefan Hirsberg, Energie System Analyse, PSI; Patrick Hofstetter, Leiter Klima und Energie, WWF Schweiz; Pius Hüsser, CEO Nova Energie GmbH, Aarau, Agentur für erneuerbare Energien und Energieeffizienz (A EE); Dr. Hansheiri Inderkum, Ständerat, Mitglied Beirat Energienetze; Dr. Tony Kaiser, Geschäftsführer, Trialog; Dr. Almut Kirchner, Leiterin Energie- & Klimaschutzpolitik, Prognos; Georg Klingler Heiligtag, Leiter Kampagnen für erneuerbare Energien, Greenpeace Schweiz; Prof. Dr. Reto Knutti, Institute for Atmospheric and Climate Science, ETH Zürich; Dr. Jean-Philippe Kohl, Vizedirektor, Bereichsleiter Wirtschaftspolitik, swissmem; Dr. Oliver Krone, Leiter Marketing, BKW Energie AG; Dr. Lukas Küng, Senior KAM, BG Ingenieure und Berater AG; Daniel Laager, Verband Schweizerischer Elektrizitätsunternehmen (VSE); Dr. Kurt Lanz, Leiter Infrastruktur, Energie & Umwelt, economiesuisse; Peter Lehmann, Vorsitzender der Geschäftsleitung, IB Wohlen AG; Dr. Hajo Leutenegger, ehem. Präsident Erdgas-Wirtschaft, Verband der schweizerischen Gasindustrie (VSG); Dr. Werner Leuthard, Leiter Abteilung Energie, Kanton Aargau; Benedikt Löpfe, Leiter Verteilnetze ewz Verteilnetze; Hansruedi Lutenauer, Leiter Netzdesign, ewz Verteilnetze; Dr. Urs Meister, Projektleiter, Avenir Suisse; Martin Michel, Sektion Netze, BFE; Dr. Johannes Milde, CEO, Siemens Building Technologies; Walter Müller, CEO Energieberatung, Gruppe Grosser Stromkunden; Andreas Münch, Mitglied der Generaldirektion, Migros-Genossenschafts-Bund; Marc-Philippe Mürner, Leiter Smart Grid Components,

BKW Energie AG; Stefan Muster, Leiter für Wirtschaft und Regulierung, Verband Schweizerischer Elektrizitätsunternehmen (VSE); Prof. Dr. Horst-Michael Prasser, Institut für Energietechnik, ETH Zürich; Roland Ramseier, Marketing Manager bei SIG, Verband Schweizerischer Elektrizitätsunternehmen (VSE); Dr. Dietrich Reichelt, Leiter Division Netze, Axpo Power AG; Sabine Reichen, wissenschaftliche Mitarbeiterin Departement Bau, Verkehr und Umwelt, Kanton Aargau; Dr. Markus Roos, Numerical Modelling GmbH; Prof. Dr. Nicole Rosenberger, IAM Institut für Angewandte Medienwissenschaft, ZHAW; Christoph Rutschmann, CEO Rüegg Cheminée AG, Agentur für erneuerbare Energien und Energieeffizienz (A EE); Prof. Dr. Christoph Schär, Institut für Atmosphäre und Klima, ETH Zürich, Agentur für erneuerbare Energien und Energieeffizienz (A EE); Prof. Dr. Bernd Schips, ehem. Leiter KOF, ETH Zürich; Kaspar Schuler, ehem. Geschäftsleiter, Greenpeace Schweiz; Michael Schultz, Ministerialrat, BMWi; Dr. Gerhard Schwarz, Direktor Avenir Suisse; Dr. Walter Steinmann, Direktor BFE; Sonja Studer, Ressortleiterin Energie, swissmem; Dr. Marcel Sturzenegger, stellvertretender Abteilungsleiter, Kanton St. Gallen, Abteilung Energie und Wasserkraft, EnDK; Renato Tami, Geschäftsführer, ElCom; Dr. Suzanne Thoma, CEO BKW Energie AG; Walter Thurnherr, Generalsekretär, UVEK; Martin Tschirren, stellvertretender Direktor, Stadtverband Bern; Thomas Vellacott, CEO, WWF Schweiz; Emanuel Wassermann, Unternehmer, topikpro; Prof. Dr. Alexander Wokaun, Leiter Energie Departement PSI; Prof. Dr. Rolf Wüstenhagen, Institut für Wirtschaft und Ökologie, HSG; Niklaus Zepf, Leiter Corporate Development, Axpo Holding AG; Dr. Christian Zeyer, Co-Geschäftsführer, Leiter Klima und Energie, swisscleantech; Dr. Marianne Zünd, Medienverantwortliche, BFE

Da ich davon ausgehen muss, dass diese Liste trotz redlicher Bemühungen meinerseits nicht vollständig ist, seien an dieser Stelle ausdrücklich auch all jene Beitragenden verdankt, die hier nicht namentlich genannt sind.

Der Verlag dankt für die Publikationsbeiträge:
Bundesamt für Energie BFE
Dr. Franz Käppeli Stiftung
ewz

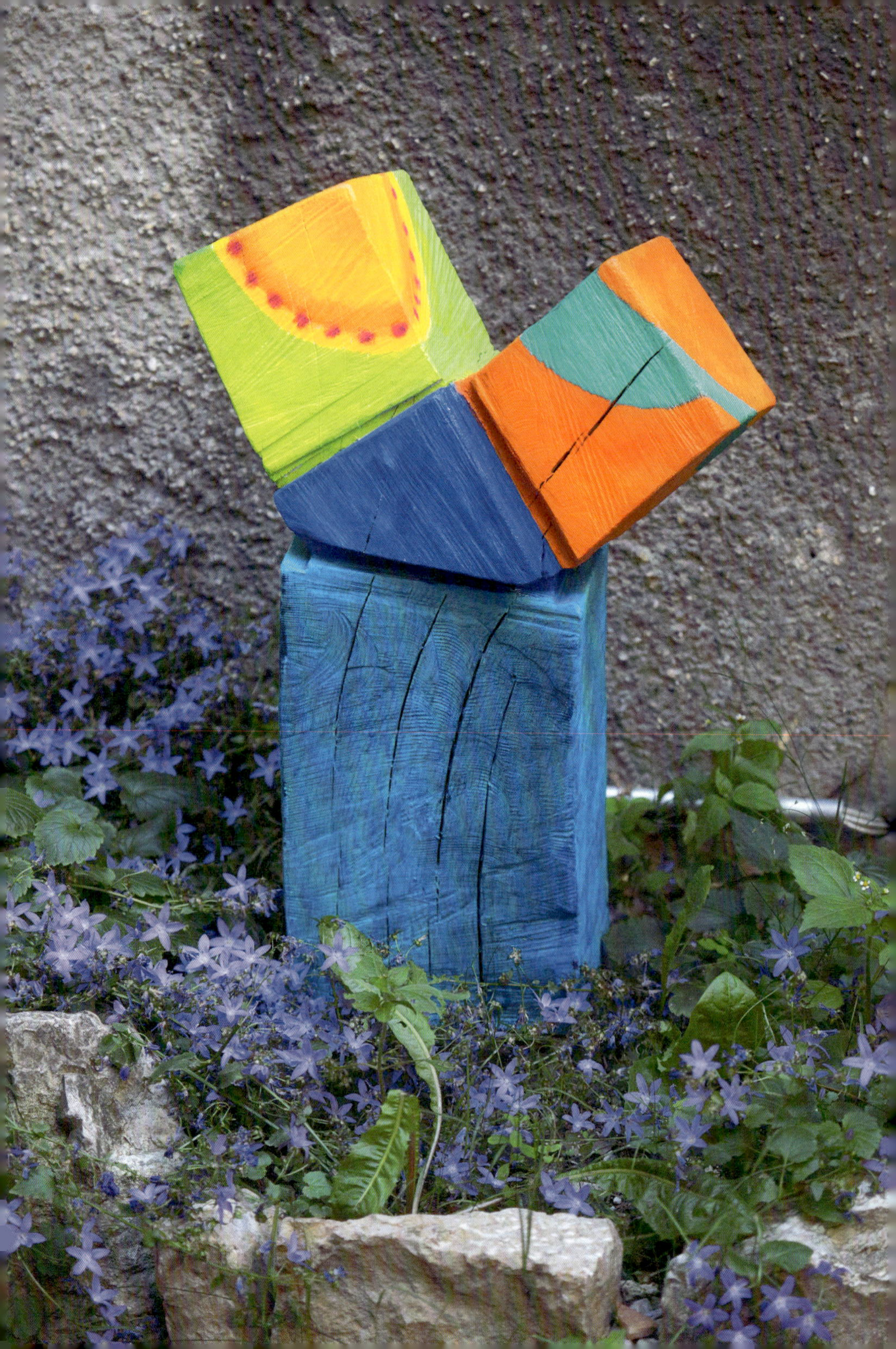

1. Im Paradies

Vor einigen Jahren machte ich zusammen mit meiner Frau eine Indienreise. Eines Abends schauten wir Hindi-TV, gezeigt wurde ein Film aus Bollywood. Natürlich verstanden wir kein Wort. Es ging wie in den meisten Filmen um eine Liebesgeschichte, und irgendwann wollte sich das Paar küssen. Nun ist es in Indien aber so, dass man sich in der Öffentlichkeit nicht küsst und solche Szenen in aller Regel auch nicht in Filmen zeigt. Bevor sich die Lippen der Liebenden berührten, gab es einen Schnitt; in der nächsten Einstellung sah man die beiden in einer Gruppe von Frauen und Männern auf einer Wiese tanzen. Das kommt mir so bekannt vor, dachte ich. Es hatte Kühe auf der Wiese, dann kam eine Alphütte ins Bild und kurz darauf ein Berg mit vertrauten Umrissen. «Das ist doch der Titlis!», sagte ich zu meiner Frau – und erkannte Engelberg, als die Kamera weiter schwenkte.

Ein paar Tage später sassen wir wieder vor dem Fernseher und schauten uns einen andern Bollywood-Film an. Wieder ein Liebesfilm, wieder eine Beinahekussszene, wieder ein Schnitt. Diesmal tanzten die Inder vor dem Hotel Victoria Jungfrau in Interlaken, leuchtende Berggipfel im Hintergrund. Die Botschaft war klar: Wenn man in Indien total glücklich ist, befindet man sich im Paradies, und wenn man das Paradies abbilden will, zeigt man die Schweiz.

Tatsächlich habe auch ich das Gefühl, in einem Paradies zu leben. Das beginnt bei ganz alltäglichen Dingen: Wenn ich nach Hause komme und den Lichtschalter betätige, ist der Strom immer da. Die Wohnung ist im Winter geheizt, und unsere Telefone funktionieren zuverlässig. Selbst bei Nacht kann ich durch jedes Quartier spazieren, ohne mich bedroht zu fühlen. Kulturell gesehen ist Zürich für mich eine der interessantesten Städte der Welt. Das vielfältige Angebot hält sie lebendig und macht sie spannend. Und dann die landschaftlichen Reize: Ich hatte einmal einen Mitarbeiter, der in Manhattan aufgewachsen war. Wir gingen zusammen ans Limmatschwimmen, das im Sommer jeweils mehr als 4000 Menschen anzieht. Ich erinnere mich gut, wie mein Begleiter fast ausflippte. Er sagte, es wäre undenkbar, ja geradezu selbstmörderisch, im Hudson River zu schwimmen. Der Fluss sei so dreckig, dass man sich mit Sicherheit eine üble Krankheit holen würde. Bevor man Kläranlagen baute, waren unsere

Gewässer teilweise auch in einem bedenklichen Zustand. Doch heute können wir in jedem Fluss und in jedem See bedenkenlos baden, das Wasser ist sauber. Mein Mitarbeiter schwamm neben mir her und sagte ein ums andere Mal: «Das ist doch fast nicht möglich, dass es so etwas gibt!» In solchen Momenten wird einem bewusst, wie privilegiert wir leben.

Das verdanken wir nicht zuletzt unseren Vorfahren. Ich erinnere mich an meine erste Fahrt aufs Jungfraujoch, von dem ich stets dachte, es sei nur etwas für Touristen. Allein die Tatsache, dass man auf der Kleinen Scheidegg in eine Bahn steigen kann, die einen durch die Eigernordwand 1400 Meter höher transportiert, ist bemerkenswert. Was da vor mehr als 100 Jahren mit hoher technologischer Kunst gebaut worden ist, verdient den grössten Respekt. Als ich auf den Aletschgletscher hinausblickte, war ich fasziniert von der Schönheit dieser einzigartigen Bergwelt, einfach atemberaubend. Letztes Jahr sind meine Frau und ich zu Fuss von Leukerbad zum Gemmipass hochgestiegen. Das war sehr anstrengend, aber wenn man oben ankommt und all die 4000er der Walliser und Berner Alpen sieht, könnten einem die Tränen kommen, das sind schon grossartige Geschenke der Natur.

Wir leben wirklich in einem Paradies und vergessen leicht, dass die Schweiz noch vor 150 Jahren das Armenhaus Europas war. Damit wir nicht verhungerten, erhielten wir Nahrung aus dem Osten, der damaligen Kornkammer Europas. Zwischen 1850 und 1914 haben rund 400 000 Schweizer Bürgerinnen und Bürger ihre Heimat verlassen, viele flohen vor der Armut.

Märchen sind wahr geworden

Inzwischen sind viele Märchen, die sich unsere Vorfahren erzählt haben, Wirklichkeit geworden: Die Heinzelmännchen aus den damaligen Bilderbüchern sind unsere Geschirrspülmaschinen, Waschmaschinen und Staubsauger. Das Pferd, das «schneller als der Wind» galoppieren kann, steht uns als Auto oder Bahn täglich zur Verfügung. Der «fliegende Teppich» ist in Gestalt des Flugzeugs ebenso Realität geworden wie das «Tischlein deck dich» (Supermarkt, Essen im Überfluss). Wir sind, wie Jules Verne es vorausgesagt hat, mit Raketen zum Mond geflogen und haben mit Unterseebooten die Tiefen der Ozeane erkundet. Selbst die Kristallkugel, die uns verrät, was irgendwo auf der Welt geschieht, steht uns zur Verfügung – als Smartphone.

Wir sind Teil einer höchst komfortablen Welt. Das Fernsehen vermittelt uns Bilder von exklusiven Veranstaltungen, für die wir kaum Eintrittskarten bekämen. Die Medien versorgen uns rund um die Uhr mit den neusten Nachrichten. Im Alltag stehen uns die modernsten Technologien zur Verfügung, der öffentliche Verkehr ist vom Feinsten, und für die Erfüllung materieller Wünsche genügt oftmals ein Klick.

Dieser Erfolg kommt nicht von ungefähr. Die Schweiz verfügt über ein hervorragendes Bildungssystem. Kürzlich habe ich an der ETH, wo ich als Professor am Institut für Elektronik lehre, Prüfungen von Studenten abgenommen. Etliche von ihnen haben im Ausland an verschiedenen Hochschulen studiert, auch an solchen mit absolutem Topranking. Sie sagten mir, die Ausbildung an der ETH sei sensationell gut, um Klassen besser als alles, was sie bisher kennengelernt hätten.

Die Vorteile unseres Landes weiss ich aber auch als Unternehmer zu schätzen. Ich habe meine Firma Supercomputing Systems AG 1993 gegründet. Heute beschäftigen wir im Zürcher Technopark rund 100 hoch qualifizierte Mitarbeitende. Wir verstehen uns als Entwicklungsdienstleister für Elektronik, Software und Systemdesign. Unsere nationalen und internationalen Kunden kommen aus der Automobil- und Computerindustrie, dem Transportwesen, der Kommunikations-, Lifescience- und Energiebranche. In den letzten 20 Jahren habe ich durchwegs die Erfahrung gemacht, dass Leistung belohnt wird, und dass man niemandem Schmiergelder zahlen muss, um Aufträge zu erhalten. Der harte Konkurrenzkampf ist zwar nicht immer paradiesisch, motiviert einen aber, einen guten Job zu machen.

«Stell dir vor, du lebst im Paradies, und niemand merkt es» – dieser Satz geht mir in letzter Zeit oft durch den Kopf. Sind wir Schweizer dafür dankbar, dass wir in einem materiellen Paradies leben? Meistens nicht. Hat uns der Wohlstand glücklicher gemacht? Vielleicht. Ich jedenfalls wünsche mir, dass auch die nächsten Generationen – nicht nur unsere Enkel und Urenkel – so leben können wie wir. Das wäre mein Traum von einer zukunftsfähigen Schweiz.

Am Anfang war da Öl
Am Ende war es weg

Dazwischen war da Fortschritt
– für die einen

Und dann?

2. Weshalb es so nicht weitergehen kann

Viele von uns erinnern sich an den Film «Apollo 13» und den Funkspruch des Kommandanten: «Houston, we have a problem.» Nach einer Explosion im Serviceteil war die Energieversorgung der Raumkapsel zusammengebrochen und eine dramatische, letztlich erfolgreiche Rettungsaktion nahm ihren Anfang. Auch wir haben ein gravierendes Problem: Wir hinterlassen auf der Erde einen viel zu grossen ökologischen Fussabdruck. In der Schweiz verbrauchen wir pro Kopf jeden Tag mehr als 4 Liter Erdöl in Form von Treib- und Brennstoffen, obwohl uns nur ungefähr 1,4 Liter zustehen würden. Wir tun es, obwohl dieser fossile Rohstoff absehbar zur Neige geht.

Insgesamt ist der ökologische Fussabdruck der Schweiz heute ungefähr drei Erden gross. Das bedeutet: Wenn die ganze Menschheit so leben würde wie wir, benötigte sie die Ressourcen von drei Erden. Wir haben aber nur eine. Für dieses Problem gibt es drei Lösungsansätze:

1. Wir machen weiter wie bisher. Das bedeutet allerdings, dass sich nur eine kleine Elite diesen verschwenderischen Lebensstil leisten kann, in erster Linie wir Menschen in den westlichen Industrienationen. Um diesen Lifestyle zu erhalten, müssen wir primär dafür sorgen, dass ihn die andern nie erreichen. Wir müssen unser Territorium mit allen Mitteln verteidigen, notfalls mit Waffengewalt.

2. Wir reduzieren die Weltbevölkerung. Eine Erde würde genügen, wenn sie statt von mehr als 7 Milliarden Menschen nur noch von 2 Milliarden bevölkert würde. Allerdings weiss ich nicht, wie man diese Reduktion um mehr als 70 Prozent zustande bringen könnte.

3. Wir reduzieren unseren Fussabdruck. Die Rechnung ist einfach: Der ökologische Fussabdruck der Schweiz darf in Zukunft höchstens noch eine Erde gross sein. Wäre es so, würden wir an nicht erneuerbaren Ressourcen nur noch so viel beanspruchen, wie uns tatsächlich zusteht. Wenn wir das schaffen, leben wir in einer gerechteren Welt.

Intelligente Norweger

An diesem Punkt fühle ich mich als Ingenieur und Unternehmer herausgefordert, denn die Technik kann mithelfen, dieses Problem zu lösen. Es geht um die Frage, wie wir den Anteil der nicht erneuerbaren Energien, die rund zwei Drittel unseres ökologischen Fussabdrucks ausmachen, massiv senken können. Hier müssen wir ansetzen. Allerdings können wir diese Aufgabe nur kollektiv als Volk lösen.

Dazu kommt mir folgende Geschichte in den Sinn: Zu Beginn der 1960er-Jahre hatte man in der Nordsee riesige Erdölvorkommen entdeckt. Die Förderung begann 1971 und wurde nach der Ölkrise von 1973 massiv ausgebaut. Davon haben vor allem drei Länder profitiert: Holland, Grossbritannien und Norwegen. Was haben die Holländer getan? Sie sagten: «Das ist eine Supersache, eine tolle Einnahmequelle! Wir finanzieren damit unseren Staatshaushalt und können so die Steuern senken.» Interessanterweise wurde Hollands Wirtschaft, obwohl sie weniger Steuern abliefern musste, nicht wettbewerbsfähiger. Im Gegenteil: Sie verlor gegenüber der internationalen Konkurrenz sukzessive an Boden. Als 1999 in der Nordsee der Peak Oil überschritten wurde, die Fördermengen also zurückgingen und damit auch die Einnahmen des Staates, musste die geschwächte Wirtschaft wieder mehr Steuern abliefern, was ihre Konkurrenzfähigkeit zusätzlich minderte. Die Zukunftsaussichten der Holländer sind trüb: Die Ölförderung in der Nordsee geht Jahr für Jahr um 6 Prozent zurück. 2050 wird man nur noch rund 10 Prozent der heutigen Einnahmen erzielen können.

Was haben die Briten gemacht? Sie sagten: «Das ist eine Supersache, eine grossartige Einnahmequelle! Wir holen möglichst schnell möglichst viel Öl aus dem Boden heraus.» Das taten sie und verkauften es für 15 Dollar pro Fass. Auch die Briten wurden vom Peak Oil erwischt – mit der Folge, dass sie inzwischen von einem Erdölexportland zu Importeuren geworden sind. Für ein Fass mussten sie in den letzten Jahren bis zu 120 Dollar zahlen, siebenmal mehr, als sie eingenommen haben. Ihre Zukunftsaussichten sind ebenfalls nicht gerade rosig.

Und die Norweger? Sie sagten: «Das ist eine Supersache, eine wahnsinnig gute Einnahmequelle! Aber eigentlich sollten auch die nächsten Generationen von diesem Reichtum profitieren können; wir legen deshalb das Geld am besten auf die Seite.» Sie steckten die ganzen Einnahmen aus dem Ölgeschäft in einen staatlichen Pensionsfonds (Oljefondet), der mittlerweile mehr als eine Billion Dollar schwer ist und schöne Zinsen abwirft. Parallel dazu investierten die Norweger in neue Technologien. Heute stehen sie mit einem Anteil von 64,5 Prozent erneuerbaren Energien am Gesamtenergieverbrauch an der Spitze Europas. Überdies sind sie weltweit führend in der Konstruktion und im Betrieb von Ölplattformen. Norwegen ist gut auf die Zukunft vorbereitet.

Aus meiner Sicht haben die Norweger ganz klar am intelligentesten gehandelt. Trotz schnellem Reichtum haben sie sich entschieden, haushälterisch mit dem Geld und vor allem mit dem nicht erneuerbaren Rohstoff Öl umzugehen. Gleichzeitig haben sie Tausende von hoch qualifizierten Arbeitsplätzen geschaffen.

Wie stellt man die Weichen richtig?
Man fragt sich natürlich, warum die Norweger einen andern Weg gegangen sind als die Briten und die Holländer. Die drei Staaten hatten eine vergleichbare Ausgangslage, alle sind konstitutionelle Monarchien, in denen die Entscheidungen vom Parlament getroffen wurden. Das ist der Punkt, der mich brennend interessiert: Wie kann ein Land die Weichen so stellen, dass es für die Zukunft gut gerüstet ist? Ich hoffe, dass dieses Buch dazu beiträgt, dass die Schweiz einen ebenso klugen und zukunftstauglichen Weg wie Norwegen einschlägt, wenn es um die Energiewende geht.

Solche Weichenstellungen hängen auch immer von den Informationen ab, die den Politikern zur Verfügung stehen. Viele stützen sich auf die Einschätzungen der Internationalen Energieagentur IEA in Paris ab, die unmittelbar nach der Ölkrise gegründet wurde. Allerdings ist die IEA dafür bekannt, dass sie sich bezüglich der Ölreserven immer sehr zuversichtlich äussert. Das tut sie vor allem aus Rücksicht auf die Amerikaner. Von den 88 Millionen Fass der täglichen, weltweiten Produktion verbrauchen die USA mehr als ein Fünftel. Bei einem Preis von 100 Dollar pro Fass entspricht das einem Wert von 1,8 Milliarden Dollar – *pro Tag!* In einem Jahr sind das mehr als 650 Milliarden Dollar. Jeder Preisanstieg ist eine enorme wirtschaftliche Belastung für die Vereinigten Staaten. Die USA sind folglich sehr daran interessiert, dass die Gesamtsituation positiv dargestellt wird.

Diesem Bedürfnis trägt die IEA seit vielen Jahren Rechnung. So prognostizierte sie um die Jahrtausendwende, dass der Ölpreis pro Fass im Jahr 2020 ungefähr bei 20 Dollar liegen werde. Sechs Jahre später erhöhte sie die Schätzung auf 50 Dollar pro Fass. Doch auch dieser Wert dürfte meilenweit daneben liegen, stieg doch der Ölpreis auf 120 Dollar *(Anhang A 1)*. Dass er in jüngster Zeit wieder auf weniger als 60 Dollar gesunken ist, hängt laut Polit- und Wirtschaftsbeobachtern damit zusammen, dass Saudi-Arabien, um seine Konkurrenten auf dem Ölmarkt zu schwächen und die eigene Position zu behaupten, bewusst mehr Öl fördert, als nachgefragt wird. Bei derart tiefen Preisen können die USA und Russland mit ihren kostspieligen neuen Fördermethoden nicht mehr gewinnbringend produzieren. Derweil betont die IEA, es gebe genügend Ölreserven, da müsse man keine Bedenken haben. Sie verweist auf alternative Fördermethoden, mit denen man den Rückgang des konventionellen Erdöls kompensieren könne. Konventionelles Erdöl ist leicht förderbar: Man bohrt ein Loch in den Boden, und es spritzt heraus, wie wir das aus den Lucky-Luke-Comics kennen. Die alternativen Fördermethoden sind viel aufwendiger und mit schweren Nachteilen behaftet: Beim Fracking werden grosse Mengen Gift in den Boden gespritzt. Die Offshore-Förderung gefährdet die Meere, wie die Deepwater-Horizon-Katastrophe im Golf von Mexiko gezeigt hat. Und mit dem Abbau von Ölsand werden ganze Ökosysteme vernichtet.

All diese Verfahren haben überdies eine schlechte Energiebilanz. Beim konventionellen Erdöl verhält sich der Energieverbrauch für die Förderung zum Energieertrag wie 1:100, beim Fracking und der Offshore-Förderung wie 10:100 (Tendenz steigend). Bei der Gewinnung von Ölsand verschlechtert sich das Verhältnis gar auf 30:100! Der grössere Aufwand verteuert das Öl auf Dauer massiv, und es wird viel mehr CO_2 pro Liter Öl produziert.

Weil die Menschen in der Dritten Welt auch Auto fahren wollen und die globale Nachfrage nach Erdöl deshalb stetig steigt, tut sich nach 2020 eine globale Versorgungslücke auf. Die IEA gibt dieser Lücke auf einer Grafik den Titel «Noch zu entdeckende Felder» *(Anhang A 2)*. Persönlich zweifle ich daran, dass noch Ölvorkommen in dieser Grössenordnung gefunden werden; die

Einschätzung der IEA scheint mir auch hier zu optimistisch. Die Wahrscheinlichkeit, dass man mit den heutigen Technologien grosse Vorkommen übersehen hat, erachte ich als gering.

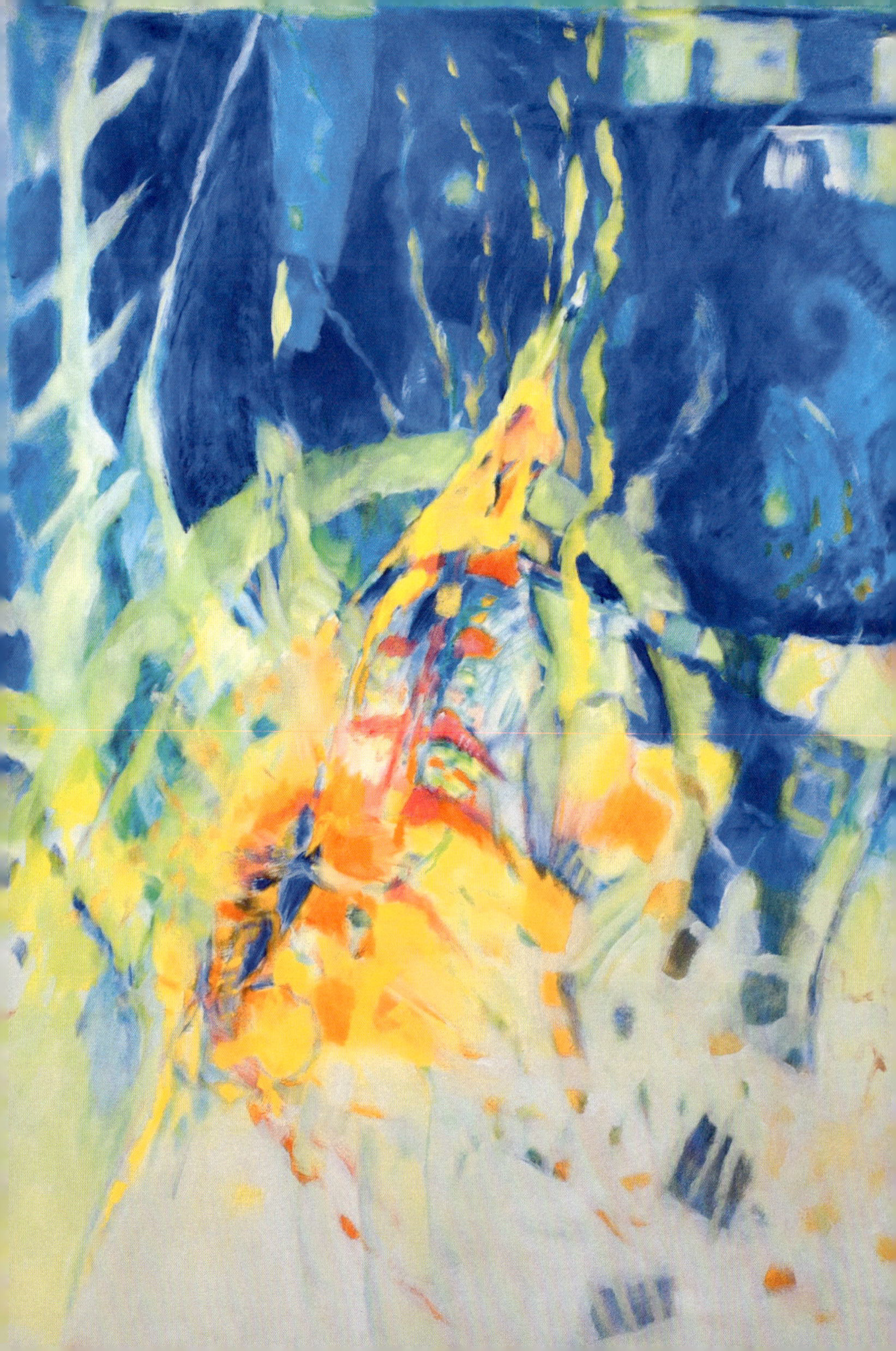

3. Ein Leben fürs «Elektrische»

Ich bin auf einem Bauernhof im 1200-Seelen-Dorf Welschenrohr im Solothurner Jura aufgewachsen. Wir hatten zehn Kühe, sechs Schweine, ein Dutzend Hühner, zwei Pferde, aber keinen Traktor. Auf den Feldern pflanzte mein Vater Kartoffeln, Rüben und Weizen; er führte einen typischen Mischbetrieb. Ich hatte keine Geschwister, mein älterer Bruder war kurz nach der Geburt gestorben. Als Bub musste ich auf dem Feld und im Stall mithelfen, was ich ohne grosse Begeisterung tat. Viel lieber war ich mit den Nachbarskindern unterwegs, von denen die meisten aus Uhrmacherfamilien kamen. Wir tobten in der Scheune herum, bauten Hütten im Wald, stauten Bäche und gingen zwischendurch auch mal mit Pfeilbogen und Bohnenstangen aufeinander los.

Schon als kleiner Junge faszinierte mich die Technik. Als Vierjähriger nahm ich im Schopf alte Lampen auseinander, und mit sieben verstand ich bereits, dass eine Glühbirne nur in einem geschlossenen Stromkreis leuchtet. Ich sammelte alles «Elektrische», zum Beispiel Motoren von ausgedienten Waschmaschinen oder kaputte Radios, die wir Kinder in der Abfallgrube in der Nähe des Dorfes fanden. Die Motoren schloss ich zu Hause mit alten Kabeln an einer selbst gebauten Schalttafel an und brachte sie zum Laufen. Eines Tages kam ein Inspektor des lokalen Elektrizitätswerks vorbei und verbot mir die gefährlichen Spielereien. Zuerst war ich am Boden zerstört, doch dann machte ich im Geheimen einfach weiter. Meine Eltern kümmerte das nicht gross; sie hatten genug zu tun mit dem Hof. In meinem Zimmer lötete ich allerlei Geräte zusammen, zum Beispiel mein eigenes Lokalradio. Wenn es regnete und man nicht nach draussen konnte, spielte ich zu Hause Schallplatten mit Märchen von Trudi Gerster ab. Dank meinen Installationen konnten die andern Kinder bei sich zu Hause mithören, und wenn wir den Lautsprecher als Mikrophon benutzten, hatten wir eine Gegensprechanlage. Für mich bastelte ich mit einer Schaltuhr einen multifunktionalen Wecker: Er stellte am Morgen das Radio an und schaltete das Licht ein, während ein Elektromotor die Vorhänge aufzog. In der 5. oder 6. Klasse baute ich nach einer Vorlage in einer Zeitschrift eine einfache elektrische Rechenmaschine, die das «Nimm-Spiel» beherrschte. Man hatte 27 Zündhölzer; die Maschine und der Spieler durften abwechselnd 1, 2 oder 3 Hölzer wegnehmen.

Wer das letzte Hölzchen nehmen musste, hatte verloren. Konkret funktionierte das so: Der Spieler drückte auf eine, zwei oder drei Tasten, worauf die Maschine die Hölzchen (Tasten) aufleuchten liess, die sie wegnehmen wollte. Danach kam wieder der Spieler an die Reihe.

Als 14-jähriger Bezirksschüler wollte ich unbedingt verstehen, wie Computer funktionieren. Ich las alles, was mir in die Hände kam. Das Thema war Ende der 1960er-Jahre brennend aktuell: Intel baute gerade den ersten, in Serie gefertigten Mikroprozessor mit 2250 Transistoren. Wenig später kam der erste Computer mit Maus auf den Markt. Ich erinnere mich, dass wir in jener Zeit mit unserem Lehrer die Uhrenfirma Technos besuchten. Sie beschäftigte 500 Leute und war der grösste Arbeitgeber im Dorf. Zuvor hatte ich gelesen, dass im Wettbewerb «Schweizer Jugend forscht» ein Junge eine vollelektronische Uhr ohne bewegliche Teile gebaut habe. Ich sagte dem Abteilungsleiter der Technos, dass es sicher bald auch vollelektronische Armbanduhren geben werde. Er war peinlich berührt und wehrte ab: Das sei seiner Meinung nach nicht möglich. Der Lehrer und die Mitschüler warfen mir anschliessend vor, ich sei respektlos gewesen, was mich beschämte. Wenig später kam die vollelektronische Armbanduhr tatsächlich auf den Markt, und die Technos musste bald darauf schliessen, was für das Dorf eine wirtschaftliche Katastrophe war. Damals habe ich gelernt, was es bedeuten kann, wenn man eine technologische Entwicklung verschläft.

Lehre als Radioelektriker
Als mein Vater realisierte, dass ich den Hof nicht übernehmen würde, gab er die Landwirtschaft auf. Ich wollte Fernmelde- und Apparatemonteur (FEAM) lernen, sauste aber durch die mündliche Prüfung. Die Fragen beantwortete ich zwar korrekt, benahm mich aber völlig daneben: Ich fragte den Experten während der Prüfung, ob er zufällig einen 1-Kilo-Ohm-Widerstand dabei habe, weil ich zu Hause ein Radio flicken müsse. Dass ich ihn quasi wie einen Kollegen behandelte, fand er überhaupt nicht amüsant. Mit etwas Glück ergatterte ich in einem kleinen Geschäft in Solothurn eine Lehrstelle als Radioelektriker. Meine Motivation für den Beruf sei gut, liess man mich nach der Eignungsprüfung wissen, doch sei ich den intellektuellen Anforderungen nur mit besonderer Anstrengung gewachsen. Vier Jahre lang flickte ich Radios und Fernseher. Was ich cool fand: Man ging

zu einem Kunden, schaltete im Wohnzimmer den Fernseher ein und sah nur einen Strich. Da wusste man als Fachmann sofort: Aha, die Vertikalablenkung ist kaputt – das liegt an der PCC 85. Man tauschte die Röhre aus, schaltete den Fernseher ein, das Testbild erschien – und der Kunde staunte. An der Lehrabschlussprüfung war ich dann übrigens der beste Radioelektriker des Kantons.

Ein Gewerbelehrer, der damals Schweizer Schachmeister war, gab mir den Rat, ans «Poly» zu gehen. Ich hatte keine Ahnung, was das war, und besuchte zuerst die Berufsmittelschule. Weil mich der Lehrmeister unter der Woche nicht freistellte, musste ich den Samstag opfern, was ziemlich streng war. Dank guten Abschlussnoten konnte ich nach der Lehre direkt ans Tech in Biel, das ich nach drei Jahren mit dem Diplom als Elektroingenieur HTL abschloss. In jener Zeit kam ich auch mit meinem ersten realen Computer in Kontakt. Weil mir immer noch nicht restlos klar wurde, wie diese Maschinen funktionieren, wollte ich an die ETH, um mir das nötige Wissen anzueignen. Als Diplomarbeit baute ich dort ein komplettes Computersystem mit einem Mikroprozessor – und war fasziniert. 1983 schloss ich mein Studium an der ETH als 27-Jähriger ab, bekam eine Assistentenstelle am Institut für Elektrotechnik, heiratete und wurde innert Kürze Vater zweier Söhne. Wir lebten bescheiden, aber es ging.

Lektion für die Amerikaner

In meinen sechs Jahren als Assistent und Doktorand forschte ich vor allem auf dem Gebiet der digitalen Bildverarbeitung, die eine hohe Rechenleistung verlangt. Für meine «Synchrone Datenflussmaschine» erhielt ich 1989 den Doktortitel. In der Folge entwickelte ich als Oberassistent mit einem Team das «Multiprocessor System with Intelligent Communication» (MUSIC-System). Dieser Spezialcomputer erbrachte dieselbe Leistung wie der damals schnellste Rechner der Schweiz, verbrauchte aber statt 400 Kilowatt Energie nur 800 Watt, also 500 Mal weniger. Für diese Erfindung bekamen wir den Swiss Technology Award. Wir entschlossen uns, mit dem MUSIC-System an der Supercomputing Conference 1992 teilzunehmen, der Weltmeisterschaft der schnellsten Computer um den Gordon Bell Award. Im Final belegten wir hinter Intel den zweiten Rang, noch vor IBM, Cray und Thinking Machine. Unser Parallelrechner war eine Weltsensation, denn einen so handlichen Supercomputer hatte es noch nicht gegeben. Ich erinnere mich gut an jenen Tag: Jeder Finalist durfte einen 15-minütigen Vortrag halten. Während ich sprach, nahm einer meiner Mitarbeiter den Computer aus der Kiste, stellte ihn auf den Tisch, schaltete ihn ein – und er funktionierte! Den Amerikanern fiel fast der Kiefer herunter; da kam ein frecher Typ aus der Schweiz daher und brachte einen leistungsfähigen Supercomputer innert einer Viertelstunde zum Laufen! Das konnten sie fast nicht glauben. Als mich das «Time Magazin» in der Folge zu einem der 100 Leader des 21. Jahrhunderts ernannte, gab es einen ziemlichen Medienrummel. Die Zeitungen stilisierten mich zum «Computergenie» empor.

Zwei vergebliche Anläufe
Als 37-Jähriger gründete ich 1993 die Supercomputing Systems AG (SCS), um das MUSIC-System kommerziell zu verwerten. Der Anfangseuphorie folgte schon bald die Ernüchterung: Nach eineinhalb Jahren hatten wir ein einziges Gerät für 30 000 Franken verkauft, aber 500 000 Franken Schulden angehäuft. Ich trennte mich von meinem Geschäftspartner, einem Marketingfachmann, den ich gegen den Rat meiner Frau angeheuert und zur Hälfte an der Firma beteiligt hatte. Zu jenem Zeitpunkt war die SCS völlig überschuldet; eigentlich hätte ich die Bilanz deponieren müssen. Ich tat es nur deshalb nicht, weil ich den Artikel 725 des Obligationenrechts noch gar nicht kannte. Ich war damals ziemlich naiv.
Mit der finanziellen Hilfe und wertvollen Ratschlägen einiger befreundeter Unternehmer wagte ich einen zweiten Anlauf. In einem kleinen Team entwickelten wir den «GigaBooster». Er war zwar 10 Mal langsamer als ein Grossrechner von IBM, kostete aber statt 15 Millionen nur 200 000 Franken und verbrauchte 1000 Mal weniger Strom – nur so viel wie 5 Glühbirnen. Die Technik steckte in einem koffergrossen, knallroten Gehäuse, einer Klappkonstruktion ähnlich dem roten Schweizer Sackmesser. Wir bauten insgesamt 15 Stück, von denen wir 12 verkauften, vor allem an Forschungsinstitute, bei denen grosse Rechenleistung gefragt war. So konnte beispielsweise die Eidgenössische Materialprüfungsanstalt Empa die Lärmbelastung rund um den Flughafen Kloten in drei Stunden statt wie bisher in drei Tagen simulieren.
Letztlich hatten wir aber keine Chance gegen die grossen ausländischen Konzerne, die Millionen für die PR einsetzten und ihre Supercomputer über andere

Produkte quersubventionierten. Also richteten wir unsere Firma neu aus und beschlossen, nur noch als Entwickler für andere Unternehmen tätig zu sein, als Zulieferer von qualitativ hoch stehenden technologischen Lösungen.

Grossauftrag und herber Dämpfer

Der Auftrag, der 1999 im dritten Anlauf den ersehnten Durchbruch brachte – der grösste in der Geschichte der SCS – war die Entwicklung des weltweit schnellsten Kommunikationsnetzwerks für den amerikanischen Computergiganten Compaq. Wir konnten damals unseren Personalbestand innert Monaten von 20 auf 40 Mitarbeiter verdoppeln. Ich selbst wurde vollends zum Unternehmer, da 2001 meine Stelle als Assistenzprofessor der ETH auslief. Nach drei ebenso intensiven wie lukrativen Jahren kassierten wir allerdings erneut einen herben Dämpfer: Als Compaq von Hewlett Packard geschluckt wurde, schossen die neuen Manager unser Projekt ab. Es ist das Schlimmste, was einem Ingenieur passieren kann, wenn man ihm kurz vor einem Projektende den Stecker zieht.

Die neue Ausrichtung erwies sich indessen als richtig. Fortan entwickelten wir eine ganze Reihe anspruchsvoller Systeme. Einige Beispiele: Das erste digitale Fotolabor für Agfa. Hochauflösende optische Sensoren für Webmaschinen und automatische Türen. Fahrerassistentensysteme mit Hilfe von Kameras und Bilderkennung für Daimler (die jüngste Version ist in der Mercedes-E- und S-Klasse eingebaut – die Fahrzeuge halten bei Kollisionsgefahr automatisch an). Oder ein Funksystem für die Rettungsflugwacht, damit der Helipilot mit dem Spital, der Amubulanz und der Rega-Zentrale Kontakt aufnehmen kann, ohne die verschiedenen Funkfrequenzen manuell einstellen zu müssen. 20 Jahre nach der Gründung steht die Firma heute auf einem soliden Fundament. Bei der Entwicklung von Computertechnologie für Investitionsgüter gehören wir zur Weltspitze.

Gutes und bedenkliches Unternehmertum

Gutes Unternehmertum verbinde ich mit dem Bestreben, den Gewinn nicht kurzfristig um jeden Preis zu maximieren, sondern stets mit einem Horizont von 5 bis 10 Jahren zu arbeiten. Zu einer soliden Firma gehört für mich genügend Eigenkapital als Absicherung für schwierige Zeiten, mit denen man immer rechnen muss, wie ich aus eigener Erfahrung weiss: Als wir nach dem Ende der

Zusammenarbeit mit Compaq eine Durststrecke überwinden mussten, benötigte ich einen Bankkredit. Es fühlte sich miserabel an, jede Woche einen Arbeitstag zu opfern, um mit der Bank zu verhandeln, statt neue Aufträge zu akquirieren. So etwas wollte ich kein zweites Mal erleben. Unabhängigkeit hat für mich einen hohen Stellenwert.

Zum Eigenkapital zähle ich auch die Belegschaft. Wann immer ich die Chance hatte, gute Mitarbeitende einzustellen, habe ich es getan, auch wenn gerade kein passender Auftrag vorhanden war. Wenn der Auftrag dann aber kam, waren wir bereit. Am menschlichen Eigenkapital zu sparen, bedeutet immer auch, beim Aufschwung wertvolle Zeit zu verlieren, weil einem dann die Ressourcen fehlen.

Wenn man komplexe Systeme entwickelt, hat das Arbeitsklima eine grosse Bedeutung. Bei solchen Projekten läuft nie alles rund, und der Stress ist oft beträchtlich. Ich habe den Eindruck, dass sich unsere Firmenkultur in den letzten 10 Jahren sehr beruhigt hat. Das mag auch damit zu tun haben, dass ich seit 30 Jahren meditiere; dazu nehme ich jedes Jahr eine Auszeit von ein bis zwei Wochen. Für mich ist das eine Art mentaler Frühlingsputz: Mit niemandem reden, nichts lesen, mit sich selbst allein sein, das Leben überdenken, die Familie, die Beziehung, die Arbeit, Projekte, die Gesellschaft, das Geld, einfach alles. Ein solcher «Reset» kann wieder Ordnung ins Leben bringen, und man merkt, wo Veränderungsbedarf besteht.

2004 machte ich einen Sesseltausch mit Thich Thien Son, dem Leiter der buddhistischen Pagode in Frankfurt, die einem halben Dutzend Mönchen als Kloster dient und gleichzeitig spirituelles Zentrum für rund 7000 Vietnamesen aus der Umgebung ist. Thich Thien Son kam im Gegenzug zu uns in den Technopark, nahm an Geschäftsleitungssitzungen teil, besuchte Kunden und hielt sogar meine Vorlesung an der ETH zum Thema «Computer-Systemdesign». Das war eine sehr gute Erfahrung für alle Beteiligten. Dass wir in der Firma einen Meditations- und Ruheraum haben, ist kein Zufall.

Wovon es abhängt, ob die Energiewende gelingt
Nach mehr als 20-jähriger Geschäftstätigkeit mit all den Erfolgen, Erfahrungen und Enttäuschungen stelle ich mir die Frage: Wovon hängt es ab, ob das gigantische Projekt der Schweizer Energiewende gelingen kann? Aus rein wirtschaftlicher Sicht gibt es für mich keine Zweifel: Für unser Land ist die Umstellung auf erneuerbare

Energien unter dem Strich schlicht die rentabelste Lösung. Es ist heute wesentlich preiswerter, mit Solarstrom zu fahren, als Erdöl zu verbrauchen. Mit dem Beharren auf dem alten System würden wir viel Geld an dubiose Staaten verschwenden. Ob die Energiewende gelingt, hängt wesentlich davon ab, wie viele Firmen es schaffen, sich der veränderten Situation anzupassen und die neuen Chancen zu nutzen. Diese Unternehmen werden konkurrenzfähig bleiben und auch in Zukunft Geld verdienen. Meiner Meinung nach unterschätzen viele Entscheidungsträger die Dynamik des Wandels. Dabei zeigt gerade die jüngere Geschichte, wie schnell selbst tiefgreifende Veränderungen vonstattengehen können: Das Schweizer Bankgeheimnis war jahrzehntelang sakrosankt und wurde innert kurzer Zeit hinweggefegt. Den Ausstieg aus der Atomkraft hielt niemand für möglich – bis es zur Katastrophe von Fukushima kam. Das Rauchverbot in öffentlichen Gebäuden und Restaurants wurde über viele Jahre bekämpft – und ist heute eine Selbstverständlichkeit. Einen ähnlich radikalen Umbruch erwarte ich beim Erdöl, das jahrzehntelang billiger war als andere Energieträger. Nun sind wir in einer Phase, in der alles kippt – das Öl wird sich innert Kürze wieder massiv verteuern, während die Alternativen immer preisgünstiger werden. Es kann sein, dass wir schon 2020 sagen: «Was haben wir mit dem Umstieg auf erneuerbare Energien damals eigentlich für ein Problem gehabt?»

Was mich selbst angeht, versuche ich, sorgsam mit den Ressourcen umzugehen. Unser Firmenauto ist ein Tesla, dazu haben wir einen Elektroscooter und einen elektrischen Segway Personal Transporter. Ich fahre auch bei Regen und Schnee mit dem Velo zur Arbeit und bin in Europa, wann immer es geht, mit dem Zug unterwegs. Vegetarier bin ich nicht etwa deshalb, weil die Herstellung fleischloser Nahrungsmittel um den Faktor 10 weniger Energie erfordert, aber es ist ein willkommener Nebeneffekt. Ich bin kein Energiefanatiker und dem Genuss nicht abgeneigt: In Leukerbad in einer Therme zu sitzen und die Walliser Berge zu bestaunen, ist ein Luxus, den ich mir gerne gönne. Für meine persönliche Energiewende steht der Hof meiner verstorbenen Eltern in Welschenrohr. Wir haben ihn isoliert, neue Fenster eingebaut und auf dem Scheunendach eine Photovoltaikanlage installiert; eine Wärmepumpe wird demnächst folgen. Mein Ziel ist ein Plus-Energie-Haus, also eines, das mehr Energie produziert, als es verbraucht.

Wie sieht Ihr Energie-Paradies auf Erden aus?

Und wie hätten Sie's denn gern in der Schweiz?

4. Ziele einer Energiestrategie

In unserer Firma befassen wir uns vor allem mit Innovation. Wenn wir ein neues Produkt entwickeln, gehe ich normalerweise zum Kunden und frage: «Wie würde Ihr Paradies aussehen?» Vor zehn Jahren habe ich diese Frage den Verantwortlichen des Schweizer Fernsehens gestellt, die sich mit einem lästigen Problem herumschlugen: Jede der damals 30 Abteilungen erstellte ihre Informationen zum Programm auf individuelle Weise. Die einen arbeiteten mit Papier und Bleistift, die andern bereits mit Excel-Sheets, die dritten mit Word-Dokumenten, die vierten mit einer Access-Datenbank und die fünften mit dem FileMaker. Wenn eine Sendung aus aktuellem Anlass verschoben werden musste, brach ein Chaos aus, denn von der Presseinformation über die Programmangaben bis hin zum Internetauftritt passte nichts mehr zusammen. Die SF-Verantwortlichen antworten: «Paradiesisch wäre ein System, das auf einer einzigen Datenbank basiert. Die Informationen sollen übersichtlich dargestellt sein. Alle Mitarbeitenden sollten auf möglichst einfache Art Daten verändern können, und jeder Nutzer soll immer auf dem neusten Stand sein, egal von welchem Bildschirm aus er auf das System zugreift.» Die Fernsehleute haben ihr Paradies bekommen: ein leicht bedienbares, effizientes und fortschrittliches Werkzeug.

So etwas schwebt mir auch beim Thema Energie vor. Vor einigen Jahren habe ich mich gefragt: «Wie sähe das ideale Schweizer Energiesystem aus?» Ich muss ehrlicherweise sagen, dass ich damals viele Fragen hatte, aber noch keine Antworten. Aber man darf und muss träumen und neue Modelle entwerfen, auch wenn dann nicht alle Wünsche in Erfüllung gehen. Meinem Energiemodell habe ich damals den Namen «Plan B oder Faktor 10» gegeben. Folgende Punkte hatte ich mir als Ziele notiert:

▸ Reduktion des Verbrauchs an nicht erneuerbaren, fossilen Energien auf 10 Prozent des heutigen Werts (Faktor 10). Um es bildlich darzustellen: Statt jedes Jahr den Heizöltank des Hauses zu füllen, müsste man das nur noch alle zehn Jahre tun. Statt mit dem Auto jede zweite Woche zur Zapfsäule zu fahren, nur noch alle fünf Monate.

- Reduktion des CO_2-Ausstosses (Kohlendioxid) auf 10 Prozent (Faktor 10).
- Keine verdeckten Subventionen mehr bei der Mobilität und der Energie, sondern faire Preise, die die realen Kosten widerspiegeln (als Unternehmer bin ich ein liberal denkender Anhänger der freien Marktwirtschaft).
- Verzicht auf Atomkraftwerke, weil sie volkswirtschaftlich gesehen nicht rentieren und viel zu risikobehaftet sind.
- Keine Kostenabwälzung auf die nächste Generation – analog zum Hinweis, den man manchmal auf Toiletten findet: «Bitte verlassen Sie diesen Ort, wie Sie ihn anzutreffen wünschen.»
- Höhere Autonomie für die Schweiz, indem sie den Anteil der erneuerbaren Energien (Wasser, Solar, Wind, Biomasse) an ihrem gesamten Energieverbrauch von heute 20 auf 90 Prozent steigert.
- Beibehaltung unseres heutigen Lebensstandards.
- Alle Massnahmen müssen ökologisch sinnvoll und ökonomisch rentabel sein.
- Keine visionären Schwärmereien, sondern ausschliesslicher Einsatz von Systemen und Technologien, die aktuell verfügbar sind (wenn die Zukunft bessere Systeme bringt, umso besser, dann integrieren wir sie noch so gerne).
- Vorreiterrolle der Schweiz dank hoher Technologiekompetenz und Finanzkraft.
- Umsetzung innert 20 Jahren (weil ich den Wandel noch selbst erleben möchte).
- Und nicht zuletzt: Die Energiewende muss Spass machen!

Natürlich kann man sich fragen, ob das sinnvolle Ziele sind. Meiner Meinung nach sind sie es, und zwar aus volkswirtschaftlicher wie aus politischer Sicht. Laut einer Studie der ZHAW Wädenswil kaufen wir jedes Jahr für beinahe 12 Milliarden Franken Erdöl und Gas im Ausland ein, andere Quellen und eigene Berechnungen sprechen für gut 15 Milliarden (*Anhang A 3*). In 20 Jahren sind das 240 bis 300 Milliarden Franken, die wir in ausländische statt in einheimische Arbeitsplätze investieren. Unser Gewerbe, unsere Handwerker, unsere Industrie und unsere Bevölkerung hätten mehr davon, wenn wir zumindest einen Teil davon im Inland ausgeben würden. Wir könnten zukunftsträchtige Arbeitsplätze schaffen, den CO_2-Ausstoss reduzieren und wertvolle, nicht erneuerbare Energien für unsere Nachkommen aufsparen. Ausserdem wäre die

Schweiz von zwielichtigen öl- und gasfördernden Staaten nicht mehr so einfach zu erpressen. Es gibt ja fünf Möglichkeiten, wie man als Land erpresst werden kann: Mittels militärischer Bedrohung, einem Nahrungsmittelboykott, durch die Destabilisierung des Geldsystems, mit einem Energielieferstopp und durch Beeinträchtigung der elektronischen Kommunikation. Nehmen wir die Krise in der Ukraine, die 2014 zu schweren politischen Verstimmungen zwischen Ost und West geführt hat: Deutschland bezieht beinahe 40 Prozent seiner Gaslieferungen aus Russland, andere europäische Länder sind ebenso abhängig. Wenn die Russen wollten, könnten sie den Gashahn zudrehen und die Abnehmer unter wirtschaftlichen Druck setzen. Solche Konstellationen gilt es zu vermeiden.

Kampf der Fraktionen

Was die Energiewende angeht, gibt es in der Schweiz im Wesentlichen zwei Gruppen mit fundamental unterschiedlichen Positionen: Die CO_2-Fraktion strebt primär eine Gesellschaft an, die nur noch 1 Tonne Kohlendioxid pro Jahr und Einwohner in die Luft bläst, also etwa fünfmal weniger als heute. Die Watt-Fraktion arbeitet auf eine Gesellschaft hin, die statt 5000 nur noch 2000 Watt Primärenergie verbraucht, wovon die Hälfte aus erneuerbaren Energien bestehen soll. Was die beiden unterscheidet: Für die CO_2-Fraktion sind Kernkraftwerke weiterhin akzeptabel, weil sie praktisch kein Kohlendioxid produzieren. Die von der Watt-Fraktion vorgeschlagenen Einsparungen bei den nicht erneuerbaren Energien erlauben de facto keinen Betrieb von KKW mehr, weil zwei Drittel der in KKW eingesetzten Energie als Wärme verpuffen und nur ein Drittel in Strom umgewandelt wird.

Was sagt die Energiestatistik 2010 des Bundes? Sie gibt uns wichtige Hinweise zum Energieverbrauch und damit auch zum Sparpotenzial in der Schweiz:
▸ Der grösste Energiefresser ist die Beheizung der Gebäude. Dafür verbrauchen wir pro Jahr 53.8 Terawattstunden an Heizöl, 32.1 TWh an Gas, 4.8 TWh an Fernwärme und 10.6 TWh an Holzenergie, zusammengerechnet **101.3 TWh**.
▸ Der zweitgrösste Energiefresser ist die Kernenergie. Sie verbraucht **76.4 TWh** Primärenergie in Form von Uran und produziert daraus 25.2 TWh Strom.

- Der drittgrösste Energiefresser ist der Strassenverkehr mit **64.8 TWh** Verbrauch an Benzin und Diesel (den Flugverkehr mit **17.1 TWh** an Kerosin lasse ich hier weg, weil das Sparpotenzial vorderhand noch erheblich kleiner ist als im Strassenverkehr).

Die Ziele, die mir vorschweben, gehen deutlich weiter als jene der CO_2- und der Watt-Fraktion. Wie gesagt, möchte ich sowohl den Verbrauch der nicht erneuerbaren Energien wie auch den CO_2-Ausstoss bei gleich bleibendem Lebensstandard innert 20 Jahren auf 10 Prozent senken (Faktor 10). Um dies zu erreichen, brauchen wir ein Energiesystem mit einem intelligenten, durchdachten Design.

«Die Systeme fügen sich»
sagt der Weise.

5. Werkzeugkoffer für gutes Systemdesign

Was versteht man unter Systemdesign? Man kann das gut am Beispiel des Menschen erklären. Der Mensch setzt sich aus Dutzenden von Subsystemen zusammen: Er verfügt über ein Nervensystem, ein Verdauungssystem, ein Knochen-, Bänder- und Muskelsystem, ein optisches und ein akustisches System (Augen und Ohren), ein Denksystem (Hirn) sowie ein emotionales System (Gefühle). Jedes dieser Subsysteme arbeitet eigenständig, aber erst im Zusammenspiel ermöglichen sie die Existenz des übergeordneten Systems «Mensch». Dieses Design hat sich über Hunderttausende von Jahren weiterentwickelt und bewährt. Der Mensch hat sich in seiner Umgebung eine ganze Reihe von Subsystemen erschaffen, die ihm das Leben erleichtern: das Bildungssystem, das politische System, das Finanzsystem, Verteidigungssystem, Transportsystem oder das Energiesystem. Die Gesellschaft als übergeordnetes System gedeiht am besten, wenn jedes dieser Subsysteme optimal funktioniert und alle miteinander vernetzt sind.
Mit dem Thema Systemdesign habe ich mich über einen längeren Zeitraum intensiv auseinandergesetzt. Unsere Firma hat auf dem Gebiet der Computertechnik in den letzten 20 Jahren rund 2000 kleinere und grössere Systemdesigns durchgeführt; ich selbst war an mehreren Hundert Projekten beteiligt. Hier einige Beispiele für Dinge, die wir entworfen haben: elektronische Fahrassistenten für Autos, die den Lenker vor Hindernissen warnen; Maschinen, die Kartoffeln mit Hilfe von Sensoren nach ihrer Grösse sortieren; Elektronenbeschleuniger für die Mikroskopie; Analyseroboter für Blutuntersuchungen; Systeme zur Warnung vor überhitzten Eisenbahnrädern oder Steuerungen für intelligente Stromnetze (Smart Grids).
Professionelles Design zeichnet sich dadurch aus, dass ein System wie gewünscht funktioniert und keine ungewollten Nebeneffekte produziert. Ein Beispiel für ein gelungenes technisches Design ist der Lift im Hochhaus, der zwecks Gewichtsersparnis statt an einem starren Stahlseil an einem elastischen Kunststoffseil hängt und trotzdem exakt auf Stockwerkshöhe anhält, sodass die Menschen problemlos aus- und einsteigen können. Die technische Herausforderung besteht darin, die Schwingungen der Kabine am elastischen Seil mittels moderner Regeltechnik in den Bremsweg mit einzuberechnen und zu kompensieren.

Es gibt aber auch Beispiele für misslungenes Systemdesign. Als die US-Bauern in den 1990er-Jahren zu viel Mais produzierten, kaufte der Staat grosse Mengen auf, um die Farmer vor einem Preiszerfall zu schützen. Doch wohin mit dem gigantischen Maisberg? Die Regierung kam auf die Idee, den armen Nachbarn Mexiko damit zu beschenken. Mit der Folge, dass in Mexiko die Marktpreise für Mais um bis zu 70 Prozent einbrachen und 15 Millionen mexikanische Bauern und Landarbeiter, die vom Maisanbau lebten, in existenzielle Not gerieten. Das war schlechtes Systemdesign.

Ähnlich verlief ein Entwicklungsprojekt in den 1970er-Jahren in der Sahelzone, das der deutsche Biochemiker, Systemforscher und Umweltexperte Frederic Vester wie folgt beschrieben hat: In jener Gegend war das Weideland schlecht bewässert, und die Kühe starben an Krankheiten, die von der Tse-Tse-Fliege übertragen wurden. Im Bemühen, zu helfen und den Wohlstand zu fördern, installierten westliche Hilfsorganisationen Grundwasserpumpen und bekämpften die Fliegen erfolgreich mit Pestiziden. Zunächst entwickelte sich alles zum Besten: Die Kuhpopulation wuchs, und die Bauern wurden wohlhabend. Doch durch das Abpumpen sank der Grundwasserspiegel, wodurch weite Gebiete austrockneten. Um an genügend Wasser zu kommen, musste man immer tiefer graben und stärkere Pumpen installieren, wodurch der Grundwasserspiegel noch einmal absackte. Schliesslich ging das Geld aus, die Pumpen standen still, die Weiden verdorrten, und die Kühe frassen die wenigen Gräser, die noch vorhanden waren, bis auf die Wurzeln ab. Es kam zu einem Viehsterben, dann zu einer Hungersnot, und der Endzustand war schlimmer als zuvor. Das Beispiel zeigt, welch gravierende Folgen es haben kann, wenn man unbedacht an einem System herumschraubt.

Problematische Beispiele gibt es auch bei uns. Am Wirtschaftsstandort Zürich zahlen einheimische Firmen rund 25 Prozent Gewinnsteuern. So oder ähnlich müsste es bei einem idealen Design der Steuersysteme eigentlich überall auf der Welt sein, dann hätten die Unternehmen im globalen Konkurrenzkampf gleichlange Spiesse. Multinationale Konzerne wie Google, Apple oder McDonald's haben die Schwachstellen aber längst erkannt. Sie lassen die Gewinne in Finanzparadiesen anfallen und zahlen in Zürich nur 3 Prozent Steuern. Schweizer Unternehmer fühlen sich zu Recht benachteiligt.

Ob ein Systemdesign gelungen ist, stellt sich oft erst nach längerer Zeit heraus. Ich erinnere mich an einen Vortrag, den der inzwischen verstorbene Frederic Vester vor mehr als 20 Jahren an den Berner Telekommunikationstagen gehalten hat. Er fragte: «Wie kann man das Internet ohne Grenzen definieren, wo doch in der Natur jedes System seine Grenzen hat?» Er spöttelte, die Menschheit hänge ja auch nicht physisch zusammen, sondern sei in voneinander abgegrenzte Individuen aufgeteilt, was viele überleben lasse, wenn ein Virus grassiere. Vester prophezeite, dass schon in kurzer Zeit Viren im Netz auftauchen und den Nutzern das Leben schwer machen würden. In unserer grenzenlosen Begeisterung über das aufkommende Internet – in unseren Augen ein geniales Design – belächelten wir seine Ausführungen, aber wie die Geschichte zeigt, sollte Vester recht behalten. Wenig später, am 6. März 1991, dem Geburtstag von Michelangelo, infizierte der gleichnamige Virus Rechner auf der ganzen Welt und machte die breite Öffentlichkeit erstmals mit dem unangenehmen Schädlingsphänomen bekannt, das nicht mehr auszurotten ist.

Mein bewährter Werkzeugkoffer

Was tut ein guter Ingenieur, wenn er ein neues System entwirft? Er achtet von Anfang an auf die Kosten, denn ein System, das nicht finanzierbar ist, hat keine Zukunft. Um die bestmögliche Lösung zu finden, erstellt er mehrere Szenarien und lässt sie in einer Art Wettbewerb gegeneinander antreten. So findet er heraus, welches die matchentscheidenden Grössen sind, auf die er sich konzentrieren muss, und welches Szenario das beste ist. Das tönt einfach, aber wie macht man das konkret? Für gutes Systemdesign gibt es weder Formeln noch ein Rezeptbuch, das man aus der Schublade ziehen kann. Was ich anzubieten habe, sind 18 Innovationsregeln, die sich im Verlauf meiner mehr als 30-jährigen Berufserfahrung herauskristallisiert und in der Praxis bewährt haben. Dieser Werkzeugkoffer wird uns gute Dienste leisten, wenn es darum geht, ein neues Energiesystem für die Schweiz zu entwerfen.

1. Ohne Vertrauen geht es nicht

Wenn man ein Systemdesign macht, geschieht das meistens im Team. Zum Wichtigsten gehört, dass man einander vertraut, dass jeder sein Bestes gibt und nichts zurückhält. Alle Teammitglieder dürfen und müssen stets mitdenken, auch wenn sie auf dem gerade diskutierten Gebiet nicht Experten sind. Ich habe schon einige Male erlebt, dass Laien die besseren Ideen hatten, während Experten oft in bestimmten Denkmustern gefangen sind. So war es beispielsweise, als wir den automatischen Kartoffelsortierer entwarfen: Der Bauer, ein Autodidakt, hatte eine bemerkenswerte Idee. Er wollte die Kartoffeln mit Hilfe von elektrischen Feldern von den Steinen unterscheiden. Technisch konnte er seine Idee natürlich nicht umsetzen, dafür fehlte ihm das nötige Wissen. Das tat der ETH-Absolvent, der noch nicht auf diesen Lösungsansatz gekommen war. Für den Durchbruch brauchte es beide – und gegenseitiges Vertrauen.

2. Man muss um das Gute ringen

Wenn man Produkte entwickelt, gilt es, unterschiedliche Interessen unter einen Hut zu bringen. Der Markt will etwas, das möglichst wenig kostet, alles kann und sofort lieferbar ist. Der Ingenieur will eine optimale Technik anwenden, sich Zeit für die Entwicklung nehmen, so richtig aus dem Vollen schöpfen und sich verwirklichen, egal was es kostet. Die Unternehmensleitung wiederum möchte möglichst niedrige Investitionen, einen hohen Gewinn und ein geringes Risiko. Wenn alle auf ihren Positionen beharren, passiert – nichts. Die verschiedenen Gruppen müssen zusammenkommen und um das Bestmögliche ringen. Der verstorbene ETH-Professor Markus Meier hat für diesen Prozess den Begriff «Hexenkessel» geprägt, den ich absolut treffend finde. Das Bild erinnert mich an den Druiden Miraculix aus «Asterix und Obelix», dem es oblag, die richtigen Zutaten zu finden, alles zu erwärmen, zu rühren, zischen, brodeln und ziehen zu lassen. Am Schluss bekommt man mit ein bisschen Glück einen Zaubertrank. Dabei sollte man folgendes beachten: In der Hexenkessel-Phase, in der es um die Machbarkeit und die grobe Festlegung des Produktdesigns geht, gibt es ein Optimierungspotenzial von 100 bis 1000 Prozent; man kann das Produkt zehnmal so gut machen, wenn man sich die Dinge ganz zu Beginn gut überlegt. In der anschliessenden Phase der Detailspezifikation sind es nur noch 10 bis 100 Prozent, und auf dem Weg vom Prototypen bis zur Serienreife gerade noch 1 bis 10 Prozent. Die Hexenkessel-Phase ist also die mit Abstand wichtigste beim Produktdesign. Ihr sollte man grösstmögliche Aufmerksamkeit schenken. In diesem frühen Prozessstadium muss das Bild von einem Produkt entstehen, an das alle Beteiligten felsenfest glauben.

3. Die matchentscheidenden Erfolgsfaktoren definieren

Jede Innovation hat einige matchentscheidende Erfolgsfaktoren, in aller Regel drei bis maximal sieben. Hier muss das Produkt absolute Spitze sein, während bei den andern Faktoren Durchschnittlichkeit genügt. Wenn ich einen Rechner für eine Produktionsmaschine entwerfe, ist es wichtig, dass er 1. genügend Rechenleistung hat, 2. eine geringe Umrüstzeit benötigt, 3. zuverlässig arbeitet und 4. nicht zu viel kostet. Anders sieht es aus, wenn ich einen Rechner für ein Verkehrsflugzeug baue. Dann ist die Zuverlässigkeit der wichtigste Erfolgsfaktor gefolgt von der Zeit, die man für einen Neustart benötigt. Denn wenn ein Blitz in ein Flugzeug einschlägt, stürzen fast alle Bordcomputer ab und müssen innerhalb von Sekundenbruchteilen wieder hochgefahren werden können. Der dritte Erfolgsfaktor ist das Gewicht, denn jedes zusätzliche Kilo, das ein Flugzeug mitschleppen muss, kostet viel Geld. Der vierte Erfolgsfaktor wäre dann wie bei der Produktionsmaschine der Preis.

4. Die Frage nach dem Paradies stellen

Wenn man die Kunden fragt, wie denn ihr Paradies aussehen würde, äussern sie manchmal überraschende Wünsche. Oft merkt man, dass diese Wünsche mit den heutigen Möglichkeiten durchaus erfüllt werden können, denn die Technik entwickelt sich rasant. Als ich jung war, hätte niemand gedacht, dass man eines Tages mit einem Festnetztelefon kabellos vom Wohn- ins Schlafzimmer gehen und dabei telefonieren könnte. Heute gibt es in Wohnungen kaum noch drahtgebundene Festnetztelefone. Die Frage nach dem Paradies bringt oft verborgene Wünsche an die Oberfläche und ermöglicht interessante Innovationen.

5. Ums Ziel herumschleichen

Wenn wir ein Ziel anpeilen, gibt es mehrere Lösungswege. Welches der beste ist, wüssten wir nur, wenn wir die Zukunft kennen würden, was aber nicht der Fall ist. Deshalb gibt es auch keinen Beweis für die beste Lösung. Wenn die Komplexität des Systemdesigns so gross ist, dass man nicht einmal das Ziel genau kennt, kann man nicht linear darauf zusteuern, sondern muss gewissermassen ums vermutete Ziel herumschleichen und sich diesem in einer Spiralbewegung nähern. Man muss spüren, wo es einen hinzieht, wo eine mögliche

Lösung liegen könnte. Bei diesem Vorgehen arbeitet man keine Punkte ab, sondern durchstreift Themengebiete mehrmals. Zuerst fragt man sich, was das Produkt für Merkmale (Features) haben sollte. Dann kommt der Marketingexperte und überlegt, ob man ein solches Produkt verkaufen kann. Dann schaut man sich das Designkonzept an, prüft die Herstellkosten, schätzt den Entwicklungsaufwand und überlegt, wie lange es bis zur Marktreife dauert. Diese Prozesse werden zwei-, dreimal durchlaufen, bis sich der Nebel lichtet, die Systeme sich ineinanderfügen und einem das Bauchgefühl sagt, dass es so stimmt.

6. Eine ideale Mischung finden
Oft entwickeln sich Leistung und Kosten bei einem Produkt nicht linear. Nehmen wir als Beispiel ein Smartphone: Für einen relativ niedrigen Preis kann man damit telefonieren, im Internet surfen, Musik hören, Videos anschauen und Nachrichten sowie Fotos verschicken. Wenn man von einem Smartphone aber erwarten würde, dass es auch als Steuerzentrale für ein Kraftwerk dienen sollte, wäre das technisch zwar machbar, aber in der Entwicklung viel zu teuer. Es geht mit andern Worten darum, die ideale Mischung zwischen Funktionalität und Kosten zu finden *(Anhang A 4)*.

7. Die Engpässe suchen
Jedes System hat seinen Engpass (oder sogar mehrere). Nehmen wir aus meinem Gebiet den Bau von Computersystemen: In einem Computer hat es einen Arbeitsspeicher und Prozessoren. Bis 1985 war es so, dass die Arbeitsspeicher schneller waren als die Prozessoren, der Engpass lag also bei der geringen Rechenleistung der Prozessoren. Durch die technische Entwicklung hat sich das umgekehrt: Weil die Prozessoren um ein Vielfaches besser und schneller geworden sind, liegt der Engpass heute bei den relativ langsamen Arbeitsspeichern. Das Systemdesign muss sich danach richten, denn die wichtigste Regel lautet: Man kann nicht besser werden, als der Engpass es zulässt, in diesem Fall der Arbeitsspeicher.

8. Die Kosten im Auge behalten
Jedes neue System sollte – über seine gesamte Lebensdauer betrachtet – möglichst kostengünstig sein. Es gehört zu einem guten Systemdesign, den Entwick-

lungsaufwand, die Herstellungs- und Amortisationskosten sowie die Verzinsung des eingesetzten Kapitals im Auge zu behalten. Als Faustregel kann man sagen: Bei Anlagen mit kurzer Verwendungsdauer, etwa einem EDV-Netzwerk, ist die Amortisation des Kaufpreises der dominierende Kostenfaktor – nach wenigen Jahren muss man ein Neues anschaffen und deshalb alljährlich einen ausreichenden Betrag zur Seite legen. Bei einer Anlage mit langer Verwendungsdauer, etwa einem Kraftwerk, ist die Verzinsung der riesigen Investition über die gesamte Laufzeit der wichtigste Kostenfaktor (Anhang A 5). Das Projekt Energiewende Schweiz bewegt sich in beiden Bereichen.

9. Es geht nichts über Transparenz und Wettbewerb
Wenn man mehrere Szenarien voll transparent miteinander vergleicht, führt das immer zu Verbesserungen. Als wir zu Beginn noch keine Ahnung von Projektmanagement hatten, erteilte uns ein Ex-Kadermann von IBM, seines Zeichens Oberst im Generalstab, Nachhilfeunterricht. Er erzählte uns, dass er seinem Chef immer drei Szenarien habe vorlegen müssen: Eines mit seiner favorisierten Lösung, dazu ein superoptimistisches und ein superpessimistisches. Dem Chef sei es darum gegangen, die entscheidenden Faktoren herauszufinden, im positiven wie im negativen Sinn. Es kann nämlich auch sein, dass es in einem System zu einem Engpass kommt, weil alles über Erwarten gut läuft. Viele Start-up-Unternehmen haben erlebt, dass sie infolge grosser Nachfrage die Produktion erhöhen mussten, wegen der zusätzlichen Investitionen jedoch in Liquiditätsschwierigkeiten gerieten und in Konkurs gingen.
Es gibt Konzerne, die sich extern ein Szenario einkaufen, um es mit ihren eigenen zu vergleichen. Wir durften einmal für eine Firma aus dem Silicon Valley eine tolle Entwicklung im Bereich der Kommunikationsnetzwerke machen. Das war wirklich ein Bombenauftrag, auch in finanzieller Hinsicht. Wir haben uns ins Zeug gelegt und wie wild gearbeitet. Nachdem wir zwei Drittel geleistet hatten, kamen die Amerikaner und sagten: «April, April! Wir brauchen euch nicht mehr.» Wir fielen aus allen Wolken. Obwohl wir das Geld für den gesamten Auftrag anstandslos bekamen, war der Frust wegen des plötzlichen Übungsabbruchs gigantisch. Der Hintergrund: Die Firma hatte selbst ein entsprechendes Projekt und wollte, dass jemand ohne Vorkenntnisse und ausserhalb der Gerüchte-

küche des Silicon Valley eine Parallellösung erarbeitete. Die Auftraggeber sagten sich: Wenn unsere Lösung innert der gesetzten Frist nicht bereit ist, wechseln wir auf den Plan B und nehmen die Lösung der Externen aus Zürich. Es ist sinnvoll und strategisch wichtig, verschiedene Pläne parallel zu entwickeln. Mit diesem Buch verfolge ich denn auch die Absicht, ein Alternativszenario für die Schweizer Energiewende zu präsentieren. Den Plan A macht das Parlament, wir machen den Plan B. Insgeheim hoffe ich natürlich, dass sich am Ende unser Plan B als die bessere Lösung erweist und zum Plan A wird.

10. Die einfachste Lösung ist oft die beste
Komplexe Systeme können alle entwerfen. Einfache Systeme zu bauen, ist aufwendiger und eine grosse Kunst. Einen guten Job hat man gemacht, wenn die Leute darüber staunen, wie einfach die Lösung ist. Einfachheit führt in der Regel auch zu Kostenreduktion.

11. Grenzen beflügeln die Kreativität
In einer grenzenlosen Umgebung ist Innovation nicht möglich. In einer Gesellschaft oder Firma, die im Überfluss lebt, hat es die Innovation schwer, denn es fehlen die Anreize. Für gutes Systemdesign braucht man Grenzen im Sinne von Herausforderungen und Einschränkungen, die es zu überwinden gilt, zum Beispiel bezüglich Zeit, Geld, Platz, Gewicht oder Leistung. Wenn wir ein neues Energiesystem für die Schweiz entwerfen, müssen wir uns Grenzen setzen und kreativ sein.

12. Das männliche und das weibliche Prinzip mit einbeziehen
Das männliche Prinzip zeichnet sich durch Zielorientiertheit aus, Schnelligkeit, Verstand und «haben». Das weibliche Prinzip definiert sich über die Offenheit für Neues, Geduld (warten, bis «es» passiert), Gefühl und «sein». Gute Innovation geschieht in Räumen, in denen diese Gegensätze Platz haben. Das bedeutet nicht, dass man in einem Team gleich viele Männer wie Frauen beschäftigen muss, so einfach ist es nicht. Vielmehr sollten die Beteiligten beide Eigenschaften in sich vereinigen und wissen, wann sie zielorientiert arbeiten müssen und wann sie sich besser zurücklehnen, um zuzuhören. Eine gute Innovation ist wie ein gelungenes Liebesspiel, in dem sich beide Partner vollständig entfalten kön-

nen. Die Krux an der Sache ist, dass es jedes Mal neu ist und jedes Mal anspruchsvoll. Und wenn man einmal erfolgreich gewesen ist, gibt es keine Garantie, dass es beim nächsten Mal wieder klappt.

13. In heterogenen Teams arbeiten
Wenn man aus fünf Experten ein Innovationsteam bildet, kommt es am Anfang schnell vorwärts, während eine heterogene Gruppe ziemlich chaotisch beginnt und oft Startschwierigkeiten hat. Wenn sich ihre Mitglieder dann aber gefunden haben, werden enorme kreative Kräfte frei, und es ist durchaus möglich, dass die Chaoten die Experten schon bald überflügeln. Gemischte Teams brauchen etwas mehr Zeit, erbringen dann aber oft bessere Leistungen *(Anhang A 6)*.

14. Ohne Humor geht nichts
Innovation ist eine komplexe und anspruchsvolle Sache. Man muss sich mit verschiedenen Ideen und Sichtweisen auseinandersetzen und sich zuweilen contre cœur arrangieren; das ist nicht immer einfach. Ohne Humor kommt man auf keinen grünen Zweig.

15. Gut Ding will Weile haben
Gutes Systemdesign braucht Zeit und Hingabe. Aus persönlicher Erfahrung kann ich sagen, dass technische Innovationen am besten gelingen, wenn man sich alle 14 Tage für einen halben Tag trifft, sich austauscht und wieder auseinandergeht. Auf diese Weise kann man recht komplizierte Systeme in 2 bis 4 Monaten entwickeln. Das Neudesign des hochkomplexen Energiesystems Schweiz würde sicher mehr Zeit erfordern. Bei professioneller Vorgehensweise lässt sich in einem halben Jahr aber auch bei einer solchen Aufgabe extrem viel erreichen.

16. Das Unbewusste einbinden
99 Prozent der Arbeit, die wir verrichten, passiert unbewusst. In unserem Hinterkopf ist dauernd etwas in Bewegung. Die Frage ist, ob ich das Unbewusste für die Mitarbeit gewinnen kann. Damit das gelingt, muss einen das Projekt auf der Gefühlsebene packen. Wenn keine Emotionen im Spiel sind, macht das Unbewusste nicht mit. Die Antworten kommen, wenn die Zeit reif ist und auf

die Art, wie sie kommen wollen. Vielleicht, wenn man nachts um 2 Uhr aufwacht, wenn man mit dem Velo vor einem Rotlicht anhalten muss, auf der Toilette sitzt, unter der Dusche steht oder die Kinder in der Schule abholt. Man muss offen sein für Antworten und gut in sich hineinhören.

17. Glück ist nicht nur Glücksache
Das Glück fällt einem manchmal zu, ohne dass man etwas dafür tut; dann nennt man es Zufall. Doch wer kreative Räume schafft, vergrössert die Chance, dass sich das Glück einstellt. Wie im Märchen findet man dann plötzlich eine Zauberkugel oder ein Zauberschwert. Wenn ich von jemandem dreimal darauf hingewiesen werde, dass ich unbedingt mit einer bestimmten Person reden müsse, nehme ich das ernst. Man muss offen sein für solche Fingerzeige und seine Chancen packen.

18. Die Nabe des Rades
Das gelungene Systemdesign zeichnet sich dadurch aus, dass sich beim fertigen Produkt oder System von der Technik bis zum Markt alles um eine zentrale Grösse dreht, um die «Nabe des Rades». Ich erinnere mich an das bereits erwähnte Projekt für das Schweizer Fernsehen. Als Radnabe haben wir damals den Beitrag definiert. Die «Rundschau» besteht ebenso aus Beiträgen wie die «Tagesschau»; ein Krimi ist genauso ein Beitrag wie eine Diskussionssendung, selbst der Internetauftritt besteht aus Beiträgen. Um diese Nabe herum haben wir das ganze Content-Management-System aufgebaut. Alle Beteiligten konnten dieses Modell nachvollziehen und waren vom Prinzip überzeugt.

Wachstum ist eine relative Grösse
Im Zusammenhang mit Systemdesign kommt man nicht um das Thema Wachstum herum. Wie viel Wachstum brauchen wir? Ein grosser Teil der Wirtschaft und der Politik schreit richtiggehend nach Wachstum. Wachstum sei nötig für die Vollbeschäftigung, heisst es, für die Finanzierung der AHV, die Weiterentwicklung der Gesellschaft und für vieles mehr. Doch Wachstum ist eine relative Grösse. Viele haben wahrscheinlich in der Schule das Beispiel der Seerose gehört, die jeden Tag die Fläche verdoppelt, die sie bedeckt. Der Leh-

rer fragte, wie lange es dauern würde, bis der See vollständig zugedeckt sei, wenn sie nach 100 Tagen erst einen Tausendstel geschafft habe. Das dauert noch wahnsinnig lang, haben die meisten von uns gedacht. In Wirklichkeit benötigt die Seerose wegen des exponentiellen Wachstums dafür nur gerade 10 weitere Tage.

Oder die Legende des Schachbretterfinders, dem sein Herrscher zum Dank einen freien Wunsch gewährte. Der Erfinder sagte, er wünsche sich ein Reiskorn auf dem ersten Feld des Schachbretts, zwei auf dem zweiten Feld, vier auf dem dritten und so weiter, immer das Doppelte. Der Herrscher war ein wenig beleidigt wegen der vermeintlichen Bescheidenheit des Erfinders – bis ihm sein Schatzmeister mitteilte, man könne dessen Wunsch nicht erfüllen, weil die Menge der Reiskörner mehr als 100 Milliarden Fuhrwerke füllen würde.

Interessant finde ich auch folgendes Beispiel: Wenn Josef, der Vater von Jesus, bei dessen Geburt 1 Franken zu 2 Prozent Zins auf einer Schweizer Bank angelegt hätte, wären daraus bis heute gegen 20 Millionen Franken *pro Mensch* auf der Erde geworden.

Was ich damit sagen will: Exponentielles Wachstum ist eine Zeit lang möglich, aber nicht auf Dauer, denn irgendwo gibt es immer eine Grenze. Nehmen wir noch einmal die Seerose, die ihre Fläche täglich verdoppelt. Bei ihr hört das Wachstum am 110. Tag auf; es gibt keinen 111. Tag mehr, weil der Teich zugedeckt ist. Wenn man unendlich viele Computer zusammenschaltet, sinkt ab einem gewissen Punkt die Leistung, und man kann auch nicht immer mehr Arbeiter in einen Graben stecken, sonst stehen sie sich bald einmal auf den Füssen herum. Jedes System stösst irgendwann an seine natürlichen Grenzen *(Anhang A 7)*.

Auch beim künftigen Schweizer Energiesystem ist Wachstum ein wichtiges Thema. In unserem Systemdesign werden wir die entscheidenden Faktoren und Abhängigkeiten sichtbar machen, damit sich keine kontraproduktiven Effekte ergeben. Doch bevor wir uns daran wagen, müssen wir uns einige grundsätzliche Gedanken zu unserem Wertesystem machen. Meiner Meinung nach ist der Umgang mit den nicht erneuerbaren Ressourcen, insbesondere dem Erdöl, beim Design des neuen Energiesystems einer der matchentscheidenden Faktoren.

Werte
   erschaffen
Visionen
   erschaffen
Handlung

6. Werte bestimmen den Umgang mit Ressourcen

Ich bin weder ein Experte für Werte noch für Staatssysteme, stelle aber fest, dass beide den Umgang mit nicht erneuerbaren Energien und die damit verbundene politische Diskussion massgeblich bestimmen. Man könnte es so zusammenfassen: Der Glaube bestimmt das Wertesystem, und die geltenden Werte bestimmen das Staatssystem und damit den Umgang mit den Ressourcen.

Der japanische Philosoph Watsuji Tetsuro hat in seinem Buch «Fudo», das 1935 erschienen ist, die These aufgestellt, dass die Religionen vom Klima geprägt worden sind, in dem die Menschen lebten. Er definierte drei Religionstypen: Die Wüstenreligionen (Judentum, Christentum, Islam), die Monsunreligionen (Hinduismus, Buddhismus) und die Grasreligionen (Glaube der Kelten nördlich der Alpen sowie der Indianer in Nordamerika).

In der Wüste haben sich laut Tetsuro Religionen der krassen Gegensätze herausgebildet. Die Menschen machten in ihrem Alltag die Erfahrung: Entweder erreiche ich die Oase rechtzeitig, dann ist alles gut, oder ich erreiche sie nicht – und verdurste. Himmel oder Hölle, gut oder böse – das sind die zentralen Werte der Wüstenreligionen. Entsprechend das Lebensmotto: Nutze den Tag, packe jede Chance, die sich dir bietet, denn du bekommst möglicherweise keine zweite.

In Monsungegenden entstanden Religionen mit fatalistischer Ausprägung. Die Menschen wussten: Solange das Wetter gut ist, kann man eine Ernte um die andere einbringen, doch wehe, wenn der Monsun kommt und alles wegschwemmt. Ihr Lebensmotto lautete deshalb: Was immer geschieht, ist vorbestimmt, ich kann nichts machen, sondern muss auf mein Glück vertrauen. Entweder habe ich ein gutes Karma oder ein schlechtes.

Dort, wo Gras wuchs und die Jahreszeiten zuverlässig kamen und gingen, waren die Religionen auf die Zyklen der Natur abgestimmt. In einem bitteren Winter trösteten sich die Menschen mit dem Gedanken, dass sich der Frühling bald einstellen würde. Auf eine Wasserknappheit im Sommer folgten in aller Regel ergiebige Niederschläge im Herbst. Das Lebensmotto: In heiklen Situationen wartet man besser ab, was morgen oder in einem Monat ist.

So gesehen ist es nicht überraschend, dass sich das Christentum und das Judentum bei uns mit so überwältigendem Erfolg durchgesetzt haben. Seine Vertreter überzogen vor 2000 Jahren Europa mit der Machereinstellung «Packe deine Chance!» Damit waren sie den eher naturverbundenen, tendenziell abwartenden Angehörigen der Grasreligion deutlich überlegen. Aus meiner Sicht war das einer der wichtigen Gründe für den damaligen Systemumbau Europas und den damit verbundenen wirtschaftlichen und kulturellen Aufschwung.

Allen Religionen gemeinsam ist ein ethisches Grundprinzip, das man in folgende Sätze kleiden kann: «Du darfst alles tun, solange du deinen Nächsten nicht unfair behandelst», und: «Was du nicht willst, dass man dir tu, das füg auch keinem andern zu.» Dieses Prinzip hat die demokratischen Gesellschaften geprägt und erfolgreich gemacht, auch wenn es ab und zu missachtet wird. Dank diesem Grundsatz können wir uns auf der Strasse, im Lift, im Zug, Tram oder Auto weitgehend angstfrei bewegen. Das gegenseitige Vertrauen ist so gross, dass Unternehmen ihren Kunden die Waren ausliefern, bevor diese die Rechnung bezahlt haben. Und wir gehen alle davon aus, dass wir mit 65 von unserer Pensionskasse die Rente bekommen, für die wir jahrelang gespart haben.

Auch der Aufklärung des 18. Jahrhunderts verdanken wir viel. Sie hat die Grundlagen für den modernen Staat, die Wissenschaft und Wirtschaft geschaffen. Seither gehen wir davon aus, dass alle Menschen gleichwertig sind. In Artikel 8 der Schweizerischen Bundesverfassung steht, dass niemand diskriminiert werden darf, «namentlich nicht wegen der Herkunft, der Rasse, des Geschlechts, des Alters, der Sprache, der sozialen Stellung, der Lebensform, der religiösen, weltanschaulichen oder politischen Überzeugung oder wegen einer körperlichen, geistigen oder psychischen Behinderung». In einer offenen, freien Gesellschaft dürfen im Gegensatz zur Feudalherrschaft, wo das nicht erwünscht ist, alle mitdenken und nicht nur die Auserwählten, die selbstherrlich entscheiden. Dies hat zu einer nie dagewesenen Flut von Innovationen geführt. Transparenz ist in modernen Staaten ein zentraler Wert: Wichtige Entscheide sollen von Fairness geleitet, nachvollziehbar sein und von Einzelpersonen oder einem Kollektiv getroffen werden, die die öffentliche Verantwortung dafür übernehmen. Die Parole «Freiheit, Gleichheit, Brüderlichkeit» der französischen Revolution mündete in die Gewaltentrennung mit Gesetzgebung (Legislative), Vollzug (Exekutive) und Rechtsprechung (Judikative). Die unabhängige Justiz soll die Freiheit des Einzelnen schützen und jene bestrafen, die die gesellschaftlichen Regeln nicht einhalten.

Der Mensch als Aktionär der Erde
Für mich geht der Begriff der Gleichheit weit über die Gleichheit vor dem Gesetz hinaus. Sollte nicht jeder Mensch, wo und unter welchen Umständen er auch geboren wird, dasselbe Recht auf einen Anteil – seinen Anteil – an der Erde und ihren Bodenschätzen haben? In den ersten Lebensmonaten sind gewisse Rechte noch unbestritten: Man hat das Recht auf Luft, weil man sonst ersticken würde. Und man hat das Recht auf Flüssigkeit und Nahrung, weil man sonst verhungert oder verdurstet. Aber was ist dann? Ich stelle mir den Menschen als Aktionär der Erde vor, als Teilhaber und Miteigentümer. Ich gehe sogar noch einen Schritt weiter: Die Welt gehört nicht nur uns, die wir jetzt leben, sondern auch allen, die nach uns kommen. In Bezug auf die Bodenschätze und die nicht erneuerbaren Energien bedeutet das: Wir dürfen weder unseren Mitmenschen noch unseren Nachkommen ihren Anteil an der Welt wegstehlen. Auch in dieser Hinsicht sollte der Grundsatz gelten: «Was Du nicht willst, dass man dir tu, das füg auch keinem andern zu.»
Dieser Grundsatz wird heute mit Füssen getreten, wie sich am Beispiel des Erdöls zeigt. Derzeit werden weltweit 88 Millionen Fass pro Tag gefördert, das sind ungefähr 1,5 Liter pro Tag und Erdbewohner. Davon stehen nach der Raffinierung noch etwa 1,2 Liter zum Verbrauch zur Verfügung. Ein Offroader verbrennt auf 100 Kilometer bis zu 16 Liter. Der Fahrer hat seinen täglichen Anteil an der globalen Fördermenge, der ihm unter fairen Bedingungen zustehen würde, also bereits nach 7,5 Kilometern verbraucht – immer unter der Annahme, dass er in einer ungeheizten Wohnung lebt, nur kalt duscht, kein Fleisch isst und nicht fliegt, also keine weitere Energie verbraucht. Aufgrund der tiefen Effizienz der überdimensionierten Motoren und der – im Vergleich zum Gesamtgewicht des Fahrzeugs – tiefen Nutzlast verwertet der Offroader letztlich nur 0,5 Prozent der eingesetzten Primärenergie sinnvoll. 99,5 Prozent bläst er als Wärme in die Atmosphäre oder bewegt unnützes Gewicht. Das ist, wie wenn man von einer teuren Flasche Wein nur einen Teelöffel trinken und den Rest in den Rinnstein schütten würde.
Das Erdöl hat sich in einem Zeitraum von 100 bis 200 Millionen Jahren gebildet und wird im Wesentlichen von den westlichen Industriegesellschaften innert 200 Jahren vergeudet. Aus der Sicht eines umweltbewussten Schweizers ist die-

ser exzessive Ölverbrauch eine Ungerechtigkeit, ebenso aus der Sicht eines afrikanischen Bauern. Unsere Urenkel werden über diesen beispiellosen Raubbau an der Natur den Kopf schütteln, so, wie wir heute die Sklavenhaltung in den USA nicht mehr nachvollziehen können. Klar: Es ist in der Schweiz gesetzlich erlaubt, mit einem benzinfressenden Offroader herumzufahren, doch deswegen ist es noch lange nicht gerecht gegenüber unseren Nachkommen. Die Versklavung der Schwarzen war in den USA ebenfalls erlaubt, aber ethisch trotzdem nicht zu rechtfertigen.

Wem gehört das Öl in der saudi-arabischen Wüste? Es gehört den Saudis, obwohl sie noch gar nicht dort waren, als es tief unter der Erdoberfläche entstand. Es gehört ihnen einfach deshalb, weil sie sich zufällig dort niedergelassen und sich das Öl genommen haben, getreu dem Motto «Macht euch die Erde untertan». Das ist aus meiner Sicht weder fair noch logisch. Ich finde, dass das Öl uns allen gehört.

Wenn ich Aktionär der Erde wäre, könnte ich meine Anteile Dritten zur Verfügung stellen, die damit arbeiten wollen, beispielsweise Firmen oder Staaten – so, wie ein Aktionär einem Unternehmer Geld zur Verfügung stellen kann. Als Aktionär möchte ich dann aber an den Erträgen dieser Geschäfte beteiligt werden. Auf die Bodenschätze der Welt übertragen bedeutet das: Selbstverständlich können andere mein Erdöl verbrauchen, aber sie müssen mich dafür fair entschädigen. Und selbstverständlich können andere meine Luft belasten und den öffentlichen Raum benutzen, aber sie müssen dafür einen angemessenen Preis bezahlen.

Den Gemeingütern Sorge tragen

Als Unternehmer vergleiche ich die Ressourcen dieser Erde mit dem Eigenkapital einer Firma. Wenn man die Bodenschätze einfach so verjubelt, wie wir es seit Jahrzehnten tun, ist es dasselbe, wie wenn eine Firma ihr Eigenkapital fortwährend als Gewinn auszahlen würde, bis es weg ist. Ein guter Unternehmer tut das nicht. Er zahlt nur die mit dem Eigenkapital erwirtschafteten Gewinne aus, einen angemessenen Teil davon auch an sich selbst. Dem Eigenkapital trägt er Sorge, weil er es für seine Arbeit noch lange braucht. Genau gleich sollte es bei den Bodenschätzen sein, beziehungsweise den Gemeingütern wie Luft und Raum, die – wie der Name es sagt – der Gemeinschaft gehören.

Ich definiere die Gemeingüter so: Alle materiellen Güter auf unserem Planeten, die sich in einer Generation (25 Jahre) nicht erneuern. Dazu gehören die Luft, das Wasser, der Boden, die nicht erneuerbaren Energien Öl, Gas und Uran sowie oft verschwendete, weil nicht rezyklierte Bodenschätze wie Eisen, Kupfer oder seltene Erden, aber auch der Urwald. Zu den Gemeingütern könnte man ohne weiteres auch das Wissen zählen, das Millionen Menschen über Jahrhunderte und teilweise unter dem Einsatz ihres Lebens für uns erarbeitet und bewahrt haben. Oder die Sicherheit, die beispielsweise beim Betrieb von Atomanlagen und der Lagerung radioaktiver Abfälle eine zentrale Rolle spielt. Gemeingüter hatten immer schon eine grosse Bedeutung. Früher nannte man sie Allmenden und meinte damit das Grundeigentum im Besitz der Dorfgemeinschaft in Form von gemeinsam benutzten Weiden und Wäldern. Im solothurnischen Welschenrohr, wo ich herkomme, konnten die Bürger Holz aus dem Bürgerwald beziehen. Dafür zahlten sie eine der Menge entsprechende Nutzungsgebühr als Gemeingutabgeltung. Diese Einnahmen wurden am Ende des Jahres gleichmässig an alle Bürger (Eigentümer des Bürgerwaldes) verteilt. Allmenden waren schon vor der französischen Revolution ein frühes Übungsfeld für die Demokratie. Der genossenschaftliche Ansatz bildete die Basis der Eidgenossenschaft und hat sich in der Schweiz bis auf den heutigen Tag behauptet und bewährt. Man denke nur an die weit verbreiteten Genossenschaftswohnungen sowie Unternehmen wie die Migros, Coop, Mobility-Carsharing oder die Mobiliar-Versicherung, die genossenschaftlich organisiert sind.

Die Tragik der Allmenden
Dieser Gemeingutphilosophie stand der US-amerikanische Mikrobiologe und Ökologe Garrett Hardin skeptisch gegenüber. 1968 veröffentlichte er in der Zeitschrift «Science» einen Artikel unter dem Titel «The Tragedy of the commons» (Die Tragik der Allmenden). Zur Illustration seiner These, dass jede Allmende zugrunde geht, führte er eine genossenschaftlich genutzte Wiese an, auf der 10 Bauern je 10 Schafe weiden liessen. Nach einem Jahr kam einer auf die Idee, ein weiteres Schaf grasen zu lassen, ohne die andern um Erlaubnis zu fragen oder zu informieren. Dummerweise hatten alle 10 Bauern dieselbe Idee. So ging es Jahr für Jahr klammheimlich weiter, bis statt der ursprünglichen 100 Schafe

deren 200 auf der Weide standen und das Gras ratzekahl abfrassen, worauf sie verhungerten. Hardin erhob dieses Beispiel zum Prinzip und behauptete, dass jeder Genossenschafter versuchen werde, so viel Ertrag wie möglich für sich selbst herauszuschlagen, wenn eine Allmende allen zur freien Verfügung stehe. Die individuelle Gewinnsucht führe zwingend zur Übernutzung, und die Kosten trage letztlich immer die Gemeinschaft. Hardins Fazit: «Freedom in the commons brings ruin to all.»

Tatsächlich gibt es etliche Beispiele für tragische Allmenden. So wird die Luft durch den Ausstoss von Kohlendioxiden (CO_2) nach wie vor übermässig belastet. Der Umgang mit den Weltmeeren ist eine Katastrophe: Sie werden verschmutzt, überfischt und rücksichtslos ausgebeutet. Die Urwälder Mittel- und Südamerikas sind in den vergangenen 15 Jahren nach monströsen Abholzungen um über 20 Prozent geschrumpft. Auf den freien Flächen hat man Sojabohnen angepflanzt, die nach Europa verschifft werden, damit wir sie den Rindern verfüttern und Fleisch produzieren können – eine gewaltige Ressourcenverschleuderung.

Regeln für den Umgang mit den Allmenden

Es gibt aber auch Allmenden, die gut funktionieren. So hat man es in der Schweiz geschafft, eine CO_2-Abgabe auf Heizöl einzuführen, um den Ausstoss von Kohlendioxid zu reduzieren. Das Ozonloch über der Antarktis ist massiv kleiner geworden, seit die Verwendung von Treibhausgasen (FCKW) weltweit eingeschränkt worden ist. Mit dem flächendeckenden Bau von Kläranlagen sind viele Gewässer wieder sauber geworden. Auch unsere Wälder sind gut und nachhaltig bewirtschaftete Allmenden.

Die 2012 verstorbene US-Professorin Elinor Ostrom hat Regeln aufgestellt, wie Allmenden erfolgreich betrieben werden können, und dafür 2009 als erste Frau den Nobelpreis für Wirtschaftswissenschaften erhalten. Im Rahmen ihrer Forschungen besichtigte sie die Suonen im Oberwallis, dieses komplexe Bewässerungssystem für die Landwirtschaft, das 800 Jahre lang gehalten und alle Wirrnisse der Zeit überstanden hat. Ostrom definierte die Voraussetzungen für funktionierende Allmenden so: Zuerst muss der Umfang der Allmende definiert werden und wer sie nutzen darf. Dann braucht es auf demokratischer Basis erarbeitete Regeln für den Umgang mit den Ressourcen. Die Einhaltung dieser Regeln muss überwacht werden, üblicherweise durch die Genossenschafter oder ein von ihnen eingesetztes Führungsorgan, das Übertretungen nach einem festgelegten Raster sanktioniert. Nötig ist zudem ein Konfliktlösungsmechanismus für dringende Fälle. Wenn sich beispielsweise zwei Bauern uneinig sind, wer den Wasserschieber wann und wie lange für seine Weide öffnen darf, sind sie auf einen schnellen Entscheid angewiesen, sonst verdorren dem einen die Pflanzen. Unabdingbar ist auch die grundsätzliche Anerkennung der Allmende und ihrer Regeln durch den Staat.

Die wichtigsten Gemeingüter im Schweizer Energiesystem
Im Zusammenhang mit dem Energiesystem Schweiz sind folgende Gemeingüter von besonderer Bedeutung: das Gemeingut Luft, das Gemeingut öffentlicher Raum, das Gemeingut Ruhe und das Gemeingut «risikoarm leben». Die Luft ist eine unserer Lebensgrundlagen. Durch die Verbrennung von nicht erneuerbaren Energieträgern wie Öl, Kohle und Gas und dem damit verbundenen Ausstoss von CO_2 ist an diesem Gemeingut ein fast irreversibler Schaden entstanden; die Natur wird mehrere Hundert Jahre benötigen, um die gigantischen CO_2-Immissionen abzubauen.

Ruhe ist ein Grundbedürfnis des Menschen. Lärmimmissionen, verursacht durch Autos, Güterzüge oder Flugzeuge, müssten finanziell abgegolten werden. Auch der öffentliche Raum ist Allgemeingut. Davon beansprucht der Autoverkehr in der Schweiz in Form von Strassen und Parkplätzen mehr als 1000 km², oft an bester Lage. Die Gemeinschaft müsste von den Autofahrern für die Nutzung des öffentlichen Grundes eine angemessene Entschädigung verlangen.

Das Gemeingut «risikoarm leben» wird besonders strapaziert: Die Kosten eines Super-GAU in einem Schweizer Kernkraftwerk würden sich auf rund 5000 Milliarden Franken belaufen.

Die Summe aller Abgeltungen für die Nutzung dieser Gemeingüter beläuft sich nach meinen Berechnungen, die ich in späteren Kapiteln darlegen werde, auf rund 70 Milliarden Franken pro Jahr. Würde man die Menschen als Teilhaber (Aktionäre) dieser Welt anerkennen, die ein Recht auf Entschädigung für die Nutzung von Gemeingütern haben, müsste man jedem Einwohner und jeder Einwohnerin der Schweiz etwa 8500 Franken pro Jahr erstatten.

Egoistisch – altruistisch

Kunst des Sowohl-als-auch?

7. Staats-, Privat- oder Allmendenwirtschaft?

Wenn man die Energieversorgung der Schweiz neu organisieren will, muss man sich überlegen, wer in diesem System am besten welche Aufgaben übernimmt. Wo ist es sinnvoll, dass sich der Staat engagiert? Wo sollen private Unternehmen zum Zug kommen? Und in welcher Hinsicht setzt man mit Vorteil auf die Allmendenwirtschaft? Die Kunst besteht darin, alle Beteiligten so miteinander zu vernetzen, dass die einzelnen Teile optimal ineinandergreifen und keine nachteiligen Nebenwirkungen auftreten. Vergegenwärtigen wir uns deshalb zuerst, welche Aufgaben die drei Wirtschaftssysteme grundsätzlich haben und wo ihre besonderen Stärken liegen.

Staatswirtschaft: organisieren, regulieren und überwachen
Der Staat ist in erster Linie dafür verantwortlich, dass das Staatswesen mit Stimm- und Wahlrecht, Legislative, Exekutive, Behörden, Polizei und Justiz funktioniert. Auch die Landesverteidigung, die Versorgung der Wirtschaft mit Geld über die Nationalbank und die politische Zusammenarbeit mit andern Staaten kann der Bund nicht delegieren.
Daneben gibt es auch Bereiche, in denen es sich der Staat überlegen kann, ob er die Aufgaben selbst erfüllen oder zumindest teilweise Privaten übertragen will. Dazu gehören Bildung und Forschung, Soziales, Gesundheit, öffentlicher Verkehr, Strassen, Energieversorgung, Kommunikationsdienste oder das Postwesen. Der Entscheid, wie aktiv der Staat in einem bestimmten Bereich sein soll, ist umstritten. In den letzten Jahren war der Trend zur sukzessiven Kooperation mit der Privatwirtschaft allerdings unübersehbar, beispielsweise bei den Marktöffnungen von Swisscom, Post und Bundesbahnen.
Um seine Aufgaben erfüllen zu können, benötigt der Staat Geld. Da er keine Güter produziert, verschafft er sich seine Einnahmen über Einkommens-, Vermögens-, Mehrwert-, Mineralöl- und Fahrzeugsteuern, über Gebühren für die Kehrichtentsorgung, Wasserversorgung, Verbreitung von Radio- und Fernsehprogrammen oder das Ausstellen von Dokumenten wie Pässen oder Baubewilligungen. Die AHV und die Arbeitslosenkasse finanziert der Staat über

Lohnprozente, dazu erhebt er ökologische Lenkungsabgaben wie die CO_2-Abgabe auf fossilen Heizstoffen oder die Schwerverkehrsabgabe LSVA.
Die Steuern sind die wichtigste Einnahmequelle des Staates. Während im Mittelalter alle Bauern, ob reich oder arm, dem Ritter 10 Prozent ihrer Erträge abliefern mussten («Zehnten»), haben wir heute progressive Steuern: Je höher das Einkommen, desto belastender die Steuer bis hin zum Maximalwert von etwa 40 Prozent. Dies führt zu einer Umverteilung von oben nach unten. Laut einer Studie von Economiesuisse bezahlen die einkommensstärksten 7,5 Prozent der Bevölkerung 38,5 Prozent der kantonalen Einkommenssteuern, wogegen die einkommensschwächsten 28,6 Prozent nur gerade 1,6 Prozent zum Steueraufkommen beitragen *(Anhang A 8)*.
Es ist Aufgabe der Kantone und Gemeinden, mit ihren Einnahmen haushälterisch umzugehen. Wer einen guten Job macht, kann den Steuersatz senken. Allerdings wird der Steuerwettbewerb verfälscht, indem Private und Firmen mit tiefen (Pauschal-)Steuern geködert werden. Diese Ungleichbehandlung steht im Widerspruch zur Bundesverfassung. Vom ziemlich erbittert geführten Verteilkampf zwischen den Kantonen und Gemeinden profitieren vor allem reiche Ausländer und multinationale Unternehmen, aber auch Schweizer Firmen: 1997 verlegte der Banker Martin Ebner seine BZ-Bank von Zürich in den Kanton Schwyz, um 30 bis 40 Millionen Franken Steuern zu sparen. Die Öffentlichkeit reagierte auf diesen Schachzug empört.
Der Zürcher ETH-Professor August Zehnder nutzte damals die Gelegenheit, um in der NZZ sein alternatives Steuermodell unter dem Titel «Steuertourismus eindämmen – kantonale Finanzhoheit achten» zu propagieren. Danach sollten die Gemeinden die Steuern auf den Einkommen unter 200 000 Franken eintreiben, die Kantone wären für die Bandbreite zwischen 200 000 und 2 Millionen Franken zuständig, während die Besteuerung der höchsten Einkommen Bundessache wäre. Der Effekt liegt auf der Hand: Für Reiche gäbe es keinen finanziellen Anreiz mehr, in eine bestimmte Landesgegend zu ziehen, weil sie in allen Kantonen nach einem einheitlichen Satz vom Bund besteuert würden. Die Eidgenössische Steuerverwaltung schrieb in einer Stellungnahme, das Modell Zehnder sei «ein origineller Vorschlag», mit dem der Steuertourismus tatsächlich eingeschränkt und die Nachteile des Steuerwettbewerbs gedämpft

werden könnten. Ausserdem wären die Gemeinden und Kantone weniger abhängig von einzelnen (reichen) Steuerzahlern. Das Modell würde aber die Attraktivität der Schweiz im internationalen Steuerwettbewerb schwächen. Originalton Steuerverwaltung: «Die Umwandlung der direkten Bundessteuer zu einer ‹Reichensteuer› könnte potenziell negative polit-ökonomische Konsequenzen haben und zu einer Entfremdung der BürgerInnen von höheren Staatsebenen führen.»

Deutlich weniger umstritten ist die Mehrwertsteuer mit ihrer einfachen Formel «Wer konsumiert, zahlt». Wenn die allgemeine Lebenserwartung und damit der Anteil der Alten an der Bevölkerung weiter zunimmt, dürfte die Mehrwertsteuer in absehbarer Zeit erhöht und zur Finanzierung der AHV herangezogen werden. Das ist aus meiner Sicht fair, weil auch Rentner konsumieren. Den Vorschlag der Grünliberalen, eine Steuer auf nicht erneuerbare Energien einzuführen, finde ich im Grundsatz gut. Gleichzeitig die Mehrwertsteuer abzuschaffen, wie es die Grünliberalen vorhaben, halte ich aber für verkehrt, weil dann Produkte aus Staaten mit laschen Umweltvorschriften und ungenügenden Sozialsystemen zu uns gelangen, ohne einen Beitrag zum Gemeinwesen zu erbringen. Die Politiker wären meiner Meinung nach besser beraten, alle elektronischen Geldtransaktionen mit einer Steuer von einem Promille zu belegen. Damit würde der computergesteuerte Hochfrequenzhandel, der die Stabilität und Nachhaltigkeit des Finanzsystems zunehmend bedroht, unattraktiv. In der Schweiz ist die Geldbranche, obwohl mit grossen Risiken verbunden («Too big to fail»-Problematik), steuerlich deutlich besser gestellt als andere Wirtschaftszweige. Eine Transaktionssteuer wäre eine gerechtfertigte Kompensation.

Zentral ist: Der Staat bestimmt die Regeln, unter denen in der Schweiz gewirtschaftet wird. Er legt die Rahmenbedingungen mittels Gesetzen und Geboten fest, beispielsweise mit der Lebensmittelverordnung im Nahrungsmittelbereich, der Medikamentenzulassung im Pharmabereich oder den Betriebsbewilligungen für Atomkraftwerke im Energiebereich. In seiner Aufsichtsfunktion betreibt der Staat auch Qualitätssicherung. Davon profitieren alle Marktteilnehmer, solange die Regeln transparent, für alle gleich und fair sind. Vorderhand übernimmt der Staat aber auch noch gewisse Grossrisiken: So rettet er

Grossbanken, die aus eigenem Verschulden in finanzielle Not geraten sind, und erlaubt es Kernkraftwerkbetreibern, einen schönen Teil der Kosten für die Entsorgung der radioaktiven Abfälle sowie die Abdeckung von Unfallrisiken den Steuerzahlern aufzubürden.

Privatwirtschaft: Unternehmen sichern den Fortschritt
Dass im Volk Glaubenssätze wie «Dem Tüchtigen gehört die Welt» kursieren, kommt nicht von ungefähr. In unserem Wirtschaftssystem kann grundsätzlich jeder mit einer guten Idee auf den Markt gehen und Geld verdienen. Die Entwicklung der Produkte erfolgt durch Privatpersonen und/oder Unternehmen, die die finanziellen Risiken tragen und im Erfolgsfall dafür belohnt werden. Sie stehen in Konkurrenz zueinander, was zu besseren Produkten und wettbewerbsfähigen Preisen führt. Insgesamt schaffen sie für die Gesellschaft Mehrwert und sichern den Fortschritt.

Bis vor einigen Jahren wurde von den Unternehmen lediglich erwartet, dass sie ihre Produktivität steigern und gute Qualität zu tiefen Preisen anbieten. Inzwischen sind neue Erwartungen und Vorschriften dazugekommen: Die Güter sollen, wo immer auf der Welt, unter menschenwürdigen Bedingungen hergestellt werden – keine Produktion an Orten mit tiefen sozialen Standards (Dumpinglöhne, ungenügende Sozialleistungen), geringen Umweltauflagen und gefährlichen Arbeitsplätzen! Korruption, wiewohl noch immer weit verbreitet, wird geächtet. Ausserdem sollen die Produkte zu angemessenen Preisen gehandelt werden (Fair Trade) und keine schwer abbaubaren oder gar giftigen Stoffe enthalten. Nicht erneuerbare Ressourcen sollen möglichst sparsam oder gar nicht mehr verwendet werden. Die einwandfreie Deklaration des Inhalts, etwa bei Lebensmitteln (Gentech, E-Stoffe, Herkunft des Fleisches usw.), ist inzwischen gesetzlich vorgeschrieben.

Allmendenwirtschaft: Nachhaltigkeit zum Wohle aller
Wenn es um die Bewirtschaftung von Gemeingütern wie nicht erneuerbaren Ressourcen, Wasser, Luft oder öffentlicher Raum geht, ist die Allmendenwirtschaft gemäss den Untersuchungsergebnissen von Elinor Ostrom die beste Option, denn sie ermöglicht es, über einen langen Zeitraum die höchsten Erträge

zu erzielen. Die demokratische Aushandlung der Regeln für die Nutzung der Gemeingüter ist zugegebenermassen komplex. Auch die Neugestaltung des Energiesystems Schweiz wird zu langwierigen politischen Auseinandersetzungen führen, doch der Aufwand lohnt sich, weil letztlich alle, auch unsere Nachkommen, vom Ergebnis profitieren.

Zusammengefasst kann man sagen: Die Gesellschaft ist auf einen effizienten, gerechten Staat angewiesen, der sinnvolle Rahmenbedingungen schafft und über die Einhaltung der von ihm definierten Regeln wacht. Sie ist angewiesen auf wettbewerbsfähige, gewinnorientierte Unternehmen, die Arbeitsplätze anbieten und mit neuen Produkten Mehrwert schaffen. Sie hat aber ein ebenso grosses Interesse daran, dass die Gemeingüter zum Wohle aller nachhaltig bewirtschaftet werden.

Bei jeder Aufgabe muss entschieden werden, welches System am besten für die Erfüllung geeignet ist. Fehlentscheide können gravierende Konsequenzen haben. Das zeigte sich beispielsweise 1996/97, als die Allmende «Eisenbahnnetz» in England privatisiert wurde und unter die Fuchtel der Marktwirtschaft geriet. Die Eigentümerin Railtrack vernachlässigte den Unterhalt sträflich, um höhere Gewinne zu erzielen – mit der Folge, dass das Streckennetz verlotterte und schwere Unfälle passierten. In der Folge konnte Railtrack die nötigen Investitionen nicht finanzieren und ging bankrott. 2002 übernahm das nicht gewinnorientierte Unternehmen Network Rail die Geschäfte.

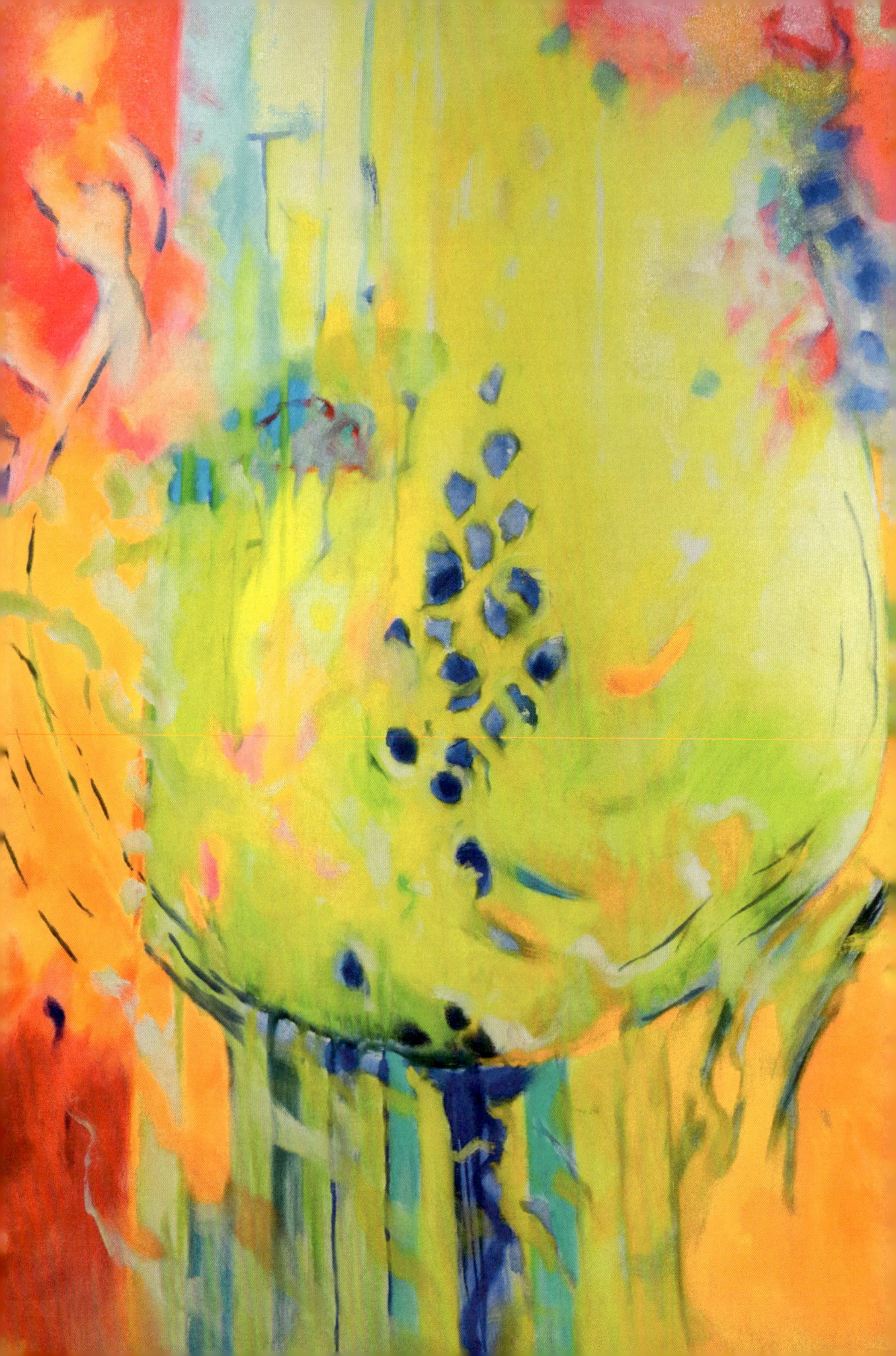

8. Von der Taschenlampe zur Energieversorgung

Wenn man über die Energiewende und Energiesysteme diskutieren will, muss man einige Grundbegriffe der Elektrizität kennen. Wir erarbeiten sie uns am Beispiel einer einfachen Taschenlampe. Die Taschenlampe hat eine Batterie, einen Schalter und eine Glühlampe. Wenn man den Schalter betätigt und den Stromkreislauf schliesst, geht das Licht an. Im Grunde genommen ist die Taschenlampe ein kleines Energieversorgungssystem.

In diesem System misst man die elektrische Leistung in Watt (W) und die Leistung über einen bestimmten Zeitraum (Energie) in Wattsekunden (Ws), der kleinsten gebräuchlichen Masseinheit, bzw. in Wattstunden (Wh). Bis die Batterie unserer Taschenlampe erschöpft ist, fliesst eine Energie von ungefähr 3,5 Wh. In grösseren Energiesystemen geht es um Kilowattstunden (kWh), Megawattstunden (MWh), Gigawattstunden (GWh) oder sogar Terawattstunden (TWh). Die Schweizer Konsumenten verbrauchen derzeit pro Jahr ungefähr 60 TWh elektrische Energie. Davon erzeugen die Atomkraftwerke rund 40 Prozent.

Strom kommt in verschiedenen physikalischen Erscheinungsformen vor: als Gleichstrom, Wechselstrom oder Drehstrom. Beim Gleichstrom (Taschenlampe, Solarzellen) fliesst der Strom stets in eine Richtung, und die Spannung bleibt immer gleich. Beim Wechselstrom ändert sich die Richtung fünfzigmal pro Sekunde (50 Hertz), was einen entscheidenden Vorteil bietet, wenn es um den Transport geht: Wechselstrom kann man einfach auf beliebige Spannungsniveaus transformieren, um ihn von Punkt A nach Punkt B zu bringen. Dabei gilt: je höher die Spannung, desto geringer die Transportverluste. Die Hochspannungsleitungen, die unser Land überziehen, haben bis zu 380 000 Volt oder 380 Kilovolt (kV); aus der Steckdose im Haushalt kommen dann lediglich noch 250 bzw. 400 Volt. Das Drehstromprinzip wiederum erlaubt es, bei gleicher Leitungskapazität ungefähr ein Drittel mehr elektrische Energie zu übertragen *(Begriffe und Umrechnungen in Anhang A 9).*

Unterschiedliche Wirkungsgrade

Im Grundsatz gilt: Wenn man eine bestimmte Form von Energie in eine andere umwandelt, geht stets etwas verloren. Das ist auch bei uns so: Wenn wir auf einen Berg steigen, wird aus einem Teil der eingesetzten Energie Wärme: Wir schwitzen. Ein Akku gibt nur einen Teil des Stroms ab, mit dem man ihn aus der Steckdose geladen hat. Der Benzinmotor treibt nicht nur das Auto an, sondern erzeugt auch Hitze, die grösstenteils ungenutzt verpufft. Das Verhältnis der tatsächlich genutzten zur eingesetzten Energie bezeichnet man als Wirkungsgrad. Dieser ist wegen der Verluste immer kleiner als 100 Prozent. Zwischen den einzelnen Systemen gibt es aber erstaunlich grosse Unterschiede. So haben Wasserkraftwerke einen ausgesprochen hohen Wirkungsgrad von bis zu 96 Prozent; die Energie des Wassers lässt sich über Turbinen und Generatoren also ohne nennenswerte Verluste in Strom umwandeln. Ein herkömmliches Atomkraftwerk hingegen hat einen Wirkungsgrad von lediglich 34 Prozent. Das lässt sich schon von Weitem an den riesigen Kühltürmen erkennen, die zwei Drittel der Energie als überschüssige Wärme in Form von Dampfwolken abführen. Eine Batterie wiederum hat einen relativ hohen Wirkungsgrad von 90 Prozent, während der Benzinmotor selbst bei idealen Laborbedingungen unter 34 Prozent bleibt.

Aggregat	Wirkungsgrad
Wasserkraftwerk (je nach Turbinenart)	bis zu 96 %
Kohlekraftwerk alt	34–38 %
Kohlekraftwerk neu	45–47 %
Kernkraftwerk (Druck- und Siedewasserreaktoren)	34 %
Gaskraftwerk	60 %
Generator	95–98 %
Grosse Transformatoren	bis zu 99 %
Batterie (Lithium-Cobaltdioxid-Akku)	90 %
Pumpspeicherwerk	75 %
Benzinmotor ideal (unter Laborbedingungen)	34 %
Dieselmotor ideal (dito)	40 %

Zwischen dem Wirkungsgrad des Benzinmotors unter Laborbedingungen und der Realität im Alltagsverkehr besteht allerdings ein grosser Unterschied. Unter Laborbedingungen mag er einen Wirkungsgrad von 34 Prozent erreichen, im Alltagsverkehr dürfte er aber weniger als die Hälfte betragen. Das liegt daran, dass der Motor durch das ständige Beschleunigen und Abbremsen immer wieder in ungünstigen Betriebspunkten arbeiten muss. Weitere Energie geht bis zu den Rädern durch Reibungsverluste, etwa im Getriebe, verloren. Nach Schätzung von Branchenexperten lassen sich am Schluss nur noch etwa 13 Prozent der im Benzin enthaltenen Energie für die Fortbewegung nutzen. Aber selbst diese bescheidenen 13 Prozent sind noch nicht die ganze Wahrheit. Wenn man mit einrechnet, dass die Förderung des Erdöls, dessen Raffinierung zu Benzin und der Transport an die Tankstellen ebenfalls Energie verschlingen – Fachbegriff: CO_2-Rucksack –, kommen nur 80 Prozent der ursprünglichen Ölenergie bei uns an. Dies bedeutet, dass unter dem Strich nur gerade 10,4 Prozent der in Form von Erdöl geförderten Energie in die Bewegung eines Autos umgesetzt werden *(Berechnung in Anhang A 10)*.

Vom hierarchischen Netz zur Vernetzung
Die Elektrizitätsversorgung von heute ist hierarchisch aufgebaut (Abb. 1). Kernkraftwerke, Wasserkraftwerke und Kehrichtverbrennungsanlagen erzeugen Strom, der über ein elektrisches Netz zu den Dörfern und Städten transportiert wird (die vereinzelten Solar- und Windkraftanlagen fallen statistisch noch nicht ins Gewicht). Der Strom wird in Fabriken, Gewerbebetrieben, Büros, öffentlichen Gebäuden und Haushalten «verbraucht». Genau genommen ist dieser Ausdruck nicht korrekt, denn Elektrizität kann man nicht verbrauchen. Sie wird lediglich umgewandelt in Licht (Glühlampen, Video), Wärme/Kälte (Backofen, Bügeleisen, Kühlschrank, Gefriertruhe), Bewegung (Geschirrspüler, Waschmaschine, Lift, Rolltreppe, Tram, Trolleybus, Zug) oder Schall (Lautsprecher, Audio).
Die Energieversorgung von morgen ist nicht mehr hierarchisch im Sinne einer Einbahnstrasse aufgebaut. Der Strom wird immer noch, aber nicht nur in herkömmlichen Kraftwerken produziert und von dort aus zu den Verbrauchern transportiert. Im System der Zukunft kommen Windparks an geeigneten

Abb. 1: **Stromversorgung heute**

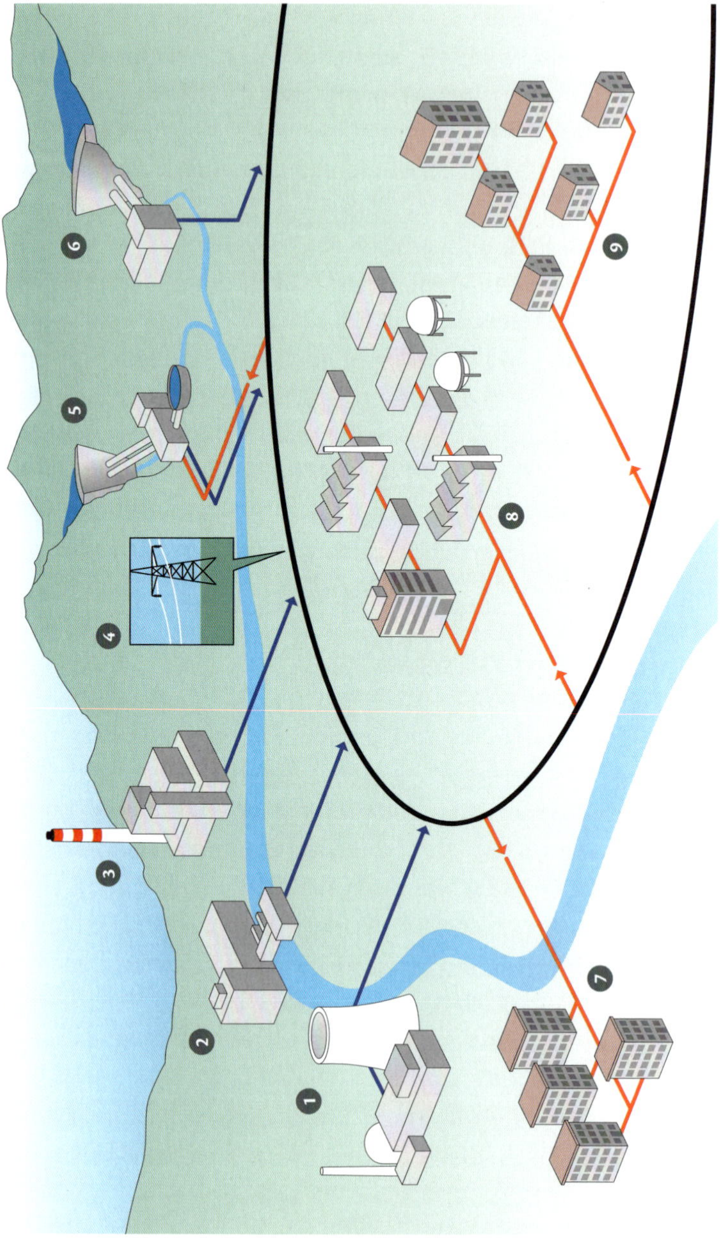

— **Stromnetz** → Produzenten → Konsumenten

① Kernkraftwerke ② Laufwasserkraftwerke ③ Kehrichtverbrennungsanlagen ④ Übertragungsnetze ⑤ Pumpspeicherkraftwerke
⑥ Speicherseekraftwerke ⑦ Büros, Gewerbegebäude ⑧ Industrie ⑨ Wohnhäuser, öffentliche Gebäude

Quelle: Anton Gunzinger / Supercomputing Systems AG

Standorten hinzu, und in den Bergen wie im Flachland hat es Photovoltaikanlagen für die Nutzung der Sonnenenergie. Energie wird künftig immer noch, aber nicht nur in Stauseen gespeichert, sondern auch in Batterien mit hoher Kapazität, die in Wohn- oder Industriequartieren stehen. Bei Bedarf geben diese Batterien ebenfalls Strom ins Netz ab oder versorgen damit Wohnhäuser und Gewerbebetriebe in der nächsten Umgebung. In der dezentralen Stromversorgung von morgen spielen die sogenannten «Prosumer» eine wichtige Rolle. Sie sind gleichzeitig Konsumenten und Produzenten (Abb. 2). Prinzipiell muss das Stromnetz stets im Gleichgewicht sein: Das Angebot muss der Nachfrage folgen. Im hierarchischen Netz ist die Steuerung einfach. In einem dezentralen System wird sie etwas komplexer. Der Begriff «smart grid» drückt das aus.

Wie man mit unterschiedlichen Belastungen klarkommt
Nun ist es nicht so, dass der Stromverbrauch 24 Stunden pro Tag oder gar 365 Tage pro Jahr immer gleich bleibt. In einer durchschnittlichen Schweizer Stadt ist der Energiebedarf der Bewohner, Ladenbesitzer, Unternehmer und Gewerbetreibenden in der Nacht kleiner als am Tag, weil die Leute dann schlafen, die Geschäfte geschlossen sind und die meisten Maschinen stillstehen. Über die Mittagszeit wird erfahrungsgemäss am meisten Strom verbraucht, an Werktagen mehr als an Sonntagen, im Sommer weniger als im Winter, weil in der kalten Jahreszeit die Motoren der Heizsysteme laufen, die Gebläse in den Warenhäusern eingeschaltet sind und die Lichter länger brennen – es dunkelt früher ein.
Das Elektrizitätswerk muss sicherstellen, dass jederzeit aus jeder Steckdose genügend Strom kommt. Wenn weniger gebraucht wird, muss es die Einspeisung drosseln. Um die enormen Schwankungen zwischen den einzelnen Verbrauchern besser in den Griff zu bekommen, schaltet das Elektrizitätswerk einige Hundert Stromabnehmer in einem Netzpool zusammen, in der Stadt Zürich beispielsweise 500 bis 1000 Haushalte. So lässt sich die Verbrauchskurve ein Stück weit glätten. Den Gesamtverbrauch einer Stadt oder eines Landes bezeichnet man als «Lastkurve». Die Abbildung 3 zeigt, dass die Gesamtlast in der Schweiz im Sommer ungefähr 7 Gigawatt erreicht; im Winter ist sie mit maximal 10 GW deutlich höher. Man weiss aus Erfahrung ziemlich genau, wann der Strombedarf in un-

Abb. 2: **Stromversorgung morgen**

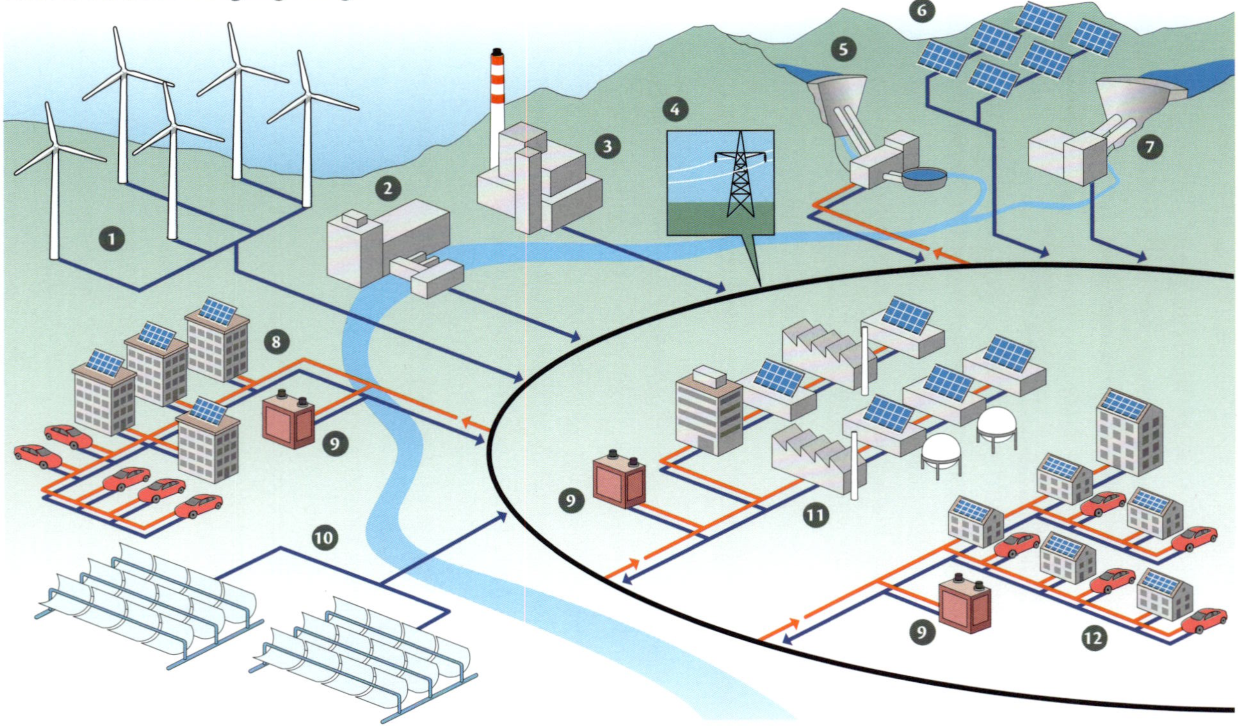

Quelle: A. Gunzinger

Stromnetz
→ Produzenten
→ Konsumenten
→ Prosumer (zugleich Konsumenten und Produzenten)
→ Übertragungsnetze

1. Windkraftanlagen
2. Laufwasserkraftwerke
3. Kehrichtverbrennungsanlagen, Biomassekraftwerke
4. Büros, Gewerbegebäude
5. Pumpspeicherkraftwerke
6. Solaranlagen in den Bergen
7. Speicherseekraftwerke
8. Industrie
9. Dezentrale Batterien
10. Solaranlagen im Mittelland
11. Wohnhäuser, öffentliche Gebäude

70   Von der Taschenlampe zur Energieversorgung

serem Land wie gross sein wird. Deutlich ist auch zu sehen, wie der Verbrauch an den 52 Wochenenden zurückgeht.

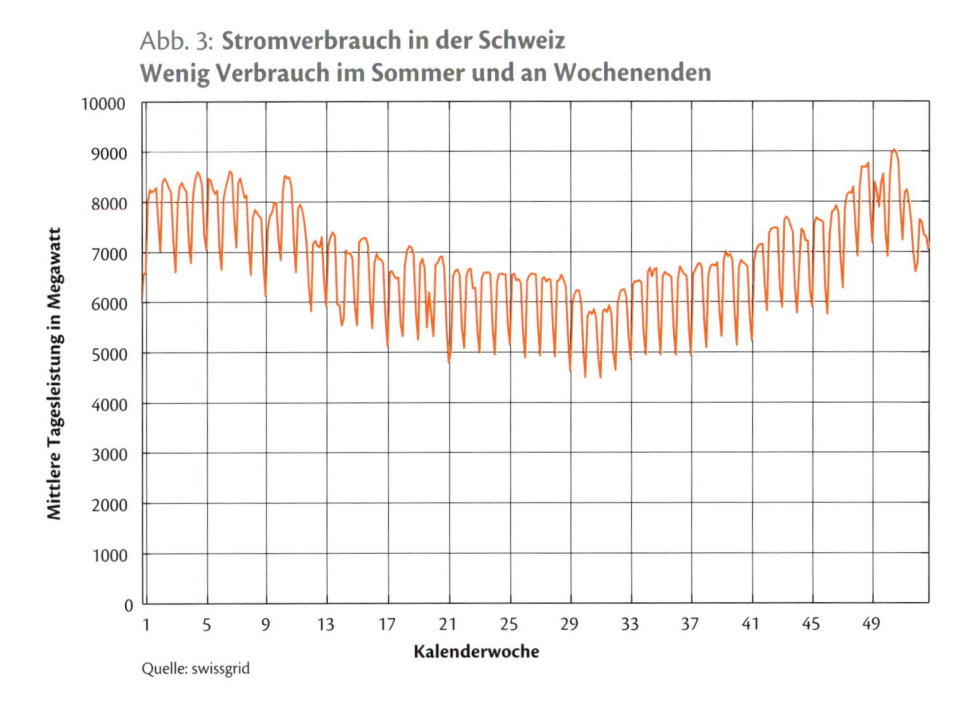

Abb. 3: Stromverbrauch in der Schweiz
Wenig Verbrauch im Sommer und an Wochenenden

Quelle: swissgrid

Der Strom will geregelt sein

Im Stromnetz muss die Leistungsbilanz stets ausgeglichen sein, das Angebot muss die Nachfrage in jedem Moment decken. Um dieses Gleichgewicht zu erreichen, bedarf es einer Leistungsregelung. Konkret bedeutet das, dass in Speicherkraftwerken bei höherem Leistungsbedarf die Wasserzufuhr zu den Turbinen erhöht wird, sodass die Generatoren die benötige Zusatzmenge Strom produzieren können. Bei geringem Leistungsbedarf wird die Wasserzufuhr reduziert.

Was die Bewältigung der Lastspitzen angeht, sind wir in der Schweiz gut gerüstet, denn die installierte Produktionsleistung in Form von Kraftwerken ist mehr als genügend, um die Maximalnachfrage von 9 bis 10 GW zu befriedigen. Unsere

Stromerzeuger könnten kurzzeitig bis zu 16 Gigawatt zur Verfügung stellen, 50 Prozent mehr als der Spitzenverbrauch.

Problematischer sieht es paradoxerweise aus, wenn sehr wenig Strom verbraucht wird – weniger, als die Stromerzeuger produzieren. Kurzfristig können wir überschüssige Leistung im Umfang von 1,8 GW in den Stauseen der Pumpspeicherwerke «parkieren»; in ein paar Jahren sollen es dank zusätzlicher Werke 5 GW sein. Strom, der nicht gespeichert werden kann, ist unwiederbringlich verloren. Wir verwenden dafür den Begriff «Waste» (Abfall).

Welche Konsequenzen ein Überangebot an Strom haben kann, hat man in Deutschland gesehen. Dort spielt die Photovoltaik, also die Erzeugung von Strom aus Sonnenenergie, eine besondere Rolle. Die Photovoltaik wird seit Jahren stark subventioniert, und die Elektrizitätswerke sind gesetzlich zur Abnahme des Stroms verpflichtet, was in Schönwetterperioden zu einem Überschuss führt. Weil die deutschen Elektrizitätswerke fast keine Speicherseen haben und die Kernkraft- und Kohlekraftwerke nicht einfach gedrosselt werden können, mussten sie die Energie auf andere Art loswerden. Sie sagten ihren Kunden: «Du brauchst nichts für die Energie zu bezahlen, wenn du sie mir nur abnimmst, ich gebe dir sogar Geld dafür.» Das führte zur grotesken Situation, dass die Deutsche Bahn im Sommer manchmal die Weichenheizungen einschaltet, um überschüssige Energie zu vernichten – und dafür noch Geld bekommt!

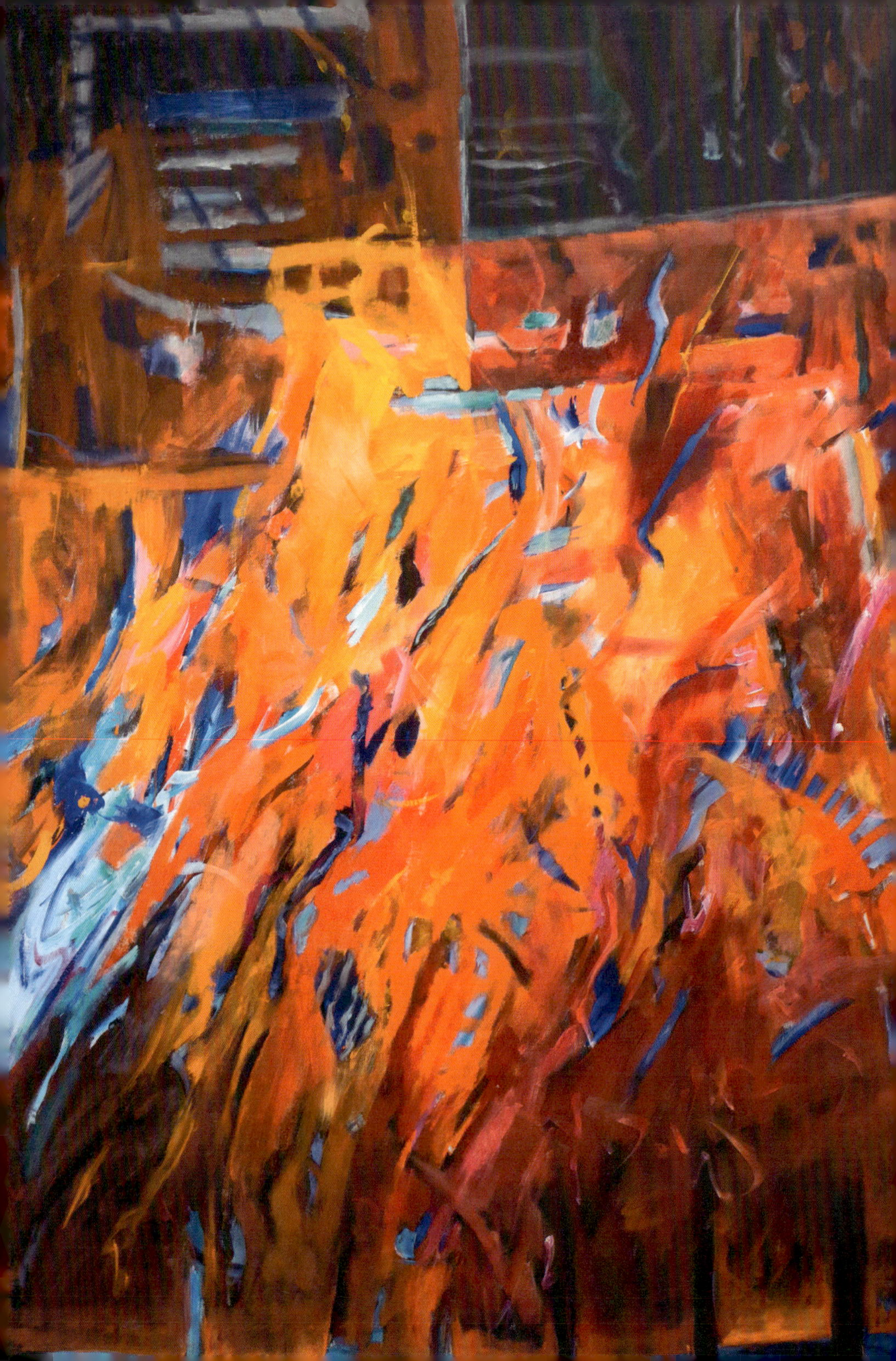

9. Wie Strom erzeugt wird

In der Schweiz haben die Kernkraftwerke (KKW) mit knapp 40 Prozent den grössten Anteil an der Stromproduktion. Dahinter folgen die Speicherseekraftwerke mit gut 30 Prozent und die Laufwasserkraftwerke mit etwas mehr als 25 Prozent. Die konventionell thermischen Kraftwerke (bei uns vor allem Kehrichtverbrennungsanlagen) tragen die restlichen 5 Prozent bei. Die Stromerzeugung mittels Photovoltaik (Sonnenenergie) und Windkraft schlägt statistisch noch nicht zu Buche, ebenso wenig die Biomasse (Gärschlamm, Jauche, Bioabfälle) und die Geothermie (Nutzung der Erdwärme). Die Pumpspeicherkraftwerke werden in den Statistiken normalerweise nicht zu den Produzenten gerechnet, da sie netto mehr Energie verbrauchen, als sie wieder abgeben. Hier ein kurzer Überblick, wie in der Schweiz Elektrizität erzeugt wird.

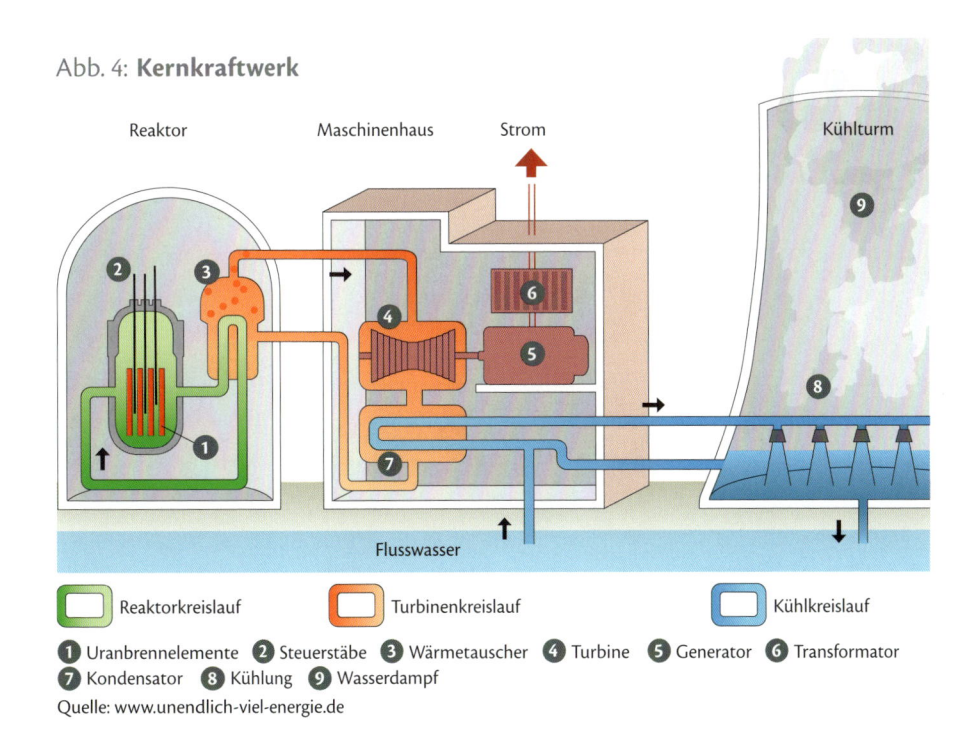

Abb. 4: **Kernkraftwerk**

① Uranbrennelemente ② Steuerstäbe ③ Wärmetauscher ④ Turbine ⑤ Generator ⑥ Transformator ⑦ Kondensator ⑧ Kühlung ⑨ Wasserdampf

Quelle: www.unendlich-viel-energie.de

Kernkraftwerke

In der Schweiz gibt es fünf KKW: Beznau I und II, Mühleberg, Gösgen und Leibstadt. In KKW wird Uran als Brennstoff eingesetzt. Die radioaktiven Zerfallsprozesse setzen Wärme frei, die Wasserdampf erzeugt, der wiederum einen Generator antreibt. Dabei wird nur rund ein Drittel der Wärme in Strom umgewandelt, der Rest verpufft als Abwärme in der Aare (Beznau und Mühleberg), bzw. in Kühltürmen (Gösgen und Leibstadt). Die Betreiber speisen nur einen kleinen Teil dieser ansonsten verlorenen Energie in Fernwärmenetze zur Heizung von Gebäuden ein. KKW lassen sich aus technischen Gründen nur beschränkt regulieren. Täte man es trotzdem, würde der Strom deutlich teurer. Sie produzieren deshalb übers ganze Jahr gleich viel, ausser wenn Unterhaltsarbeiten anstehen. Den Strom aus dieser gleichmässigen Produktion nennt man Bandenergie.

Laufwasserkraftwerke

Man findet sie ausschliesslich an Flüssen. Das stromabwärts fliessende Wasser treibt im Maschinenhaus eine Turbine an und diese einen Stromgenerator. Die Produktion ist vom Wetter und der Jahreszeit abhängig. Wenn die Flüsse viel

Abb. 5: **Laufwasserkraftwerk**

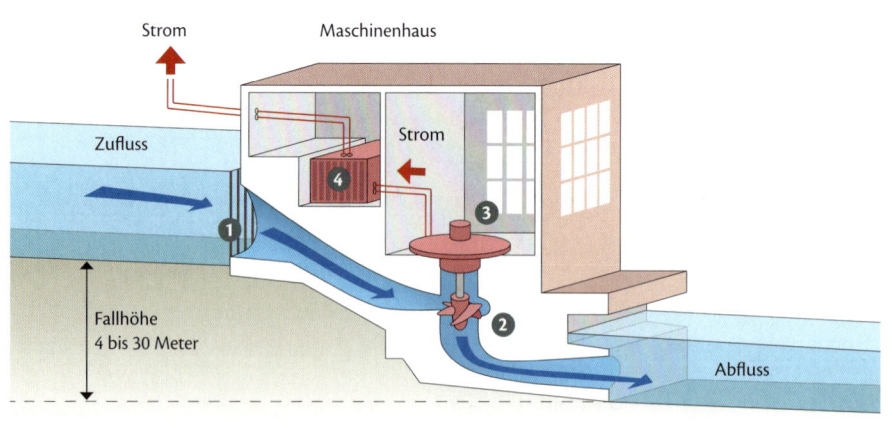

❶ Zufluss mit Rechen ❷ Turbine ❸ Generator ❹ Transformator
Quelle: www.unendlich-viel-energie.de

Wasser führen (zum Beispiel bei Regen oder Schneeschmelze), ist die Leistung höher als bei Trockenheit. Wenn die installierten Turbinen nicht alles Wasser verarbeiten können, etwa bei geringer Nachfrage nach Strom oder bei Hochwasser, fliesst es ungenutzt vorbei und ist als Energiequelle verloren. Laufwasserkraftwerke sind nicht zur Energiespeicherung geeignet, weil man Flüsse nicht zurückstauen kann. Sie werden Niederdruckkraftwerke genannt, weil die Höhendifferenz (Fallhöhe) gering ist und damit auch der Druck in den Turbinen.

Speicherseekraftwerke
Hier nutzt man das grosse Gefälle zwischen dem hoch gelegenen Stausee und dem tiefer liegenden Maschinenhaus. Speicherseekraftwerke nennt man deshalb auch «Hochdruckkraftwerke». Das Wasser schiesst vom Stausee durch eine Druckleitung hinunter zur Turbine, die einen Stromgenerator antreibt. Die Stauseen werden durch natürliche Zuflüsse gefüllt. Energie aus Stauseen

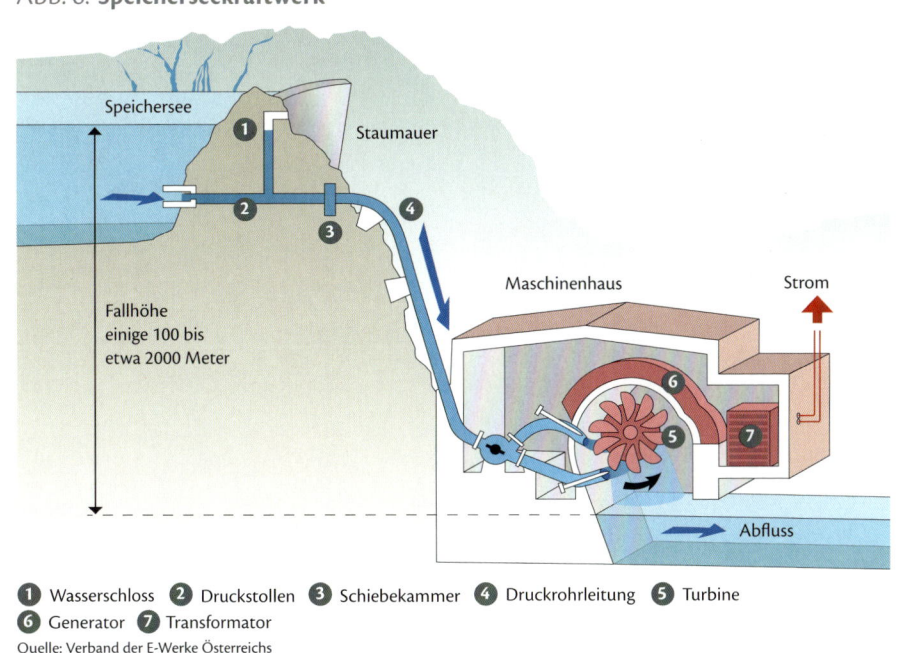

Abb. 6: **Speicherseekraftwerk**

❶ Wasserschloss ❷ Druckstollen ❸ Schiebekammer ❹ Druckrohrleitung ❺ Turbine
❻ Generator ❼ Transformator
Quelle: Verband der E-Werke Österreichs

ist gut regulierbar, denn man kann das Wasser dann nutzen, wenn man es braucht. Wenn das Becken allerdings voll ist und überläuft, ist die Energie wie beim Flusskraftwerk verloren. Die Schweiz hat ein dichtes Stauseesystem; die grösste und bekannteste Talsperre ist die Grande-Dixence im Wallis. Sie staut den Lac des Dix mit einem Wasservolumen von 400 Millionen Kubikmetern *(Tabelle mit den grössten Schweizer Stauseen in Anhang A 11)*. Speicherseekraftwerke nennt man auch «Saisonalspeicher», weil sie eine Umlagerung der Energie vom Sommer in den Winter ermöglichen, wenn der Strombedarf höher ist.

Konventionell-thermische Kraftwerke

Unter diesem Begriff subsummiert man Kraftwerke, die Wärme in Strom umwandeln, beispielsweise Kehrichtverbrennungsanlagen (KVA). Kehricht wird bei uns nicht mehr wie früher in Deponien vergraben, sondern verbrannt, denn er hat einen hohen Energiegehalt von umgerechnet 1,5 Liter Erdöl pro 35-Liter-Abfallsack. Die Wärme aus dem Verbrennungsprozess lässt sich doppelt nutzen: Ein Teil wird mittels einer Dampfturbine in Strom umgewandelt, der Rest dient meist der Fernhei-

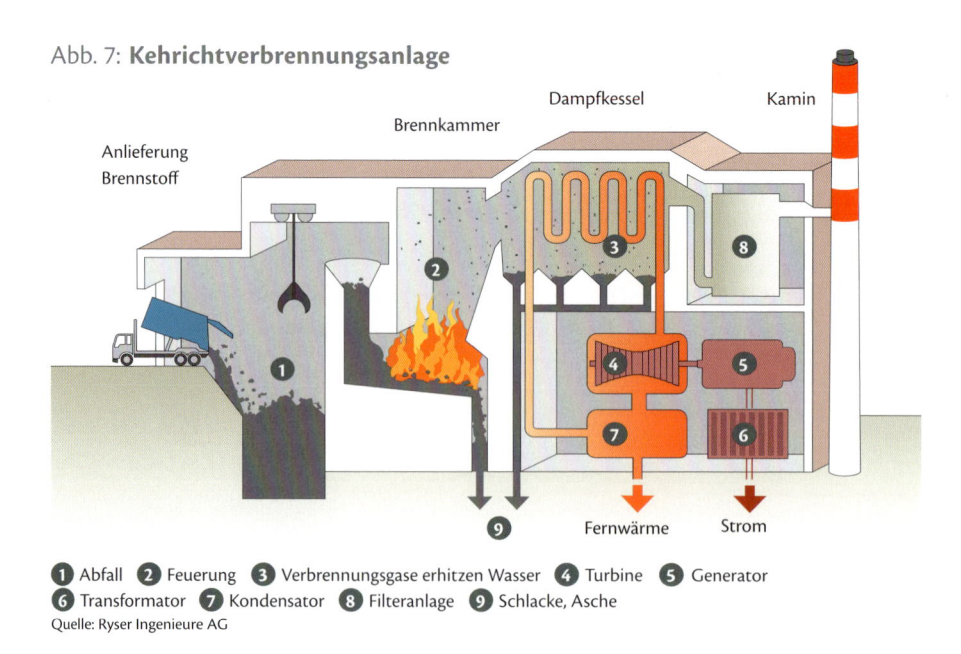

Abb. 7: **Kehrichtverbrennungsanlage**

❶ Abfall ❷ Feuerung ❸ Verbrennungsgase erhitzen Wasser ❹ Turbine ❺ Generator
❻ Transformator ❼ Kondensator ❽ Filteranlage ❾ Schlacke, Asche
Quelle: Ryser Ingenieure AG

zung von Häusern. Die Produktionsleistung bleibt in der Regel konstant: KVA liefern übers ganze Jahr Tag und Nacht Energie (Bandenergie). Zu den thermischen Kraftwerken zählen auch die Gas- und Kohlekraftwerke bzw. die Biomassekraftwerke, die mittels Vergärung von organischen Stoffen wie Klärschlamm, Bioabfällen, Gülle, Mist, Altholz oder Speiseresten Gas erzeugen. Streng genommen gehören auch die KKW in die Kategorie der thermischen Kraftwerke, denn auch sie erzeugen Strom aus Wärme. Wegen ihrer Bedeutung bilden sie aber eine eigene Gruppe.

Pumpspeicherkraftwerke
In diesem System wird Wasser zwischen einem höher und einem tiefer gelegenen Speicherbecken ausgetauscht. Für die Stromproduktion fliesst das Wasser durch eine Druckleitung vom Berg ins Tal. Um Energie zu speichern, pumpt man es vom unteren ins obere Becken zurück. Betriebswirtschaftlich wird folgender Ansatz verfolgt: Man pumpt das Wasser mit möglichst billigem Strom ins Oberbecken (wenn ein Überangebot besteht), um dann bei hoher Nachfrage möglichst teuren Strom

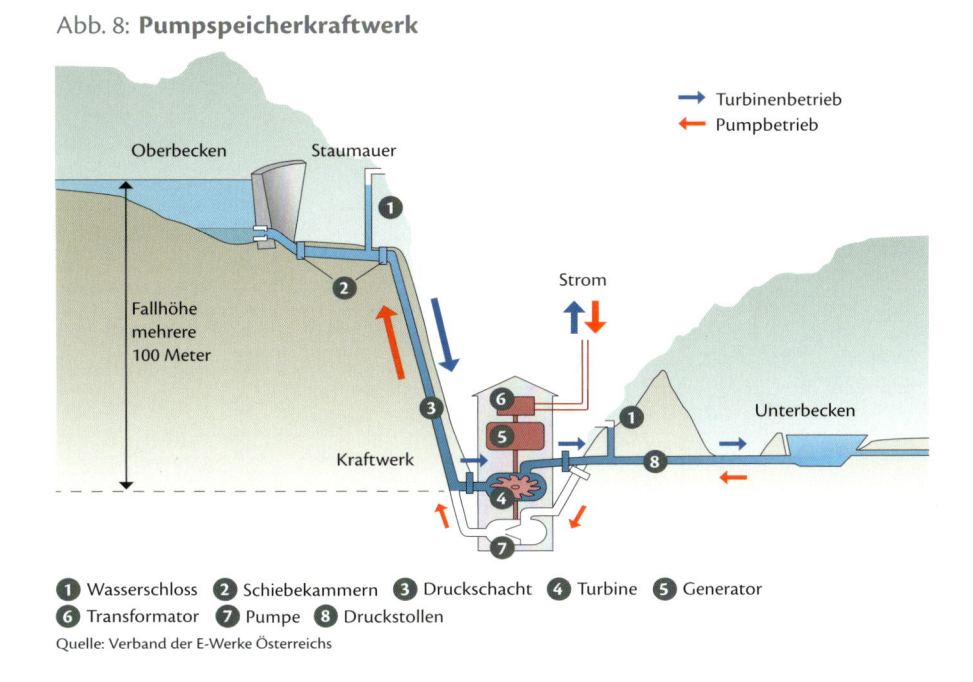

Abb. 8: **Pumpspeicherkraftwerk**

❶ Wasserschloss ❷ Schiebekammern ❸ Druckschacht ❹ Turbine ❺ Generator
❻ Transformator ❼ Pumpe ❽ Druckstollen
Quelle: Verband der E-Werke Österreichs

zu produzieren. Pumpspeicherkraftwerke sind extrem flexibel. Moderne Anlagen können innert 15 Minuten vom Pumpbetrieb (Energiespeicherung) auf den Turbinenbetrieb (Stromproduktion) umstellen. Der Grimselstausee schafft dies dank einem neuartigen Wechselrichter sogar innerhalb einer Minute. Während die Stauseen der Speicherkraftwerke primär dem saisonalen Ausgleich dienen, werden die Stauseen der Pumpspeicherkraftwerke im Tagesrhythmus gefüllt und entleert.

Solaranlagen (Photovoltaik)
Hier geht es um die Umwandlung von Sonnenlicht in elektrische Energie mittels Solarzellen. Die Technik wird seit 1958 in der Raumfahrt genutzt. Solarzellen werden beispielsweise auf Dächern oder an Schallschutzwänden entlang von Autobahnen montiert, aber auch als Minikraftwerke an Taschenrechnern, Signalanlagen, Viehzäunen oder Parkscheinautomaten. Im Ausland findet man zum Teil riesige Photovoltaikanlagen. Mit einer Gesamtfläche von 220 Hektaren und 650 000 Quadratmetern Solarzellen ist der Solarpark Lieberose auf einem ehemaligen Truppenübungsplatz in Berlin-Brandenburg einer der grössten. Da die

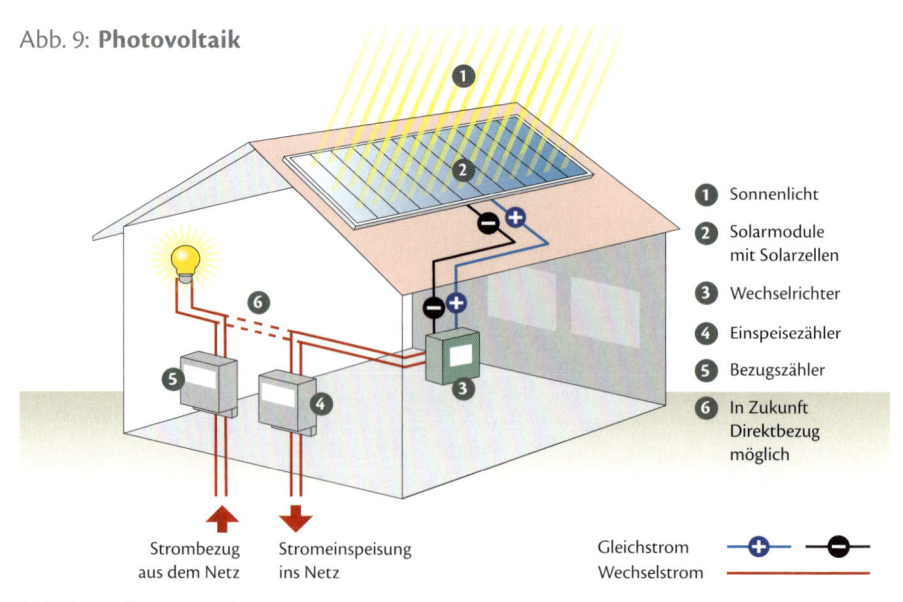

Abb. 9: **Photovoltaik**

1. Sonnenlicht
2. Solarmodule mit Solarzellen
3. Wechselrichter
4. Einspeisezähler
5. Bezugszähler
6. In Zukunft Direktbezug möglich

Strombezug aus dem Netz
Stromeinspeisung ins Netz
Gleichstrom
Wechselstrom

Quelle: Agentur für erneuerbare Energien

Sonnenenergie im Gegensatz zum Erdöl gratis ist, fallen nur Kosten für den Bau und den Unterhalt der Anlagen sowie für den Stromtransport an. Dank Massenfertigung ist die Solartechnik in den letzten Jahren immer preisgünstiger geworden (*wie Solarzellen aus kristallinem Silizium funktionieren, wird in Anhang A 12 erklärt*).

Windkraftanlagen

Der Wind bewegt die Rotorblätter, und diese treiben einen Stromgenerator an. Bis Ende der 1990er-Jahre betrugen die Rotorendurchmesser in aller Regel weniger als 50 Meter. Die derzeit grösste Turbine der Welt, die Vestas V164 hat einen Durchmesser von 164 Metern. Der grösste Schweizer Windpark befindet sich auf dem Mont Crosin im Berner Jura. Auf der Hügelkette stehen insgesamt 20 Windturbinen mit Durchmessern von 44 bis 90 Metern. Die Anlage liefert pro Jahr rund 40 Gigawattstunden Strom, was ungefähr 2,3 Prozent des Verbrauchs der Stadt Bern entspricht.

Abb. 10: **Windkraftanlage**

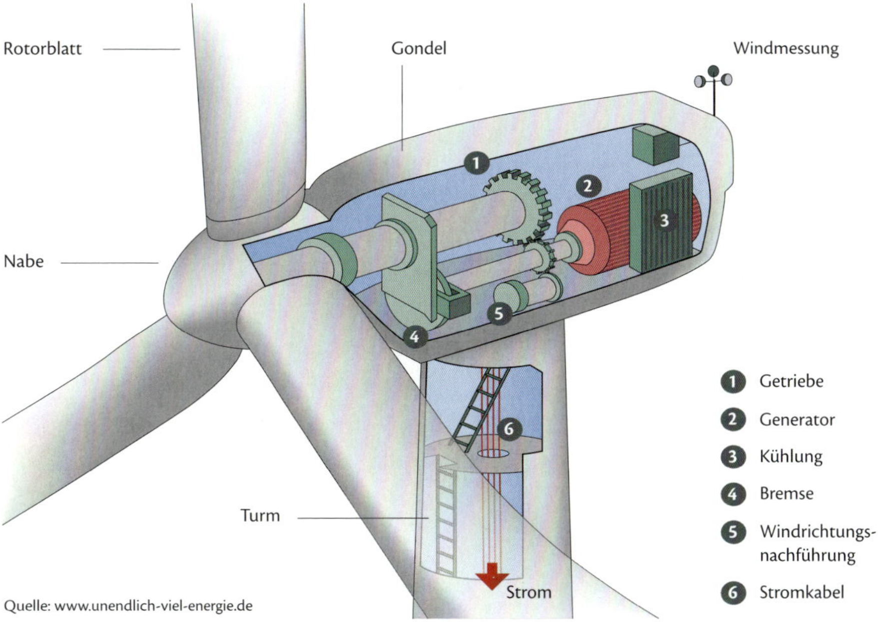

Rotorblatt — Gondel — Windmessung

Nabe

❶ Getriebe
❷ Generator
❸ Kühlung
❹ Bremse
❺ Windrichtungsnachführung
❻ Stromkabel

Turm

Strom

Quelle: www.unendlich-viel-energie.de

Wie Strom erzeugt wird

Den Saft
intelligent
fliessen lassen

aller Dürste stillen

– und die Erde lächelt?

10. Spielregeln für das «Kraftwerk Schweiz»

In den folgenden Kapiteln möchte ich das SCS-Energiemodell detaillierter vorstellen. Wir gehen davon aus, dass wir die vollständige Kontrolle über alle Kraftwerke der Schweiz haben («Kraftwerk Schweiz AG») und die Regeln festlegen können, unter denen alle Beteiligten arbeiten. Die konsequente Anwendung der unten angeführten, in der Praxis erprobten Vorgaben erlaubt es, verschiedene Versorgungsszenarien miteinander zu vergleichen. Bei der Einspeisung von Energie ins Stromnetz gilt gemäss diesen Spielregeln folgende Reihenfolge:

1. Die Stromproduktion von thermischen Kraftwerken (z.B. Kehrichtverbrennungsanlagen), Laufwasserkraftwerken und Kernkraftwerken (so lange sie noch am Netz sind) wird in jedem Fall vollumfänglich ins Netz eingespeist. Begründung: KVA kann man schlecht abschalten, weil sonst Abfallberge entstehen. Wasser, das man an Flusskraftwerken vorbeileitet, ist verlorene Energie. Und bei Kernkraftwerken lässt sich die Produktion nur mit grossem Aufwand regulieren; dabei verteuert sich der Strom massiv.
2. Biomassekraftwerke werden verwendet, um einen Teil der Produktion der Kernkraftwerke zu ersetzen, wenn diese vom Netz gehen. Biomassekraftwerke arbeiten mehrheitlich im Winter, wenn der Strombedarf hoch ist. Begründung: Biomasse (z.B. Holz, Grünabfälle) kann problemlos einige Zeit gelagert werden und bleibt erhalten.
3. Der Strom aus Photovoltaikanlagen (Sonnenkollektoren) und Windkraftanlagen wird direkt eingespeist. Begründung: Täte man es nicht, wäre die Energie verloren. Im Notfall (wenn zu viel Strom zur Verfügung steht) ist es möglich, die Einspeisung am Wechselrichter zu begrenzen.
4. Reicht der von den obigen Anlagen bereitgestellte Strom nicht zur Deckung des momentanen Bedarfs aus, werden als erstes die lokalen Speicher (dezentrale Batterien) angezapft. Begründung: Batterien können gespeicherte Energie sehr rasch zur Verfügung stellen und eignen sich daher, um kurzfristige Lücken zu schliessen. Ausserdem entstehen keine Netzverluste.
5. Wenn das immer noch nicht genügt, werden die Pumpspeicherwerke herangezogen. Begründung: Sie können zwar mehr Energie speichern als Batte-

rien, belasten aber das Netz stärker und können die Energie nicht so schnell abgeben. Daher ist es sinnvoll, die Pumpspeicher erst nach den Batterien einzusetzen.

6. Erst am Schluss werden die herkömmlichen Stauseen angezapft. Begründung: Da nur die Stauseen eine saisonale Speicherung erlauben, ist die dort gelagerte Energie besonders wertvoll. Auf diesen Notvorrat greifen wir erst zurück, wenn alle übrigen Stromquellen ausgeschöpft sind.

Verwendung der Überschüsse

Bei der Stromproduktion könnte es künftig zu Überschüssen kommen. Zum Beispiel bei schönem Wetter, wenn die Solaranlagen ein Maximum an Energie abgeben. Einen Teil der Überschüsse kann man mit sogenannten «Lastverschiebungen» abfangen. Beispielsweise, indem man Wärmepumpen am Tag in Betrieb nimmt und Batterien von Elektroautos nicht in der Nacht auflädt, sondern tagsüber. Lastverschiebungen reichen aber nicht aus, um alle Überschüsse aufzufangen. Dafür braucht man Speicher, für deren Verwendung in unseren Szenarien folgende Regeln gelten:

1. Mit höchster Priorität werden die Stromüberschüsse in dezentralen Batterien gespeichert.
2. Wenn das nicht ausreicht, nutzen die Pumpspeicherkraftwerke den überschüssigen Strom, um Wasser in höhergelegene Stauseen zu pumpen.
3. Genügt auch das nicht, verkauft man die überschüssige Energie wenn möglich ins Ausland – oder man wirft sie weg. Konkret: Laufwasserkraftwerke lassen das Wasser ungenutzt an den Turbinen vorbeifliessen, Windräder drehen im Leerlauf, Photovoltaikanlagen werden abgeregelt und dürfen nicht mehr so viel Strom ins Netz einspeisen, wie sie eigentlich könnten. Eine uneingeschränkte Netzeinspeisepflicht wie in Deutschland würde das Problem mit den Stromüberschüssen verschärfen und ist aus meiner Sicht keine taugliche Option, denn es hat wenig Sinn, im Sommer SBB-Weichen zu heizen.

Grundsatzfragen beantworten
Wenn wir über das Schweizer Energiesystem der Zukunft nachdenken, müssen wir uns einige Grundsatzfragen stellen. Zum Beispiel, ob wir als Land energiepolitisch autark sein wollen: Soll die Schweiz eine Stromselbstversorgerin sein, ein eigenständiges «Kraftwerk Schweiz» oder eine Stromimporteurin? Ich bin als Ingenieur und Unternehmer klar für die Selbstversorgung. Wenn wir unabhängig sind vom Ausland, kann man uns weder politisch noch wirtschaftlich unter Druck setzen. Als Selbstversorger hätten wir zudem eine stärkere Verhandlungsposition im internationalen Stromhandel – wir könnten selbst entscheiden, ob, wann und zu welchen Preisen wir Strom exportieren und importieren. Ich kann mich an eine Mangelphase erinnern, in der die Kilowattstunde Strom in Europa für 1 Euro gehandelt wurde! Der Normalpreis liegt bei 2 bis 5 Rappen. Daran erkennt man das enorme Gewinnpotenzial, das zu gewissen Zeiten im Stromhandel liegt. Die Frage, ob die Schweiz in Sachen Energieversorgung autark sein soll, muss letztlich das Volk entscheiden.

Wenn man sich für die Autarkie ausspricht, lautet die nächste Grundsatzfrage: Mit welchem Strommix ist die Selbstversorgung möglich? Anders gefragt: Wie viel Kernenergie wollen oder brauchen wir, wie viel Strom aus thermischen Kraftwerken, aus Photovoltaik- und Windanlagen, aus Speicherseen und Flusskraftwerken? Bei der Beantwortung dieser Frage spielen auch die Kosten eine wichtige Rolle. Wie viel wollen wir für unser Stromsystem ausgeben? Aus meiner Sicht müssen die volkswirtschaftlichen Kosten möglichst tief sein, sodass in erster Linie die Gemeinschaft profitiert. Für die Definition dieser Rahmenbedingungen ist die Politik zuständig. Das ist alles andere als einfach. Das ganze Stromsystem kostet uns derzeit zwischen 9 und 10 Milliarden Franken pro Jahr, wobei sich die Gesamtkosten für die Elektrizitätsversorgung unseres Landes ungefähr zur Hälfte auf das Netz und auf die Energieproduktion verteilen.

Simulation des Elektrizitätssystems der Schweiz
Warum eine Simulation des künftigen Elektrizitätssystems? Es ist wichtig, zunächst in einem theoretischen Rechenmodell eine gute Lösung zu erarbeiten. Erst wenn man einige Varianten durchgerechnet hat, kann man sich für die beste entscheiden und diese umsetzen. Bevor wir unsere Simulationen star-

ten, müssen wir noch definieren, welche Bausteine oder Player zu einem Elektrizitätssystem gehören. Die Abbildung 11 vermittelt einen guten Überblick: Die Produzenten stellen den Strom her (in unser Rechenmodell haben wir als mögliche Elektrizitätsquellen auch Gaskraftwerke und Geothermiekraftwerke aufgenommen, obwohl die Schweiz derzeit über keine verfügt). Der Strom wird über das Verteilnetz zu den Verbrauchern transportiert, wobei ein kleiner Teil verloren geht, denn der Wirkungsgrad des Stromnetzes liegt bei 93 bis 95 Prozent. Die nicht benötigte Energie lagert vorübergehend in Staubecken – für den täglichen Ausgleich in jenen der Pumpspeicherwerke, für den saisonalen Ausgleich in jenen der Speicherseekraftwerke – sowie künftig in Kurzzeitspeichern (dezentralen Batterien). Wenn die Leistung der Produzenten für die Versorgung der Verbraucher nicht ausreicht, wird Strom aus dem Ausland importiert; Überschüsse können exportiert oder müssen vernichtet werden.

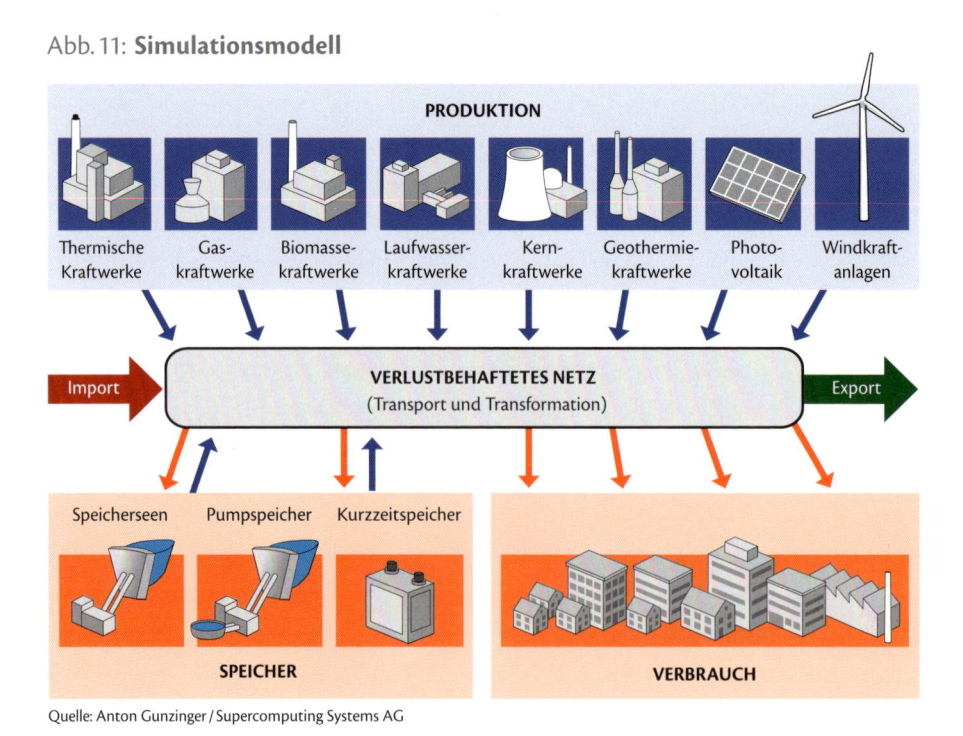

Abb. 11: **Simulationsmodell**

Quelle: Anton Gunzinger / Supercomputing Systems AG

In unserer Firma haben wir diese Übungsanlage mittels einer speziellen Software nachgebildet. Mit dem SCS-Energiemodell kann man jede Variante simulieren. Wir können ein SVP-, CVP- oder SP-Szenario durchrechnen, ein Economiesuisse-Szenario, Bundesszenarien, Szenarien der Stromproduzenten oder eines, das den Vorstellungen von Greenpeace von einer «atomstrom- und nahezu CO_2-freien Energieversorgung» entspricht – oder eben auch ein Gunzinger-Szenario, den «Plan B» für das «Kraftwerk Schweiz». Man dreht einfach an einer oder mehreren Schrauben und schaut, was dabei herauskommt. Der Politik kann unser Simulationssystem dank umfassendem Datenmaterial wichtige Entscheidungsgrundlagen liefern und mithelfen, die Debatte um die Energiewende zu versachlichen.

Für mich als Ingenieur ist bei jedem Szenario entscheidend, dass zwei zentrale Vorgaben erfüllt werden: Sowohl die Energie- als auch die Leistungsbilanz müssen stimmen. Die Energiebilanz stimmt, wenn die nötige Menge Energie bereit steht, um den Jahresverbrauch zu decken. Die Leistungsbilanz stimmt, wenn die Nachfrage nach Elektrizität in jedem Moment befriedigt werden kann.

**Wehe
wenn sie
losgelassen ...**

11. Risiken und verdeckte Kosten der Kernenergie

Die fünf Schweizer Kernkraftwerke, die allmählich das Ende ihrer Lebensdauer erreichen, sollen nach dem Willen des Bundesrats und des Parlaments ab 2019 gestaffelt vom Netz gehen *(Tabelle in Anhang A 13)*. Anschliessend muss man sie abbrechen und die radioaktiven Abfälle sicher deponieren. Dies verursacht hohe Kosten für die Stilllegung der KKW sowie für den Bau und Betrieb eines sicheren Endlagers. In der Schweiz sucht die Nationale Genossenschaft für die Lagerung radioaktiver Abfälle (Nagra) seit 1972 ohne abschliessenden Erfolg nach einem geeigneten Standort, immer wieder begleitet von Protesten der betroffenen Bevölkerung. Bis heute gibt es weltweit kein einziges funktionierendes Endlager für die etwas mehr als 400 Kernkraftwerke.

Höhere Ausstiegskosten als prognostiziert
Für den Stilllegungs- und Entsorgungsaufwand werden meiner Meinung nach noch viel zu tiefe Kosten eingesetzt. Für das Endlager gehe ich von 20 Milliarden Franken Bau- und 10 Milliarden Betriebskosten aus, also doppelt so viel wie budgetiert. Dazu kommen die Aufwendungen für das Personal, die der Bund nicht berücksichtigt hat: Weil es noch ungefähr 100 Jahre dauern dürfte, bis alle radioaktiven Abfälle entsorgt sind, müssen in dieser Zeit für das Endlagerprojekt 500 Personen à 200 000 Franken Arbeitsplatzkosten beschäftigt werden, was eine Summe von 10 Milliarden Franken ergibt. Aus Deutschland weiss man sodann, dass der Abbruch eines einzigen KKW ungefähr eine Milliarde Franken kostet; das macht bei fünf Schweizer KKW 5 statt der budgetierten 3 Milliarden Franken aus. Die bestehenden Entsorgungs- und Stilllegungsfonds in Höhe von 4,75 Milliarden Franken reichen bei Weitem nicht aus, um diesen Aufwand zu decken. Wenn man die effektiven Kosten für die Stilllegung der KKW, die Entsorgung der radioaktiven Abfälle und den Betrieb des Endlagers auf den Strompreis überwälzen würde, müsste er gemäss Kalkulation des Bundes um 4,4 Rappen steigen, gemäss meinen Berechnungen jedoch um 9,2 Rappen (siehe Tabelle). Mit andern Worten: Die Konsumenten müssten für Atomstrom fast dreimal so viel zahlen wie heute, nämlich 14,7 Rappen pro Kilowattstunde – und das ist noch nicht die ganze Wahrheit, wie wir sehen werden.

Stilllegungs- und Entsorgungskosten KKW

	Zahlen BFE/swissnuclear (in Mio. CHF)	Zahlen Gunzinger (in Mio. CHF)
Bau des Endlagers	15 970	20 000
Betrieb des Endlagers	–	10 000
Kosten KKW nach Abschaltung	1 709	3 000
Abbruch der KKW	2 974	5 000
Total (zu bezahlen)	**20 653**	**38 000**
Entsorgungsfonds (Stand Dezember 2012)	3 220	3 220
Stilllegungsfonds (Stand Dezember 2012)	1 531	1 531
Total (durch Fonds gesichert)	**4 751**	**4 751**
Fehlbetrag	15 902	33 249
Produzierte Energie bis Stilllegung*	363 TWh	363 TWh
Heutiger Preis für Atomstrom	5,5 Rp./kWh	5,5 Rp./kWh
Aufpreis für Entsorgungskosten	4,4 Rp./kWh	9,2 Rp./kWh
Vollkostenpreis für Atomstrom	**9,9 Rp./kWh**	**14,7 Rp./kWh**

* Bei einer angenommenen Laufzeit der KKW von 50 Jahren.   Quellen: Bundesamt für Energie (BFE), swissnuclear

Die Mär von der Sicherheit

Der zweite wichtige Faktor ist die Betriebssicherheit der KKW. Die Sicherheitsstandards für technische Anlagen, bei deren Versagen 100 oder mehr Menschen ihr Leben verlieren könnten, sind in internationalen Abkommen geregelt. Dazu gehören beispielsweise Eisenbahnstellwerke, Verkehrsflugzeuge und eben auch Kernkraftwerke. Bei solchen Einrichtungen muss die sogenannte Gefährdungsrate kleiner als 10^{-9} pro Stunde sein. Das bedeutet, dass weltweit nur alle 100 000 Jahre ein technischer Fehler mit verheerenden Folgen auftreten darf. Konkret: Wenn auf der Welt 20 000 Verkehrsflugzeuge unterwegs sind und nur alle 100 000 Betriebsjahre ein schwerer Unfall auftreten darf, ist im Schnitt alle 5 Jahre mit einem solchen Ereignis zu rechnen (100 000 : 20 000 = 5). Um solche Werte zu erreichen, müssen an Bord redundante Sicherheitssysteme eingebaut werden – wenn eine Komponente ausfällt, springt die zweite oder gar die dritte ein.

Für die Schweiz mit ihren fünf Kernkraftwerken würde die Einhaltung der Gefährdungsrate von 10^{-9} pro Stunde bedeuten, dass sich durchschnittlich nur alle 20 000 Jahre ein Super-GAU (Grösster anzunehmender Unfall) ereignen dürfte (100 000 : 5 = 20 000). Weltweit wären es bei insgesamt 400 in Betrieb stehenden KKW 250 Jahre (100 000 : 400 = 250). Doch das ist Wunschdenken, denn in Wirklichkeit ereignen sich in der Atomindustrie grosse Störfälle viel häufiger. 1969 kam es im unterirdischen Versuchsreaktor von Lucens im Kanton Waadt zu einer Kernschmelze, ebenso 1979 in Harrisburg (USA). 1986 ereignete sich der Super-GAU von Tschernobyl in Russland und 2011 der dreifache Super-GAU von Fukushima in Japan, alle vier mit gravierender Verstrahlung der Umgebung. Fukushima zählt aus sicherheitstechnischer Optik dreifach, weil drei Reaktorblöcke in separaten Gebäuden mit unabhängigen Sicherheitssystemen betroffen waren.

Seit 1954 das erste zivile Kernkraftwerk der Welt im russischen Obninsk in Betrieb genommen wurde, haben sich innert 60 Jahren vier Super-GAU ereignet, statistisch gesehen also alle 15 Jahre. Bei weltweit 400 Kernreaktoren ergibt sich daraus eine Gefährdungsrate von 6000 und nicht von 100 000 Jahren, wie es eigentlich sein sollte. Die Schweiz muss statistisch gesehen folglich nicht alle 20 000 Jahre mit einem Super-GAU rechnen, sondern alle 1200 Jahre.

Diese Darstellung wird von Kernkraftbefürwortern natürlich vehement bestritten. Man wirft mir vor, alle KKW in Geiselhaft zu nehmen. Man müsse schon unterscheiden zwischen den ausländischen, zuweilen fast schon maroden Reaktoren und den schweizerischen, die von ungleich besserer Qualität seien. Das tönt plausibel, doch in Wahrheit ist «made in Switzerland» bei den KKW keine Garantie für Qualität, gibt es doch weltweit nur etwa fünf Hersteller.

Laut einem Bericht der Schweizerischen Akademie der Technischen Wissenschaften bestand beim KKW Beznau, als es 1971 in Betrieb genommen wurde, unter den damaligen technischen Sicherheitsvorkehrungen die Wahrscheinlichkeit einer Kernschmelze innerhalb von 300 Jahren. Das ist meilenweit von den 100 000 Jahren für bestehende Anlagen, geschweige denn von der Million Jahren entfernt, die heute für neue KKW gefordert werden.

In der Folge wurden in Beznau etappenweise technische Verbesserungen vorgenommen, nicht zuletzt unter dem Eindruck der Katastrophe von Tschernobyl. Schritt für Schritt wurde die Sicherheit erhöht, bis im Jahr 1990 die Wahrscheinlichkeit einer Kernschmelze bei 5000 Jahren lag, also in etwa beim globalen statistischen Durchschnitt aller Kernkraftwerke *(Anhang A 14)*. 20 Jahre lang waren wir also nicht besser als die andern, wie man uns weisgemacht hat, sondern schlechter. Für den vermeintlich kostengünstigen Atomstrom hat man die Schweizer Bevölkerung einem hochgradigen Risiko ausgesetzt und behauptet, die Technologie sei sicher. Eigentlich hätte Beznau nie in Betrieb gehen dürfen. Wir können froh sein, dass in jenen Jahren nichts passiert ist. Derzeit erfüllt nur das KKW Gösgen sämtliche Sicherheitsstandards der International Atomic Energy Agency (IAEA), die für Neuanlagen gelten. Bei allen andern Schweizer Kernkraftwerken besteht, gemessen an den aktuell strengsten Standards, nach wie vor ein Sicherheitsrisiko.

Wie ist es möglich, dass so etwas in der Schweiz toleriert wurde? Ich bin überzeugt, dass die Ingenieure die Kernkraftwerke als Bauten konzipiert haben und nicht als Maschinen, wie sie es hätten tun sollen. Bauten wie Staudämme, Hochhäuser oder Brücken werden so ausgelegt, dass sie 50 oder 100 Jahre halten. Dann werden sie saniert oder durch Neubauten ersetzt. Anders bei komplexen Maschinen: Sie müssen nicht primär eine bestimmte Lebensdauer erreichen, sondern in erster Linie hohe Sicherheitsstandards erfüllen. Wenn Flugzeuge statt einer Gefährdungsrate von 100 000 Jahren nur eine solche von 10 000 Jahren hätten, käme es im statistischen Durchschnitt zu einer Verzehnfachung der Abstürze wegen gravierender technischer Fehler. Das würde niemand akzeptieren. Dass genau dies bei den KKW möglich war, hängt wohl mit der damaligen Euphorie für die Atomenergie zusammen. Man glaubte, Aladin sei mit seiner Wunderlampe aufgetaucht – mit unerschöpflicher Energie ohne Nebenwirkungen. Es bleibt aber auch der Verdacht, dass es Leute gegeben hat, die trotz Kenntnis der Umstände die Bevölkerung bewusst getäuscht haben.

Der Mensch als Unsicherheitsfaktor
Immer wieder zeigt sich, dass die Risiken der Atomtechnologie nicht ausreichend zu beherrschen sind. Am 25. Juli 2006 kam es in der Umgebung des Kernkraftwerks Forsmark-1 in Schweden zu einem Kurzschluss im Stromnetz ausserhalb des KKW. Weil der Reaktor die Energie nicht mehr ins Netz einspeisen konnte, wurde er richtigerweise automatisch abgeschaltet. Nun hätte das Notkühlsystem anspringen sollen, doch zwei der vier baugleichen Aggregate versagten, wodurch das Kontrollzentrum 20 Minuten lang ohne Strom blieb. Es war stockdunkel im Raum, und niemand wusste, was sich im Inneren des Reaktors abspielte. Schliesslich ging ein Techniker in den Maschinenraum und startete die beiden Notstromgruppen von Hand, was gemäss Vorschrift nicht erlaubt war. Dank seinem beherzten Eingreifen konnte man die Wasserpumpen, die den Reaktor kühlten, in Betrieb setzen. Sieben Minuten später wäre es zu einer Kernschmelze gekommen. Dieses erschreckende Ereignis wurde offiziell als Bagatellunfall klassifiziert.
KKW sind in einem Störungsfall viel schwieriger zu kontrollieren als beispielsweise Eisenbahnstellwerke. Wenn es bei der Bahn zu einem gravierenden Defekt kommt, schalten alle Signale automatisch auf Rot – die Züge stehen still, und es kann nichts mehr passieren, bis die Panne behoben ist. Auch das KKW wird bei einer schweren Störung abgeschaltet, doch damit ist die Gefahr noch lange nicht gebannt. Der Reaktor produziert auch nach der Schnellabschaltung Wärme, die vom Notkühlsystem abgeführt werden muss. Noch 10 Tage nach einer Notabschaltung beträgt die erforderliche Kühlleistung 0,5 bis 1 Prozent der Reaktorkapazität, das sind 45 Megawatt bei einem grösseren KKW. Zur Veranschaulichung: Bei der Zufuhr dieser Leistung würde der Inhalt eines 750 m^3 fassenden Schwimmbeckens (10 × 30 × 2,5 m) innerhalb von knapp 12 Stunden restlos verdampfen. Wenn das Kühlsystem und das Notkühlsystem versagen, kommt es zu einer Überhitzung des Reaktors, zur Kernschmelze und anschliessend meistens zu einem Super-GAU.
Grundsätzlich sind wir Menschen lernfähig. Das zeigt sich beispielsweise im Verkehr. 1970 starben auf Schweizer Strassen annähernd 1800 Menschen, 2013 waren es trotz massivem Verkehrszuwachs «nur» noch 269 Tote. Das hat verschiedene Ursachen: bessere Fahrbahnen und Signalisierungen, entschärfte

Kreuzungen und Streckenabschnitte, gezielte Aufklärungskampagnen, strengere gesetzliche Vorschriften, etwa bezüglich Alkohol am Steuer, technische und medizinische Fortschritte. Man lernte über Jahre hinweg aus den Fehlern und steigerte so die Sicherheit des Verkehrssystems.

Piloten von Verkehrsflugzeugen müssen regelmässig in den Flugsimulator, wo sie kritischen Situationen ausgesetzt werden. Sie üben so lange, bis sie in Notfällen automatisch das Richtige tun. Ausserdem ist die Aufmerksamkeit der Piloten auch während des regulären Betriebs permanent hoch. Anders bei den Kernkraftwerken: Dort werden Störfälle in der Regel vom Computer bearbeitet, weshalb das Personal zu wenig gefordert ist. Jahrelang läuft nichts, und dann kommen 15 superkritische Stressminuten, in denen das Leben von Tausenden von Menschen von der richtigen Reaktion des Operators abhängt. Das ist eine geradezu unmenschliche Konstellation, die sich meiner Ansicht nach im Simulator nicht angemessen üben lässt. Die Suche nach qualifiziertem Personal wird zusätzlich durch den Umstand erschwert, dass die Atomwirtschaft wegen ihrer intransparenten Kommunikation den Reiz für junge, begabte Menschen weitgehend verloren hat. Zu lange hat sie der Öffentlichkeit suggeriert, sie habe alles im Griff.

Noch ein Wort zum Zeitfaktor beim «Aufräumen» nach Katastrophen. Bei Zug- und Flugzeugunglücken mit vielen Toten können innert Minuten erste Massnahmen ergriffen werden, und die Aufräumarbeiten sind nach Tagen oder höchstens Wochen beendet. Auch nach dem Bruch eines Staudamms dauert es nur Stunden, bis das Hochwasser zurückgeht und mit den Hilfeleistungen begonnen werden kann; nach Wochen, spätestens Monaten ist der ursprüngliche Zustand wiederhergestellt. Bei einem Super-GAU dauert es nur schon Tage, bis man zum Reaktor vordringen kann – und Jahrzehnte, bis eine verstrahlte Umgebung wieder bewohnbar ist.

Die Atomkraftwerke sind krass unterversichert
Was bedeutet die Sicherheitsproblematik in Bezug auf die Höhe der Versicherungsprämien? Auch die Versicherung von Kernkraftwerken ist international streng geregelt und zwar im Pariser Übereinkommen über die Kernenergiehaftpflicht, das die Schweiz im März 2009 unterzeichnet hat. Danach muss jedes

KKW von seinem Betreiber für 700 Millionen Euro versichert sein. Für weitere 500 Millionen Euro käme die Schweiz als Standortstaat auf, dazu kommen 300 Millionen Euro, die die Pariser Vertragsstaaten solidarisch füreinander aufbringen müssten. Insgesamt ist also jedes der fünf Schweizer KKW mit 1,5 Milliarden Euro gegen Schadensfälle versichert.

Nun kostet jedoch schon der Bau eines neuen Kernkraftwerks einiges mehr als die versicherte Summe, nämlich 10 Milliarden Franken. Daraus folgt, dass jedes Schweizer Einfamilienhaus im Verhältnis besser versichert ist als unsere Atomkraftwerke. Üblich ist nämlich, Bauten zum Neuwert zu versichern. Man könnte einwenden, dass in der Schweiz jeder KKW-Betreiber über die Versicherungssumme hinaus mit seinem ganzen Vermögen haftet. Das stimmt in der Theorie, lässt aber ausser Acht, dass alle KKW Aktiengesellschaften sind. Nach einem schweren Reaktorunfall wäre jede auf der Stelle bankrott; die Geschädigten hätten das Nachsehen. Meiner Meinung nach ist es fahrlässig, wenn nicht skandalös, dass unsere Kernkraftwerke so schlecht versichert sind, denn die ungedeckten Kosten eines GAU wären immens.

Je nach Schwere der Verstrahlungen müssten in der Schweiz 200 000 bis eine halbe Million Menschen umgesiedelt werden. Bei einem GAU in Gösgen würde der am dichtesten besiedelte Teil des Schweizer Mittellands verstrahlt *(Grafik in Anhang A 15)*. Wichtige Verkehrsverbindungen wären lange Zeit unterbrochen, einzelne Branchen wie der Tourismus würden vollständig zusammenbrechen, und die verseuchten Landstriche wären 50 oder mehr Jahre nicht bewohnbar.

Die Schadenssumme würde gemäss Angaben des Bundesamtes für Energie ungefähr 5000 Milliarden Franken betragen, das entspricht 50 Jahre lang einem Sechstel des schweizerischen Bruttoinlandprodukts von rund 600 Milliarden. Wenn man diese 5000 Milliarden durch das statistische Risiko eines Super-GAU in der Schweiz von 1200 Jahren teilt, ergibt sich eine jährliche Rückstellung von 4167 Millionen Franken. Bei einer Abwälzung dieser Kosten auf den erzeugten Atomstrom (etwa 25 Terawattstunden pro Jahr) würde dies zu einer zusätzlichen Verteuerung von 16,7 Rappen pro Kilowattstunde führen.

Insgesamt müsste der Preis für den Atomstrom folglich massiv angehoben werden. Die Produktion kostet heute 5,5 Rappen pro kWh, dazu müssten 9,2 Rappen für die Stilllegungs- und Entsorgungskosten dazugeschlagen werden sowie weitere 16,7 Rappen für die adäquate Versicherung der Risiken, was zu einem Marktpreis von 31,4 Rappen pro Kilowattstunde führen würde, also beinahe zu einer Versechsfachung.

Neue Kernkraftwerke liefern keinen billigeren Strom
Bevor ich mich mit dem Plan der Schweizer Atomwirtschaft befasse, die fünf KKW dereinst durch zwei neue, leistungsstarke Typen wie den «Europäischen Druckwasserreaktor» zu ersetzen, möchte ich einige persönliche Bemerkungen machen. Ich bin schon aufgrund meiner beruflichen Interessen sehr technikfreundlich eingestellt, mit zwei Einschränkungen: Die Technik muss den Menschen dienen, und beim Umgang mit der Technik darf nichts beschönigt beziehungsweise unter den Teppich gekehrt werden.
Als Jugendlicher war ich absolut begeistert von den Möglichkeiten der Kernenergie. Einsteins Formel $E = m*c^2$ hat mich fasziniert: Energie gleich Masse mal Lichtgeschwindigkeit im Quadrat. Was für gigantische Zahlen! Ich habe meinem Lehrer in der 7. Klasse vorgerechnet, was man mit einem Kilogramm Uran alles machen könnte – eine beinahe unendliche Stromproduktion. Skeptischer wurde ich erst, als ich kritische Artikel des WWF zur Atomtechnologie las und später als ETH-Student einen Ferienjob bei einer Firma hatte, die Pumpen, Ventile und die dazugehörigen Steuerungen für Kernkraftwerke baute. Ich musste diese Steuerungen reparieren und war damals wie gesagt erst Student. Als ich die elektronischen Teile sah, wurde mir mulmig: Das war eine fast unglaubliche Bastelei. Als ETH-Professor hätte ich einen Studenten durchfallen lassen, der mir eine solche Prüfungsarbeit abgeliefert hätte. Und das Bedenklichste war: Die Firmenleitung lobte gegenüber der Öffentlichkeit die eigene Qualität in den höchsten Tönen. Ich aber kannte die «Innereien» und wusste, wie fehleranfällig und schlecht abgesichert die Schaltungen waren. Von da an wuchs mein Misstrauen.
Vor Fukushima war unser Parlament von der Kernenergie überzeugt. Nach der unumgänglichen Stilllegung der in die Jahre gekommenen Schweizer Reaktoren wollte man unverzüglich neue bauen. Stets hiess es, die KKW produzierten den billigsten Strom, der überdies praktisch CO_2-frei, also umweltschonend

sei. Diese Argumente gilt es zu überprüfen. Unbestritten ist, dass die Energiebilanz der Schweiz mit zwei neuen, grossen KKW im Lot bleiben würde – man könnte den Strombedarf des Landes decken. Doch wie sieht es mit den Kosten aus? Werfen wir einen Blick nach Finnland.

2005 begann dort der Bau des neu entwickelten Europäischen Druckwasserreaktors (EPR) namens Olkiluoto Block III. Er sollte 3 Milliarden Euro kosten und 2011 ans Netz gehen. Dann kam es zu Verzögerungen, die Kosten explodierten, und der Termin für die Fertigstellung wurde Jahr um Jahr hinausgeschoben. Derzeit hoffen die Finnen, ihren neuen Reaktor 2016 hochfahren zu können, die jüngste Kostenschätzung beläuft sich auf 8,5 Milliarden Euro, fast das Dreifache der budgetierten Summe. Die Entwicklung eines neuen KKW ist offensichtlich sehr anspruchsvoll und mit hohen Kosten verbunden.

Als neue Kernkraftwerktypen für die Schweiz kämen in Frage: der EPR aus Finnland, der Vogtle-Reaktor, der im US-Bundesstaat Georgia in zwei Blöcken Strom erzeugt, sowie der erst in Entwicklung begriffene sogenannte Flüssigsalz- oder Salzschmelzereaktor. Ihm gehört nach Meinung vieler Experten die Zukunft, weil Plutonium nur in geringen Mengen anfällt bzw. sogar im Reaktor verbrannt werden kann, was die Endlagerproblematik entschärfen würde.

Mein Kostenvergleich basiert auf folgenden Annahmen: Alle drei KKW werden über 50 Jahre betrieben, laufen 8000 Stunden pro Jahr auf Volllast und beschäftigen 500 Leute pro Anlage. Alle KKW sind marginal versichert, müssen jedoch Beiträge für Stilllegung/Endlager auf die Stromkosten abwälzen. Die Besitzer erhalten einen privatwirtschaftlichen Gewinn von 5 Prozent *(detaillierte Berechnung in Anhang A 16)*.

Unter dem Strich kommt heraus, dass der Strom aus dem EPR-Reaktor 11 Rappen pro Kilowattstunde kosten würde, der Vogtle-Strom 9,9 Rappen und der Salzschmelzestrom 7,7 Rappen. Diese Zahlen stimmen ungefähr mit den Berechnungen für den britischen Kernreaktor Hinkley Point C überein, der im März 2013 bewilligt worden ist und 2022 ans Netz gehen soll. Dort kostet der Strom laut Budget 13,4 Rappen. Daraus folgt, dass die Produktionskosten für Atomstrom zwei- bis dreimal so hoch sind wie diejenigen von Strom aus Wasser mit 4 bis 5 Rappen pro Kilowattstunde. Dabei sind realistische Risiko- und Endlagerkosten noch nicht einmal eingerechnet.

Befürworter argumentieren immer wieder, dass der CO_2-Ausstoss von KKW gleich Null sei. Das stimmt so nicht. Wenn man auch den Uranabbau sowie den Bau und den Abbruch der umfangreichen Anlagen nach fünfzigjähriger Betriebsdauer mit einberechnet, resultiert laut einer Studie der Universität Bochum «ein plausibler Wert» zwischen 10 und 30 Gramm CO_2 pro Kilowattstunde. Braunkohle setzt 850 bis 1200 Gramm CO_2 frei, Erdgas 400 bis 550, Wind- und Wasserkraft 10 bis 40 und die Photovoltaik 50 bis 100 Gramm (*Anhang A 17*).

Wie gross der politische Einfluss der Atomlobby nach wie vor ist, lässt sich am Beispiel von Hinkley Point C gut illustrieren. Die Regierung hat dem Betreiber eine Preisgarantie von umgerechnet 13,4 Rappen pro Kilowattstunde über 35 Jahre gegeben, inflationsbereinigt wohlverstanden – die Teuerung kommt also noch dazu. Der europäische Marktpreis für Strom liegt derzeit bei 2 bis 5 Rappen. Gemessen an der Leistung des KKW entspricht das einer Subvention von mehr als 2 Milliarden Franken pro Jahr oder 76 Milliarden plus Teuerung über den Zeitraum von 35 Jahren. Warum machen das die Briten? Einerseits lässt sich dies mit der Stärke der Atomlobby erklären, die unter anderem mit der Schaffung und dem Erhalt von Arbeitsplätzen argumentiert. Möglicherweise ist aber auch das Militär, wie in andern Ländern auch, daran interessiert, dass weiterhin Plutonium anfällt – weil es sich für den Bau von Atomwaffen eignet.

Hausbesitzer sollten rechnen

Was bedeutet das alles für den Hausbesitzer, der über seine künftige Stromversorgung nachdenkt? Würde er auf längere Sicht mit Atomstrom kostengünstiger fahren oder mit Solarstrom? In meiner Rechnung gehe ich bei den Photovoltaikanlagen davon aus, dass es weiterhin zu einem Preiszerfall von etwa 10 Prozent pro Jahr kommen wird. Bei den KKW stütze ich mich auf die geschätzten, im Verlauf der letzten Jahre stetig gestiegenen Gesamtprojektkosten des EPF-Reaktors Olkiluoto ab, inklusive Aufwendungen für den Rückbau, die Endlagerung der radioaktiven Abfälle sowie die Risikoversicherung (*detaillierte Berechnung in Anhang A 18*).

Wie die Abbildung 12 zeigt, ist der Preis für Strom aus Sonnenenergie seit 2007 markant gesunken. Dieser Trend wird meiner Meinung nach anhalten. Im Ge-

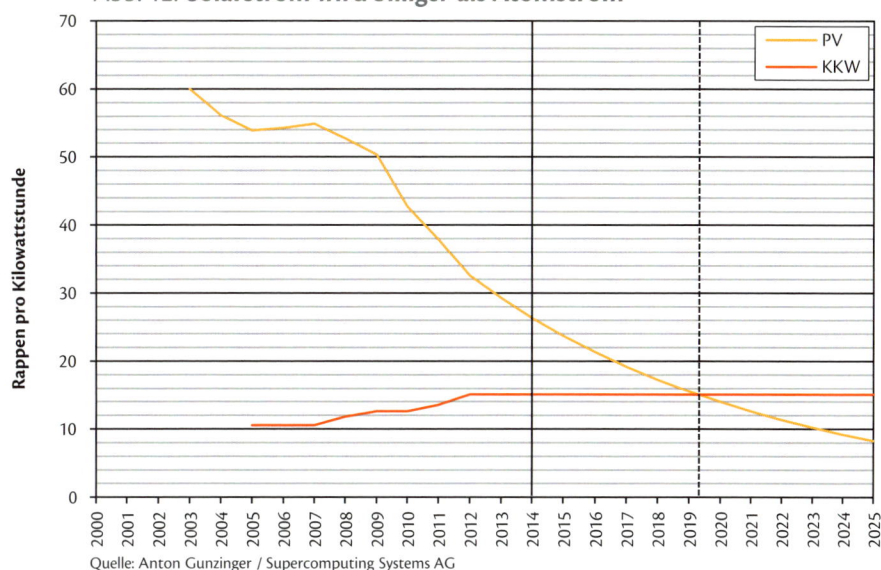

Abb. 12: Solarstrom wird billiger als Atomstrom

Quelle: Anton Gunzinger / Supercomputing Systems AG

gensatz dazu sind die für Atomstrom prognostizierten Kosten in den letzten Jahren gestiegen. Selbst wenn sich der Bau der Referenzanlage Olkiluoto nicht weiter verteuern sollte, was ich bezweifle, wird Solarstrom um das Jahr 2019 herum günstiger werden als Atomstrom. Berücksichtigt man, dass Endverbraucher für Atomstrom noch Netzkosten von 9 Rappen pro Kilowattstunde zu bezahlen haben, ist der Solarstrom bereits heute preiswerter. Ökonomisch, aber auch ökologisch gesehen wären Hausbesitzer gut beraten, statt auf Atomstrom auf Photovoltaik zu setzen.

Unnötige und teure Strukturerhaltung
Dass Kernenergie eine kostengünstige Technologie sei, hat sich in meinen Berechnungen nicht bestätigt, es ist eher das Gegenteil der Fall. Sie hat viele toxische Abfälle hinterlassen, die uns noch Jahrzehnte, wenn nicht Jahrhunderte beschäftigen und die Steuerzahler Milliarden kosten werden. Aus gesellschaftlicher Sicht wären allenfalls Flüssigsalzreaktoren akzeptabel, mit denen radioaktive Abfälle verbrannt oder zumindest strahlungsärmer gemacht werden

können. Sollten solche Reaktoren dereinst zur Verfügung stehen, wären sie eine bessere Alternative als Endlager – auch wenn der Strom nicht zu konkurrenzfähigen Preisen produziert werden könnte. Der Vorteil des Flüssigsalzreaktors liegt unter anderem darin, dass er sich bei einem Unfall selbst stabilisiert, also keinen GAU verursachen kann wie herkömmliche Reaktoren bei einer Kernschmelze. Im Rahmen des Molten Salt Reactor Experiments (MSRE) war in den USA am Oak Ridge National Laboratory von 1960 bis 1964 ein Versuchsreaktor mit 7,4 Megawatt Leistung in Betrieb. Der Prozess funktionierte, doch kam es zu einem erheblichem Verschleiss an metallischen Komponenten durch das Spaltprodukt Tellur. Dieses Problem soll mittlerweile weitgehend behoben sein. Derzeit wird untersucht, wie man das Design auf grosse Reaktoren übertragen könnte. China will bis 2017 einen kleinen Probereaktor am Netz haben, in Indien laufen ebenfalls Versuche. Britische Nuklearexperten gehen allerdings davon aus, dass noch 40 Jahre bis zur Serienreife eines grossen Salzschmelzereaktors vergehen könnten.

Beim derzeitigen Stand der Technik und mit den konventionellen Reaktordesigns (Druck- und Siedewasserreaktoren) sind die Risiken der Kernenergie aus meiner Sicht trotz Verbesserungen immer noch zu gross. Weshalb sollte die Gesellschaft ihnen ohne erkennbare Vorteile ausgesetzt werden? Das Festhalten an den herkömmlichen KKW läuft meiner Ansicht nach auf eine unnötige und teure Strukturerhaltung hinaus. Kernkraftwerke sind Planwirtschaft pur.

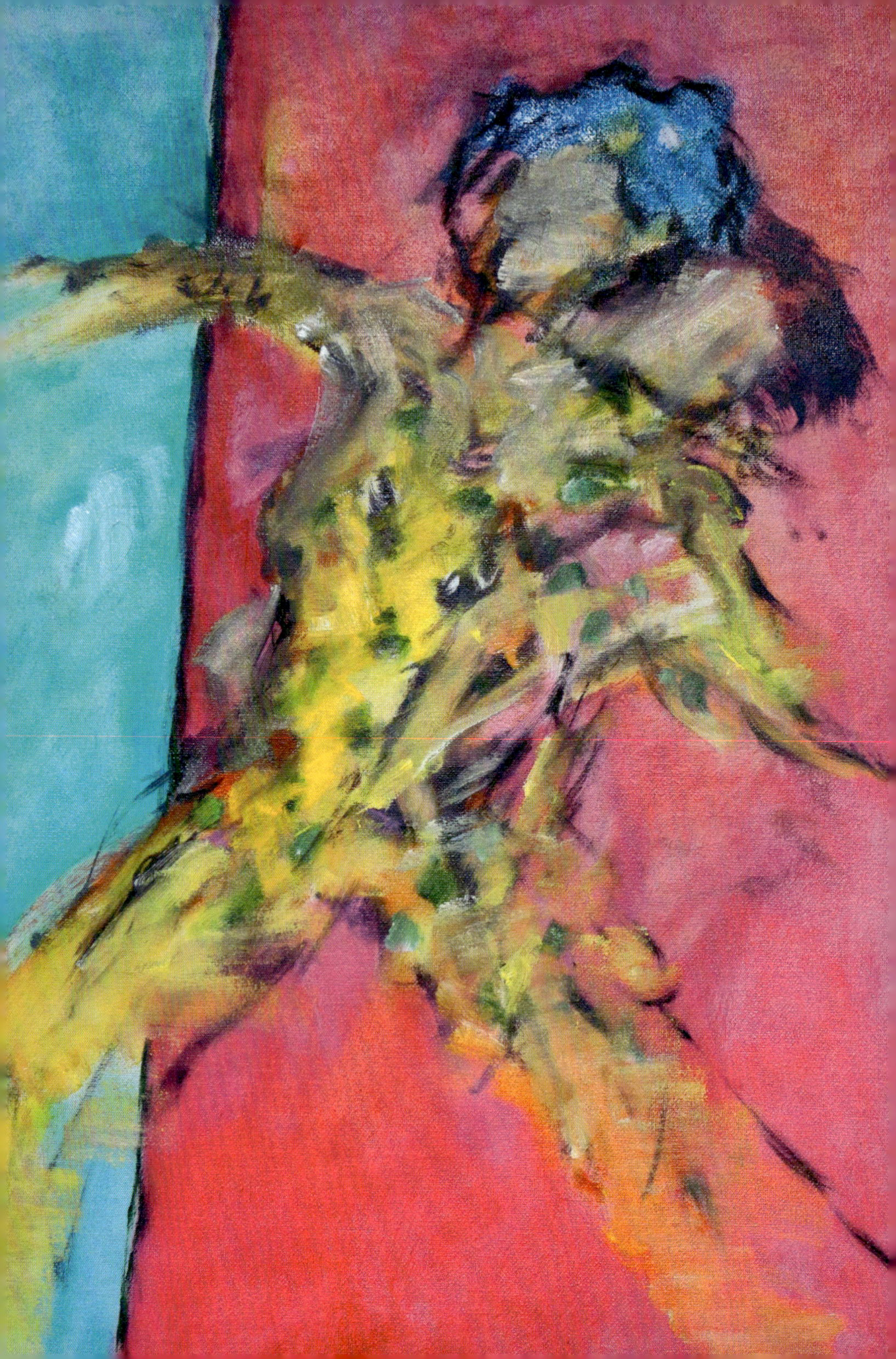

12. Szenario «Weiter wie bisher – mit Kernenergie»

Wir werden mit Hilfe des SCS-Energiemodells nun verschiedene Stromszenarien simulieren und untersuchen, mit welchem Energiemix die Schweiz versorgt werden könnte und wie viel jeder Mix kosten würde. Das Computerprogramm erlaubt uns, die Zusammensetzung der Stromproduktion beliebig zu variieren: mehr (oder weniger) Strom aus Kernkraftwerken, Wasserkraft, thermischen Kraftwerken, Solaranlagen, Windparks oder Biomassekraftwerken – alles ist möglich. Bei sämtlichen Berechnungen gehen wir davon aus,

- dass der jährliche Stromverbrauch von Industrie, Gewerbe und Privaten in der Schweiz weiterhin 60 Terawattstunden (TWh) beträgt;
- dass die geplanten Anlagen (z. B. neue Pumpspeicherkraftwerke, Ausbau von Stauseen) realisiert werden; und
- dass die Schweiz ihren Strombedarf unabhängig vom Ausland decken will und kann (Selbstversorgung).

Ausgangslage: Unser erstes Szenario «Weiter wie bisher – mit Kernenergie» orientiert sich am Beschluss des Nationalrats vom Dezember 2014, die Meiler in Gösgen und Leibstadt unbefristet am Netz zu belassen, sofern die Sicherheit gewährleistet ist, und die andern drei KKW bis 2031 stillzulegen. Die Atomlobby hofft nach wie vor, dass sich in dieser Zeit die Vorbehalte gegen die Kernkraft legen und irgendwann neue KKW gebaut werden können. Wie im Kapitel «Risiken und verdeckte Kosten der Kernenergie» erwähnt, sind im aktuellen Preis für den Atomstrom weder adäquate Versicherungs- noch alle zu erwartenden Ausstiegs- und Entsorgungskosten enthalten. Neue KKW derselben Generation (Druck- oder Siedewasserreaktoren) würden kostenmässig noch schlechter abschneiden als die bestehenden. Dennoch rechnen wir mit den tiefen Zahlen.

Produktion: Als Stromproduzenten treten in diesem Szenario die konventionell-thermischen Kraftwerke (Kehrichtverbrennungsanlagen), die KKW sowie die Laufwasser-, Speichersee- und Pumpwasserkraftwerke auf. Die nach wie vor bescheidene Produktion der bestehenden Solaranlagen, Windanlagen und anderer Energieträger fällt statistisch noch nicht ins Gewicht und wird deshalb nicht berücksichtigt.

Abb. 13: **Stromerzeugung/-verbrauch während einer Sommerwoche Szenario «Weiter wie bisher»**

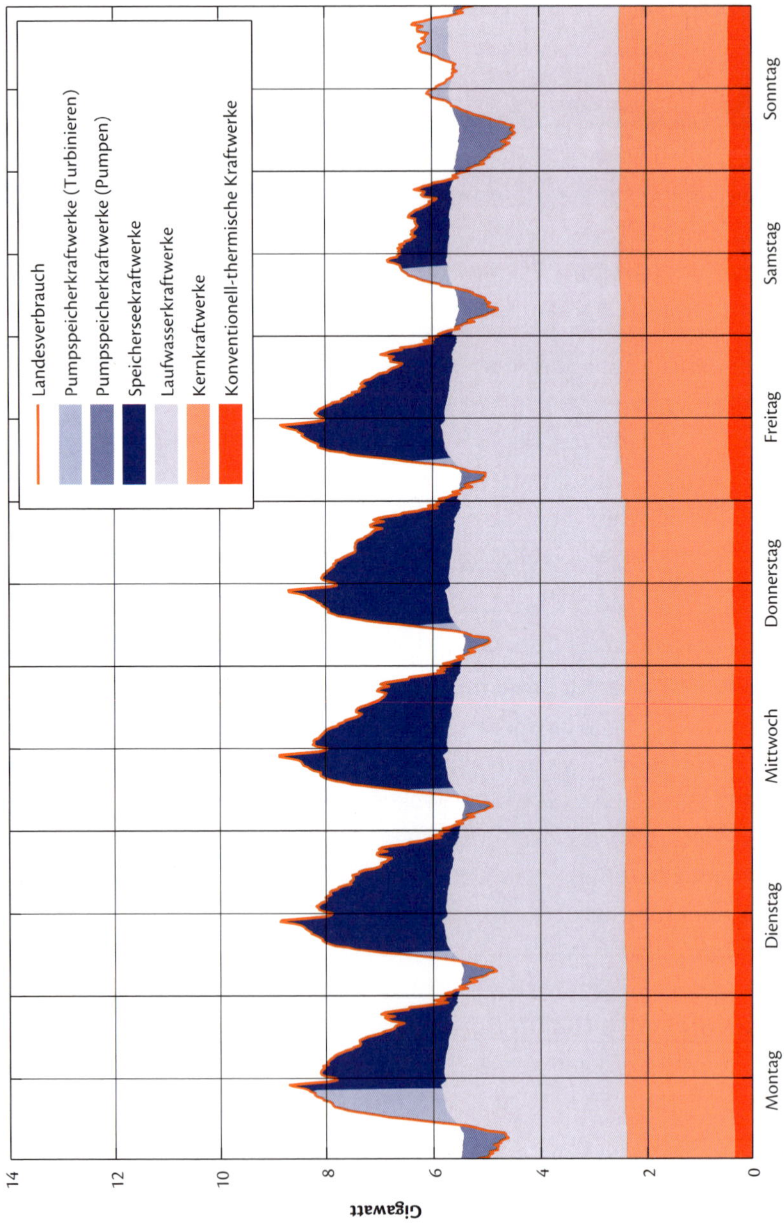
Gigawatt
0
2
4
6
8
10
12
14
Montag
Dienstag
Mittwoch
Donnerstag
Freitag
Samstag
Sonntag
Landesverbrauch
Pumpspeicherkraftwerke (Turbinieren)
Pumpspeicherkraftwerke (Pumpen)
Speicherseekraftwerke
Laufwasserkraftwerke
Kernkraftwerke
Konventionell-thermische Kraftwerke

Quelle: Anton Gunzinger / Supercomputing Systems AG

Schauen wir uns anhand von Abbildung 13 die Produktion in einer typischen Sommerwoche an. Von zentraler Bedeutung ist die rote Berg-und-Tal-Linie, die den schwankenden Energieverbrauch (Endverbrauch) des Landes anzeigt. Tagsüber wird viel Energie benötigt, mehr als 8 Gigawatt, nachts deutlich weniger, nämlich nur 5 GW. Die Aufgabe der Produzenten besteht darin, in jedem Augenblick so viel Strom zu liefern, dass die Nachfrage exakt befriedigt werden kann.

Das funktioniert in diesem Szenario gut: Die thermischen Kraftwerke und die Kernkraftwerke liefern die Basisenergie. Weil dieser Strom gleichmässig fliesst, bezeichnet man ihn auch als Bandenergie. Die Produktion der Laufwasserkraftwerke ist ebenfalls ziemlich konstant. Tagsüber liefern sie etwas mehr Strom als in der Nacht. Den Rest des benötigten Stroms steuern die Speicherseekraftwerke bei. In den Nächten und am Wochenende, wenn wenig Energie verbraucht wird, nutzen die Pumpspeicherwerke den Stromüberschuss, um Wasser in die höher gelegenen Staubecken zu pumpen (Flächen über der roten Linie). Vor allem am Montag, aber auch unter der Woche wandeln die Pumpspeicherwerke dieses Wasser dann wieder in Strom um und speisen ihn ins Netz ein (Turbinieren).

Wie sieht die Produktion in einer Winterwoche aus? Die Abbildung 14 zeigt, dass die thermischen Kraftwerke und die KKW wiederum die Bandenergie liefern. Die Laufwasserkraftwerke speisen etwas weniger Strom ins Netz ein als im Sommer, weil die Flüsse weniger Wasser führen. Um die gesamte Nachfrage zu decken, die im Winter mit mehr als 10 Gigawatt höher ist als im Sommer, arbeiten die Speicherseekraftwerke auf Hochtouren. Die Pumpspeicherwerke werden in der abgebildeten Woche nicht benötigt. Das liegt daran, dass sie im Modell nur dazu genutzt werden, um Überschüsse zu speichern. Da während dieser Winterwoche keine anfallen, gibt es für die Pumpspeicherwerke nichts zu tun.

Aus dem Sommer- und dem Winterhalbjahr ergibt sich die Energieproduktion im Jahresverlauf (Abb. 15): Die thermischen Kraftwerke und die Kernkraftwerke liefern die Bandenergie, aber nicht immer gleich viel. Thermische Kraftwerke müssen manchmal zusätzliche Kehrichtmengen verbrennen – wie hier in den Wochen 22 und 23 –, und KKW werden in den Sommermonaten, wenn

Abb. 14: Stromerzeugung/-verbrauch während einer Winterwoche Szenario «Weiter wie bisher»

Legende:
- Landesverbrauch
- Speicherseekraftwerke
- Laufwasserkraftwerke
- Kernkraftwerke
- Konventionell-thermische Kraftwerke

Y-Achse: Gigawatt (0–14)
X-Achse: Montag, Dienstag, Mittwoch, Donnerstag, Freitag, Samstag, Sonntag

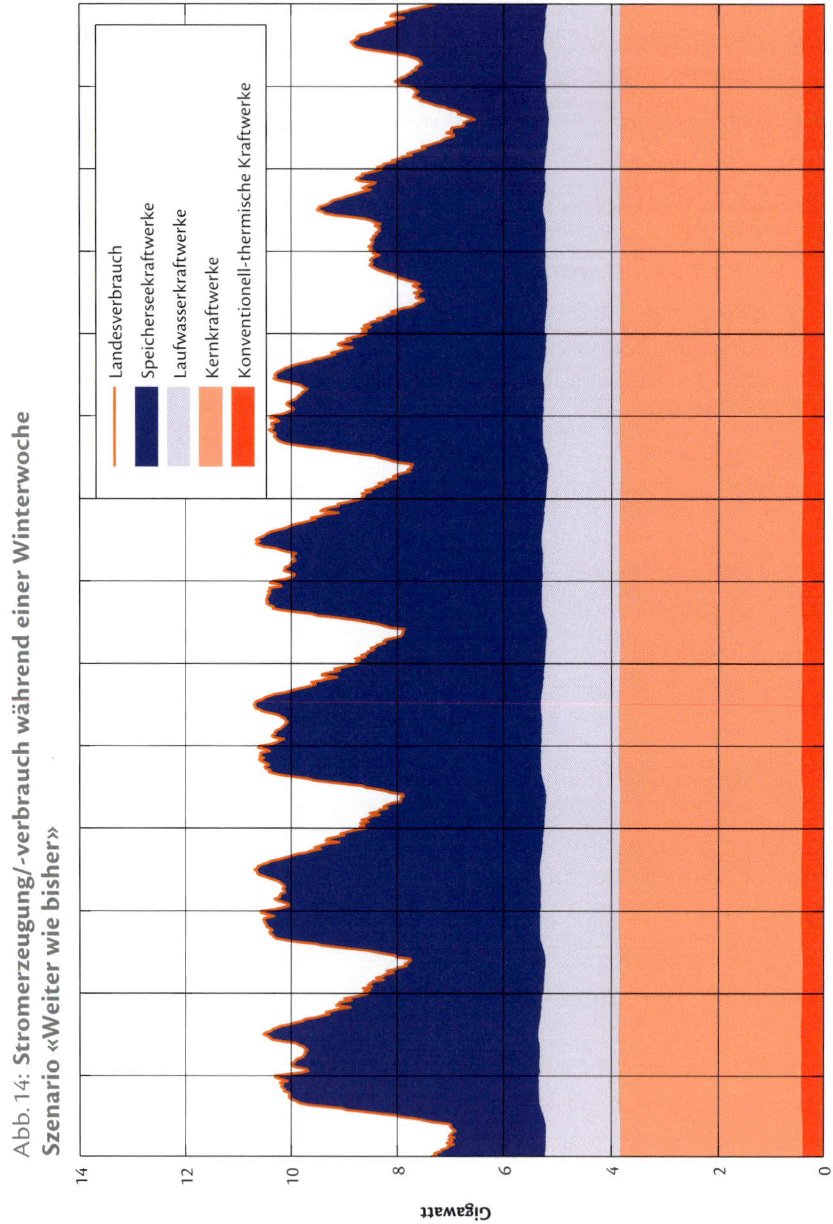

Quelle: Anton Gunzinger / Supercomputing Systems AG

106 Szenario «Weiter wie bisher – mit Kernenergie»

Abb. 15: **Tägliche Stromerzeugung im Jahresverlauf Szenario «Weiter wie bisher»**

Szenario «Weiter wie bisher – mit Kernenergie»

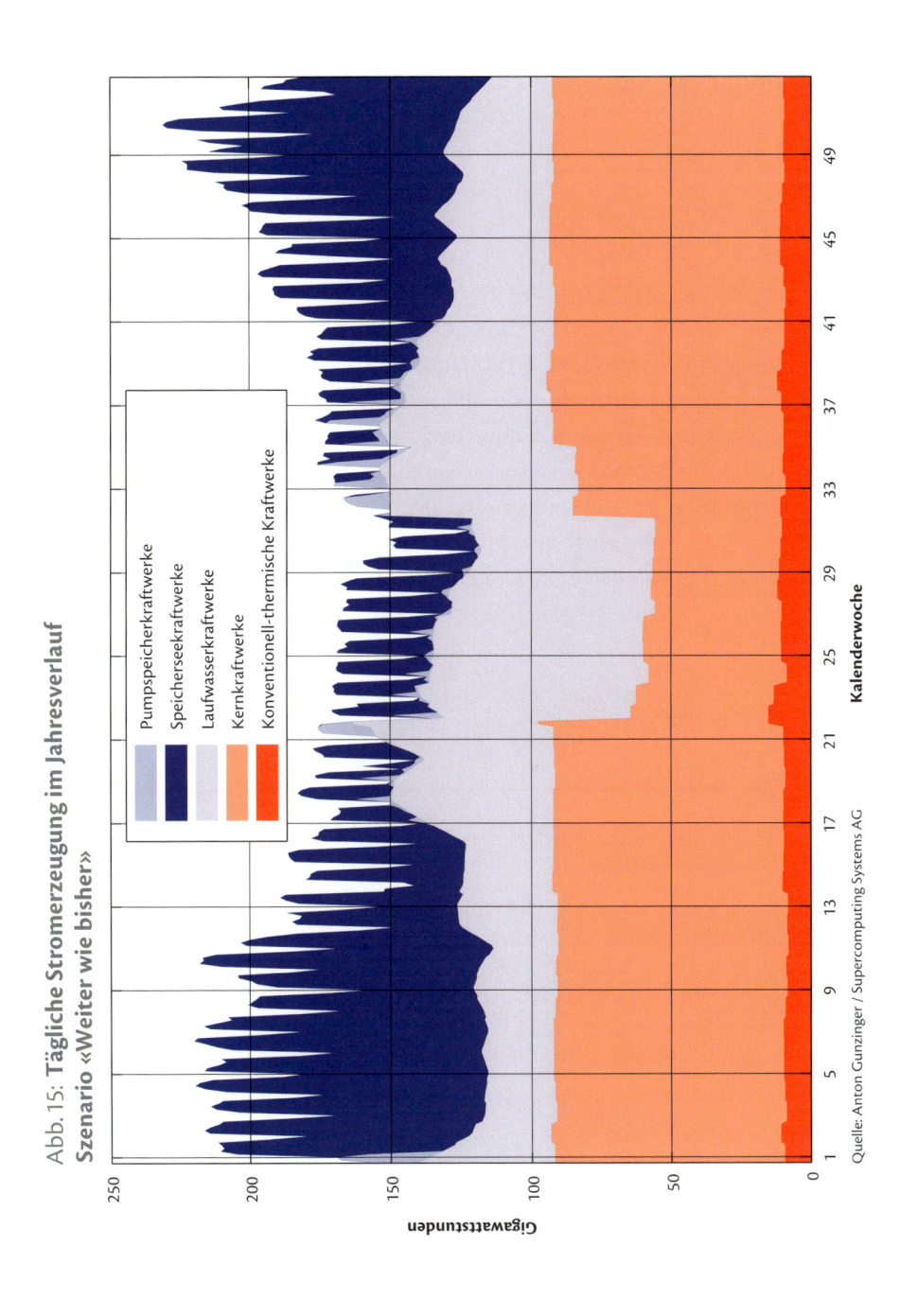

der Stromverbrauch niedriger ist als im Winter, heruntergefahren, um Revisionsarbeiten durchzuführen (Wochen 22 bis 35). Auch diese Grafik unterstreicht die Bedeutung der Stauseen im Schweizer Elektrizitätssystem. Sie passen das Stromangebot jederzeit der Nachfrage an. Die Pumpspeicherkraftwerke sind wichtig für die Feinabstimmung des Systems.

Füllstand der Speicherseen: Ein wichtiger Gradmesser dafür, ob ein Stromszenario übers ganze Jahr gesehen etwas taugt, ist der Füllstand der Speicherseen. Wären die Speicherseen leer, wenn man zusätzliche Energie braucht, könnten Stromengpässe und damit «Blackouts» entstehen. Aus der Abbildung 16 lassen sich folgende Informationen ablesen: Die waagrechte blaue Linie zeigt die derzeitige Kapazität der Speicherseen an, die dunkelgrüne die höhere Kapazität nach dem geplanten Ausbau. Der Füllstand wird in Gigawattstunden angegeben, als Menge der gespeicherten Energie. Die lila Kurve zeigt den typischen Arbeitsrhythmus eines Speichersees übers Jahr: In den Wochen 17 bis 36 (Mai bis August) füllt er sich dank Schneeschmelze, grösseren Niederschlägen und geringerem Stromverbrauch. In den Wochen 37 bis 16 (September bis

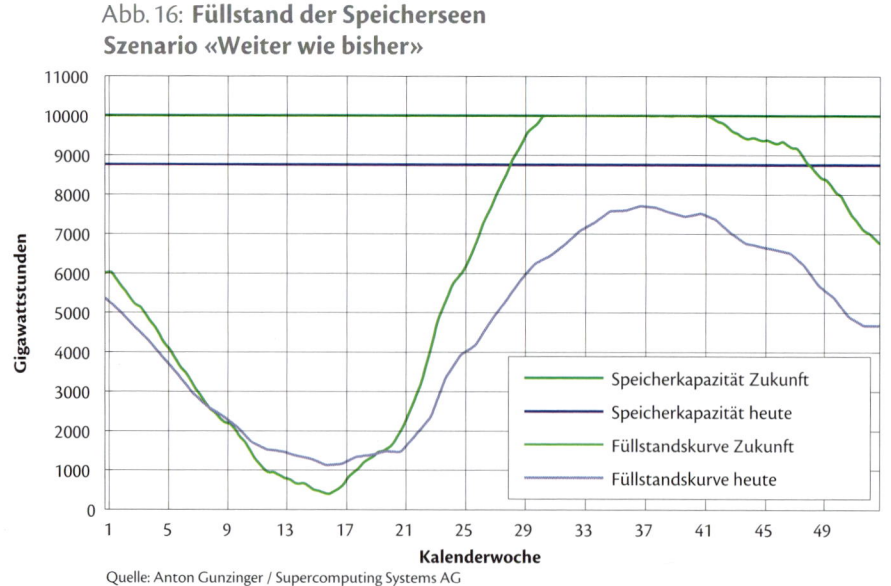

Abb. 16: **Füllstand der Speicherseen**
Szenario «Weiter wie bisher»

Quelle: Anton Gunzinger / Supercomputing Systems AG

April) entleert er sich, weil mehr Strom verbraucht wird und weniger Wasser zufliesst. Nach einem Jahr sollte sich der Spiegel wieder ungefähr auf derselben Höhe befinden. Man kann die Stauseen als eine Art Energieportemonnaie der Schweiz ansehen: Wenn man jedes Jahr zu viel ausgeben würde, etwa durch den Verkauf von zu grossen Mengen Strom ins Ausland, würde der Spiegel sinken, und der See wäre eines Tages leer. Die grüne Linie zeigt den Füllstand für den Fall an, dass die Schweiz im Szenario «Weiter wie bisher» auf Stromlieferungen ins Ausland verzichten würde. Dann würden die Stauseen im August und September überlaufen. Es wäre in diesem Szenario also möglich und sinnvoll, überschüssige Energie ins Ausland zu verkaufen.

Energiebilanz: Im Szenario «Weiter wie bisher» ist die Selbstversorgung des Landes mit Strom sichergestellt, wie die Tabelle der Energiebilanz beweist. Man kann sie lesen wie ein Kassenbuch: links die «Einnahmen» (Stromproduktion), rechts die «Ausgaben» (Stromverbrauch). Das Sommerhalbjahr dauert in unserem Modell vom 21. März bis zum 23. September, das Winterhalbjahr vom 24. September bis zum 20. März. Produktion und Verbrauch (inklusive Stromexport) halten sich übers ganze Jahr die Waage, sodass die Energiebilanz ausgeglichen ist. Der Posten «Netzverluste» zeigt, dass beim Transport durch die Leitungen durchschnittlich 5 Prozent des Stroms verloren gehen.

Energiebilanz «Weiter wie bisher»							
Stromproduktion				**Stromverbrauch**			
	Sommer	Winter	TWh/Jahr		Sommer	Winter	TWh/Jahr
KKW	12.49	14.98	27.47	Endverbraucher	27.14	32.86	60.00
Laufwasser	10.82	5.88	16.70	Pumpspeicher*	0.75	0.03	0.78
Speicherseen	3.83	12.27	16.10	Netzverluste	1.75	2.12	3.88
Thermisch	1.94	1.76	3.70				
Pumpspeicher*	0.56	0.12	0.68				
Total	29.64	35.01	**64.65**	**Total**	29.64	35.01	**64.65**
Fazit: Die Jahresproduktion deckt den Jahresverbrauch.							

* Pumpspeicherwerke sind sowohl Stromproduzenten (im Turbinenbetrieb) als auch Stromverbraucher (im Pumpbetrieb).

Kosten: Bei der Stromversorgung gibt es zwei grosse Kostenblöcke: Die Stromproduktion und die Infrastruktur für die Verteilung (Netz). Der durchschnittliche Strompreis mit herkömmlichen Kernkraftwerken beträgt in diesem Szenario 14,8 Rappen pro Kilowattstunde, mit neuen KKW 17,3 Rappen, wie die folgende Aufstellung zeigt.

Kosten «Weiter wie bisher»

	Jahresproduktion (TWh)	Jahreskosten (Mio. CHF)	Preis (Rp./kWh)
Kernkraftwerke */**	27.47	1 511 / 3 022	5,5 / 11,0
Laufwasserkraftwerke	16.70	668	4,0
Speicherseekraftwerke	16.10	885	5,5
Thermische Kraftwerke	3.70	296	8,0
Pumpspeicherkraftwerke	0.68	489	–
Produktionskosten		4 359	
Netzkosten		4 492	
Endlagerung radioaktive Abfälle		510	
Total	64.65***	8 851 / 10 362	14,8 / 17,3

* Mit den alten Kernkraftwerken.
** Mit 2 neuen Kernkraftwerken vom Typ EPR Finnland (Kostenaufstellung siehe Anhang A 16).
*** Die Konsumenten zahlen nur die 60 TWh, die sie tatsächlich verbrauchen (auf dieser Basis berechnet sich der Rappenpreis/kWh). Die Jahresproduktion ist höher, weil alle Verluste im Netz und in den Pumpspeicherwerken mit einberechnet sind.

Fazit: Mit dem Modell «Weiter wie bisher» lässt sich der Strombedarf der Schweiz decken, und es besteht die Möglichkeit, Energie ins Ausland zu verkaufen. Der Preis von 14,8 Rappen/kWh für Strom aus bestehenden KKW resultiert allerdings nur, weil die anfallenden Stilllegungs-, Entsorgungs- und Risikokosten nicht vollständig eingerechnet sind. Würde man sie berücksichtigen, wäre er deutlich teurer. Deutlich teurer käme der Strom mit neuen Kernkraftwerken des EPR-Typs zu stehen.

Es werde Licht

in den Köpfen der Entscheider

13. Chancen und Grenzen der Solarenergie

Bei der Solarenergie geht es um die Umwandlung von Sonnenlicht in Elektrizität. Man verwendet dafür den Begriff Photovoltaik (PV). Das Prinzip ist bereits 1839 vom französischen Physiker Alexandre Edmond Becquerel entdeckt worden. Es bedurfte aber der Entwicklung der Halbleitertechnik, bis Solarzellen wirklich effizient wurden. Solarzellen erzeugen Gleichstrom, aus dem ein sogenannter Wechselrichter Wechselstrom macht. Diesen kann man ins Netz einspeisen oder direkt im Haus verwenden, auf dem die PV-Anlage installiert ist.

Solarzellen kommen in technischen Einrichtungen seit den 1950er-Jahren zum Einsatz. In den USA wurden sie zuerst bei Verstärkern im Telefonnetz sowie bei der Stromversorgung von Satelliten im Weltall eingesetzt. Am weitesten verbreitet sind Solarzellen aus polykristallinem Silizium. Sie haben in der Regeln einen Wirkungsgrad zwischen 13 und 16 Prozent. Das bedeutet, dass aus 1000 Kilowatt Sonnenenergie rund 150 kW Wechselstrom gewonnen werden können. In Forschungslabors hat man mit Solarzellen aus kombinierten Halbleitern auch schon Werte um 45 Prozent erzielt *(Informationen zu Qualität und Wirkungsgrad der Solarzellen in Anhang A 19).*

Unter idealen Verhältnissen liefert die Sonne bei uns ungefähr 1000 Watt Energie pro Quadratmeter. Der Ertrag hängt vom Wetter, der Jahreszeit, dem Standort, der Sonneneinstrahlung und der Ausrichtung der Solarzellen ab. Mit einer Ausrichtung nach Süden lässt sich über Mittag, wenn die Sonne im Zenit steht, ein maximaler Ertrag erzielen. Zum höchsten Tagesertrag käme, wer die Solarzellen auf einem drehbaren Gestell montieren und der Sonne nachfahren würde, um deren Strahlen von morgens bis abends optimal einzufangen.

Anders als Kernkraftwerke produzieren Solaranlagen nicht permanent, sondern nur am Tag – sofern die Sonne scheint. KKW arbeiten jährlich rund 8000 Stunden, Solaranlagen deutlich weniger: Im Schweizer Mittelland kann man übers Jahr mit 900 bis 1100 Stunden Sonneneinstrahlung rechnen, in den Alpen mit 1300 bis 1600 Stunden. Weltweit sind Solaranlagen mit einer maximalen Leistung von knapp 140 Gigawatt installiert. Bei den Kernkraftwerken sind es 370 GW. Weil die Solaranlagen von der Sonne abhängig sind, liefern sie mit 160 Terawattstunden Strom fünfzehnmal weniger Energie als die KKW mit 2500 TWh.

Neben den elektrischen gibt es auch thermische Solarkollektoren (Solarthermie). Bei dieser Technologie wird Wasser durch Solarzellen auf dem Dach geleitet, von der Sonne erwärmt und in einem Boiler zwischengespeichert. Das ist äusserst effizient, weil die Solarthermie einen Wirkungsgrad von 60 bis 80 Prozent hat. In diesem Kapitel befassen wir uns aber ausschliesslich mit der Stromerzeugung.

Die Schweiz kann es mit der Sahara aufnehmen
Wenn wir untersuchen, wie stark die Sonneneinstrahlung in der Schweiz ist *(Karte in Anhang A 20)*, kommen wir zu einem überraschenden Ergebnis: In den Bergen ist sie teilweise höher als in der Wüste Sahara. Der Spitzenwert von 225 Kilowattstunden pro Quadratmeter im algerischen El Oued wird von der Dufourspitze in den Walliser Alpen (4634 M. ü. M) im Frühling und Sommer sogar übertroffen. Orte wie Samedan oder Zermatt erreichen annähernd die Werte der Sahara, die in den Abbildungen 17 und 18 mit einer schwarzen Kurve eingezeichnet sind. Die Schweizer Bergwelt liegt zwar nicht so weit im Süden wie die Wüstengebiete, ist aber der Sonne näher, und der Dämpfungseffekt der Atmosphäre ist geringer.

Weil sich in den Bergen ähnlich viel Strom produzieren liesse wie in der Sahara, wäre es sinnvoll, Solarpanels in Höhenlagen zu installieren, beispielsweise im Umfeld von Stauseen oder an Lawinenverbauungen. Daraus ergäbe sich ein zusätzlicher Vorteil: Da Solarzellen in dieser Höhe mit rund 70 Grad Neigung angebracht werden müssen, rutscht der Schnee auf der Oberfläche der Panels ab und wäscht, wie auch der Regen, die Solarzellen sauber. Anders als Betreiber in der Sahara müssten wir die Panels nicht einmal abstauben. Ideal ist zudem, dass mit dieser starken Neigung im Winter am meisten Strom gewonnen werden kann, weil dann die Sonne tief steht.

Wenn die Photovoltaik einen massgeblichen Beitrag an die Energieversorgung unseres Landes leisten soll, wäre eine Spitzenleistung von 18 Gigawatt sinnvoll. Dann stünde über Mittag bei grösster Sonneneinstrahlung kurzfristig die Energie von nicht weniger als 10 grossen Kernkraftwerken zur Verfügung. Die Solarfläche, die für diese Leistung nötig ist, beträgt je nach Effizienz der eingesetzten Zellen 112 bis 150 km^2. Kritiker werden einwenden, das sei enorm viel. Man

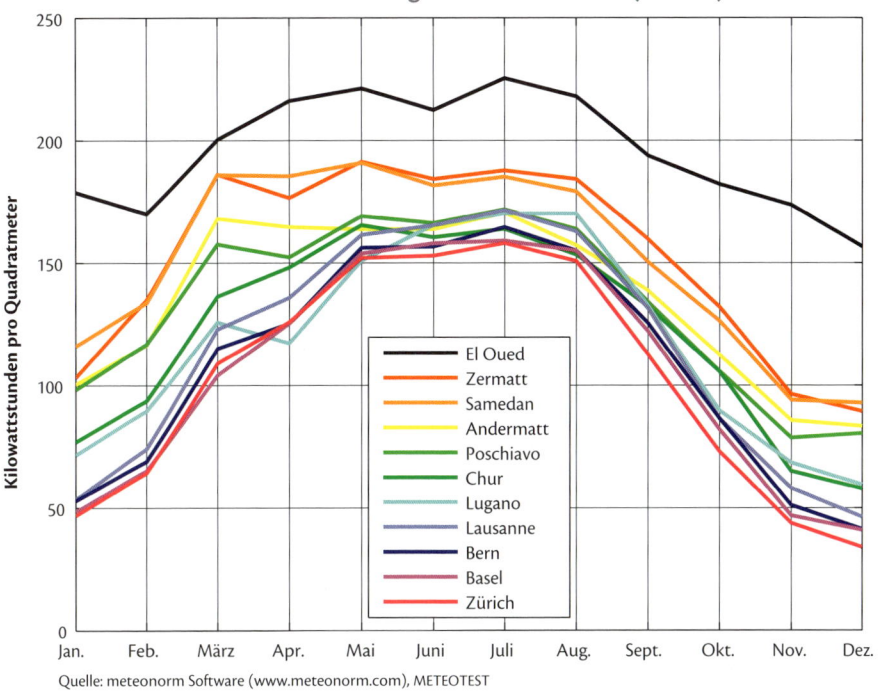

Abb. 17: Monatliche Sonneneinstrahlung in der Schweiz
Zehn Schweizer Wohnorte verglichen mit El Oued (Sahara)

Quelle: meteonorm Software (www.meteonorm.com), METEOTEST

sollte aber die Relationen wahren. Die Dachfläche aller Gebäude in der Schweiz beträgt ungefähr 400 km^2, wovon sich 300 km^2 prinzipiell zur Errichtung von süd- oder ost-west-ausgerichteten Solaranlagen eignen. Davon müsste ein Drittel bis die Hälfte mit Solarzellen belegt werden. Das ist immer noch wenig im Vergleich zu den 573 km^2 National-, Kantons- und Gemeindestrassen, die wir dem motorisierten Verkehr zur Verfügung stellen. Mittlerweile sind Solarzellen auch als dünne Folien erhältlich, mit denen man nicht beschattete Hausfassaden überziehen könnte, was das Flächenproblem entschärft. Ich könnte mir vorstellen, dass in nicht allzu ferner Zeit Hausdächer ganz selbstverständlich nicht mehr mit Ziegeln, sondern mit Solarpannels gedeckt werden. Durch den Wegfall der Kosten für die Ziegel würde die Gesamtkostenrechnung für die Hausbesitzer noch attraktiver, als sie es bereits ist.

Abb. 18: Monatliche Sonneneinstrahlung in der Schweiz
Zehn Schweizer Berge verglichen mit El Oued (Sahara)

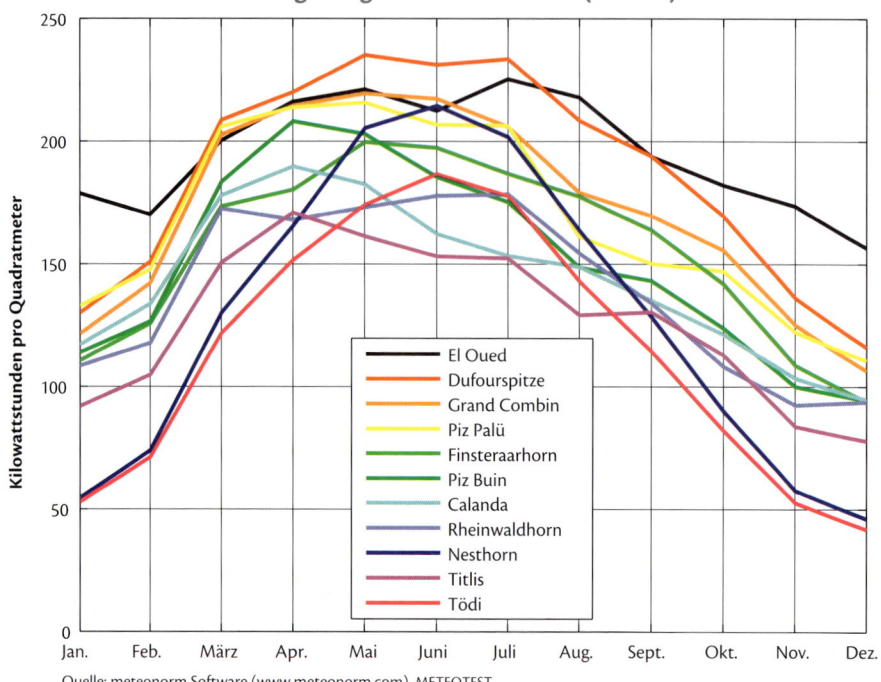

Quelle: meteonorm Software (www.meteonorm.com), METEOTEST

Auf die Verteilung kommt es an

Wenn wir – rein theoretisch – die benötigten Solaranlagen allesamt in einer einzigen Stadt konzentrieren würden, beispielsweise in Bern, kämen wir zu einer sehr unausgeglichenen Stromproduktion. Sinnvoller wäre es, die Solarflächen übers ganze Land zu verteilen, um die Witterungsunterschiede auszugleichen. Das Tessin, das Engadin, das Wallis, die Berner Alpen, das Bündnerland, das Mittelland und der Jura haben alle eigenständige klimatische Bedingungen. Um diese Vielfalt auszunützen, haben wir in unserer Simulation 15 Solaranlagen auf Wohnorte verteilt und 20 in den Bergen, wie die Abbildung 19 zeigt. Mit gutem Erfolg, denn die Stromerzeugung schwankt bei durchschnittlicher Witterung von Tag zu Tag in erstaunlich geringem Ausmass (*Datensimulation in Anhang A 21*).

116 Chancen und Grenzen der Solarenergie

Abb. 19: Geeignete Standorte für Solaranlagen

● 14 Städte
● 1 Dorf

20 Berge:
① Moléson ② Sommet des Diablerets ③ Grand Combin ④ Wildstrubel ⑤ Stockhorn ⑥ Dufourspitze ⑦ Nesthorn ⑧ Finsteraarhorn ⑨ Brienzer Rothorn ⑩ Pilatus ⑪ Titlis ⑫ Bös Fulen ⑬ Tödi ⑭ Rheinwaldhorn ⑮ Monte Generoso ⑯ Alvier ⑰ Calanda ⑱ Piz Ela ⑲ Piz Buin ⑳ Piz Palü

Quelle: Meteotest, Swisstopo

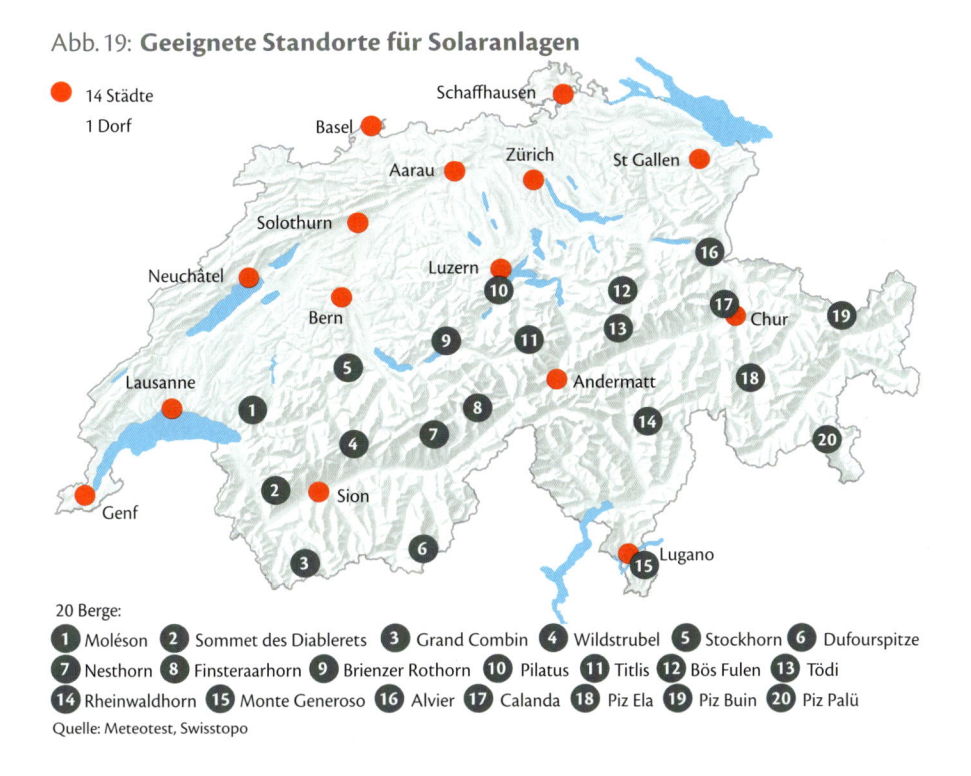

Photovoltaik lohnt sich für Hausbesitzer

Kostenmässig wird die Photovoltaik sowohl für die grossen Produzenten als auch für Hausbesitzer und Gewerbetreibende immer interessanter. In den letzten Jahren ist es in der Branche zu einem regelrechten Preiszerfall gekommen. Während in den 1990er-Jahren die Produktion einer Kilowattstunde noch mehr als 90 Rappen kostete, gibt es mittlerweile in Deutschland Anlagen, die die 10-Rappen-Grenze unterbieten. Berechnungen zeigen, dass es sich für Private und Gewerbetreibende schon heute lohnt, auf Solarstrom zu setzen. Wir haben drei Kostenvarianten berechnet:

Variante 1: Kauf und Betrieb einer Dachsolaranlage auf eigene Kosten – ohne steuerliche Vorzugsbehandlung und staatliche Subventionen.

Variante 2: Kauf und Betrieb einer Dachsolaranlage mit einer Steuerreduktion von 20 Prozent auf den Investitionskosten.

Variante 3: Kauf und Betrieb einer Solaranlage mit einer Steuerreduktion von 20 Prozent auf den Investitionskosten plus einer Subventionierung der Anschaffungskosten duch den Bund in Höhe von 30 Prozent.

Die Berechnung basiert, wie in solchen Fällen üblich, auf einer Verzinsung der Investition von 3 Prozent, einer Amortisationsdauer von 25 Jahren und jährlichen Unterhaltskosten von 1 Prozent. Wir gehen ferner davon aus, dass man den produzierten Strom ohne jede Einschränkung selbst verbrauchen kann. Bei der Berechnung der Kostenentwicklung für Solaranlagen stützen wir uns auf die Zahlen der International Energy Agency (IEA), die der Erdölindustrie nahesteht und meiner Meinung nach für die Photovoltaik eher hohe Kosten einsetzt. Die Ergebnisse der drei Varianten vergleichen wir mit dem Stromtarif 2014 der Stadt Zürich für grössere Privathaushalte (16 Rappen pro Kilowattstunde) und dem günstigeren Industrietarif (11,5 Rappen).

Wie die Abbildung 20 zeigt, befinden wir uns mit der Solarenergie an einem historischen Wendepunkt. Selbst ohne jegliche finanzielle Unterstützung (Variante 1) wird der Solarstrom für Hausbesitzer und Gewerbetreibende bereits im Jahr 2017 preiswerter sein als der Strom, den sie derzeit von den Elektrizitätswerken beziehen. Bei einer steuerlichen Privilegierung wie in Variante 2 wird er schon 2015 billiger sein – und er ist es bereits heute, wenn die Investition wie in Variante 3 steuerbegünstigt und subventioniert wird, was in der Schweiz derzeit der Fall ist. Bei 1,4 Millionen Wohnhäusern und 250 000 kleinen Gewerbebetrieben käme ein beachtliches Investitions- und Stromvolumen zusammen, wenn die Schweiz auf Solarstrom setzen würde.

Bei den Besitzern von Einfamilienhäusern nimmt die Popularität der Solaranlagen sprunghaft zu. So verkauft die schwedische Möbelkette Ikea seit September 2013 in Grossbritannien Sonnenkollektoren für Wohnhäuser. Das Standardmodell für eine Doppelhaushälfte leistet 3,36 Kilowatt und kostet rund 8500 Franken, inklusive Installation und Wartung. Ikea wirbt mit den tieferen Stromrechnungen und den steuerlichen Vorteilen, die der Staat gewährt. In der Schweiz liegt der Preis für eine vergleichbare Anlage derzeit bei rund 12 000 Franken. Ikea kündigte auch für den Schweizer Markt ein Angebot an.

Abb. 20: Sinkende Kosten für Solarstrom
Photovoltaik beginnt sich für Privathaushalte zu lohnen

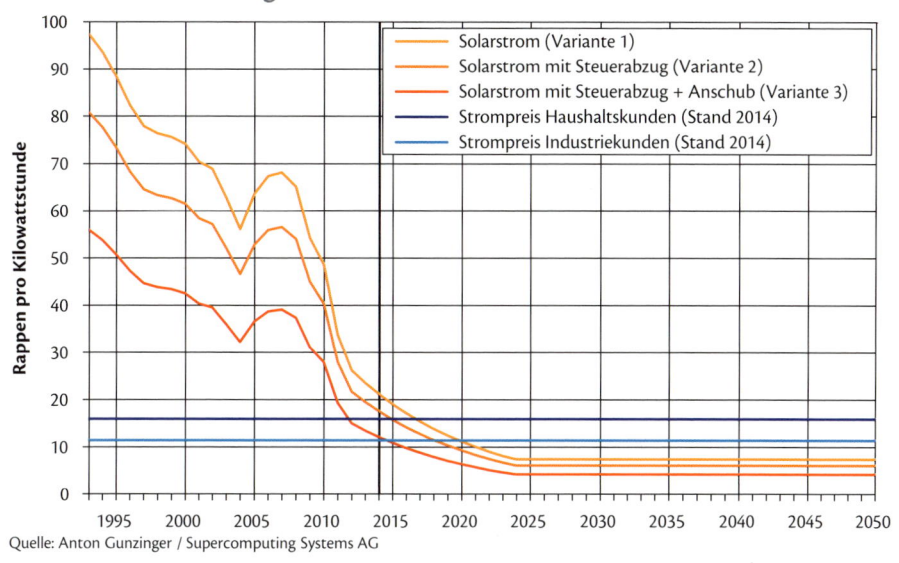

- Solarstrom (Variante 1)
- Solarstrom mit Steuerabzug (Variante 2)
- Solarstrom mit Steuerabzug + Anschub (Variante 3)
- Strompreis Haushaltskunden (Stand 2014)
- Strompreis Industriekunden (Stand 2014)

Quelle: Anton Gunzinger / Supercomputing Systems AG

Die KEV, ein Instrument mit gravierenden Mängeln

Wie sieht es bei uns mit der Finanzierung der Solarenergie aus? Das wichtigste Instrument des Bundes zur Förderung der Stromproduktion aus erneuerbaren Energien ist die sogenannte «Kostendeckende Einspeisevergütung» (KEV). Sie funktioniert anders als Variante 3 und garantiert, wie der Name es sagt, den Produzenten einen kostendeckenden Preis. Bei der Berechnung stützt sich der Bund auf die zu hohe Kostenkalkulation der International Energy Agency sowie auf die überhöhten Preisvorstellungen der Solarproduzenten. Dazu gewährt er eine generöse Verzinsung der Investitionen von 6 Prozent. Das ist noch nicht alles: Der Bund verspricht, 100 Prozent des produzierten Stroms zu übernehmen – zu einem Preis, den er für die Dauer von 25 Jahren garantiert.

Die Folgen dieser überaus kulanten Regelung waren absehbar: Die Interessenten stehen mit ihren Photovoltaikprojekten Schlange. Derzeit möchten sich mehr als 36 000 Gesuchsteller aus dem Bundestopf bedienen, der aktuell rund 600 Millionen Franken enthält. Gefüllt wird er von den privaten Konsumenten, die höhere Strompreise zahlen müssen. Bis Ende 2014 waren es zusätzliche 1,5 Rappen pro Kilowattstunde, künftig werden es 2,3 Rappen sein, was den durchschnittlichen Haushalt mit zusätzlichen 100 Franken pro Jahr belastet. Im Grunde genommen subventionieren die Mieter den Hausbesitzern, Gewerbetreibenden und Bauern die Investition in Solaranlagen, während sich die Wirtschaft nicht an den Kosten beteiligt.

Eingebaute Fehlanreize
Aus Sicht der Gemeinschaft wird mit dem Instrument der KEV zwar ein wichtiges Ziel erreicht: die Schaffung von Anreizen, die Solarenergie auszubauen. Das zweite, aus meiner Sicht ebenso wichtige Ziel verpasst der Bund indes: möglichst geringe langfristige finanzielle Verpflichtungen einzugehen. Dazu kommt, dass die Abnahmegarantie für die gesamte Solarstromproduktion problematisch ist, wie das vorgängig erwähnte Beispiel mit der Weichenheizung der Deutschen Bahn im Sommer zeigt.
Mit der Revision der Energieverordnung hat der Bund Anfang 2014 einen Teil dieser Fehlanreize eliminiert. Kleine Solaranlagen mit einer Leistung unter 10 Kilowatt unterstehen nicht mehr der komplizierten, bürokratisch aufwändigen «Kostendeckenden Einspeisevergütung». Die Betreiber werden mit einer einmaligen Zahlung von maximal 30 Prozent der Investitionskosten entschädigt und bekommen keine 25-jährige Preisgarantie mehr. Damit erspart sich der Bund viel bürokratischen Aufwand und einen Teil der finanziellen Langzeitverpflichtungen, machen die kleinen Solaranlagen doch mehr als die Hälfte der angemeldeten Projekte aus. Die Betreiber können nach wie vor einen Teil ihrer Investitionen von den Steuern absetzen, und es ist ihnen auch erlaubt, den produzierten Strom ohne Kostenfolge selbst zu verbrauchen. Das ist ein Fortschritt gegenüber den Anfängen, als die Produzenten ihren Solarstrom den Elektrizitätswerken verkaufen und wieder zurückkaufen mussten, verbunden mit happigen Gebühren. Mit dieser Methode wollten sich die Stromkonzerne die unliebsame Solarkonkurrenz vom Leib halten. Nicht losgeworden ist der Bund mit der Revision der KEV die 100-prozentige Abnahmeverpflichtung für Solarstrom mit all ihren negativen Begleiterscheinungen.

Alternativer Finanzierungsvorschlag
Meiner Meinung nach müsste das Regelwerk zur Förderung von Solaranlagen noch einmal gründlich revidiert werden, und zwar in drei Punkten:

1. Der Bund sollte nicht nur für die Kleinanlagen, sondern für sämtliche Solarprojekte 30 Prozent der Investitionskosten übernehmen – aber nur noch ein Jahr lang. Danach sollte er diesen Satz jedes Jahr um 2 Prozent reduzieren. Für die Betreiber würde damit der Anreiz erhöht, möglichst rasch zu investieren, während der Bund direkt von den sinkenden Kosten der Solartechnik profitieren könnte. Er hätte auch einen viel kleineren administrativen Aufwand als heute.
2. Der Bund sollte die 100-prozentige Abnahmegarantie widerrufen und sich auf höchstens 95 Prozent einlassen. Eine Marge von 5 Prozent würde es bereits ermöglichen, die Schwankungen zwischen Stromangebot und Nachfrage auszugleichen und zu verhindern, dass das Stromnetz überlastet wird. Später sollte der Bund den «smart market» mit sogenannten «Negativpreisen» einführen: Wenn es zu viel Strom auf dem Markt gibt und ein Produzent seinen Solarstrom trotzdem einspeisen möchte, müsste er dafür bezahlen. In der Praxis würde diese Bestrafung dazu führen, dass die Produzenten überschüssigen Strom «wegwerfen», was der Stabilität des Netzes zugute käme.
3. Der Bund sollte rückwirkend alle alten KEV-Verträge auf dieses neue, schlanke System umstellen. Damit könnte er sein finanzielles Klumpenrisiko und die gewaltige bürokratische Belastung auf einen Schlag reduzieren.

Mir ist schon klar, dass ich mit diesen Vorschlägen in ein Wespennest steche. Immerhin hat der Staat, wenn auch wenig durchdacht, den Investoren für die nächsten 25 Jahre fixe Preise versprochen und die vollständige Abnahme des Solarstroms garantiert. Es geht aber nicht nur um das hohe Gut der Rechtssicherheit, sondern auch um die Stabilität des künftigen Schweizer Elektrizitätssystems, die Kostenwahrheit bei der Energiewende und darum, das Förderungssystem ab sofort so zu gestalten, dass in naher Zukunft nicht immense Vergütungen ausbezahlt werden müssen. Der Bund kommt aus der misslichen Situation, in die er sich hineinmanövriert hat, nur heraus, wenn er den Betroffenen einen akzeptablen Deal vorschlägt: Was die Projektbetreiber bisher aus dem KEV-Topf bekommen haben, sollen sie behalten. Zusätzlich müsste ihnen der Bund eine einmalige, angemessene Entschädigung zahlen.

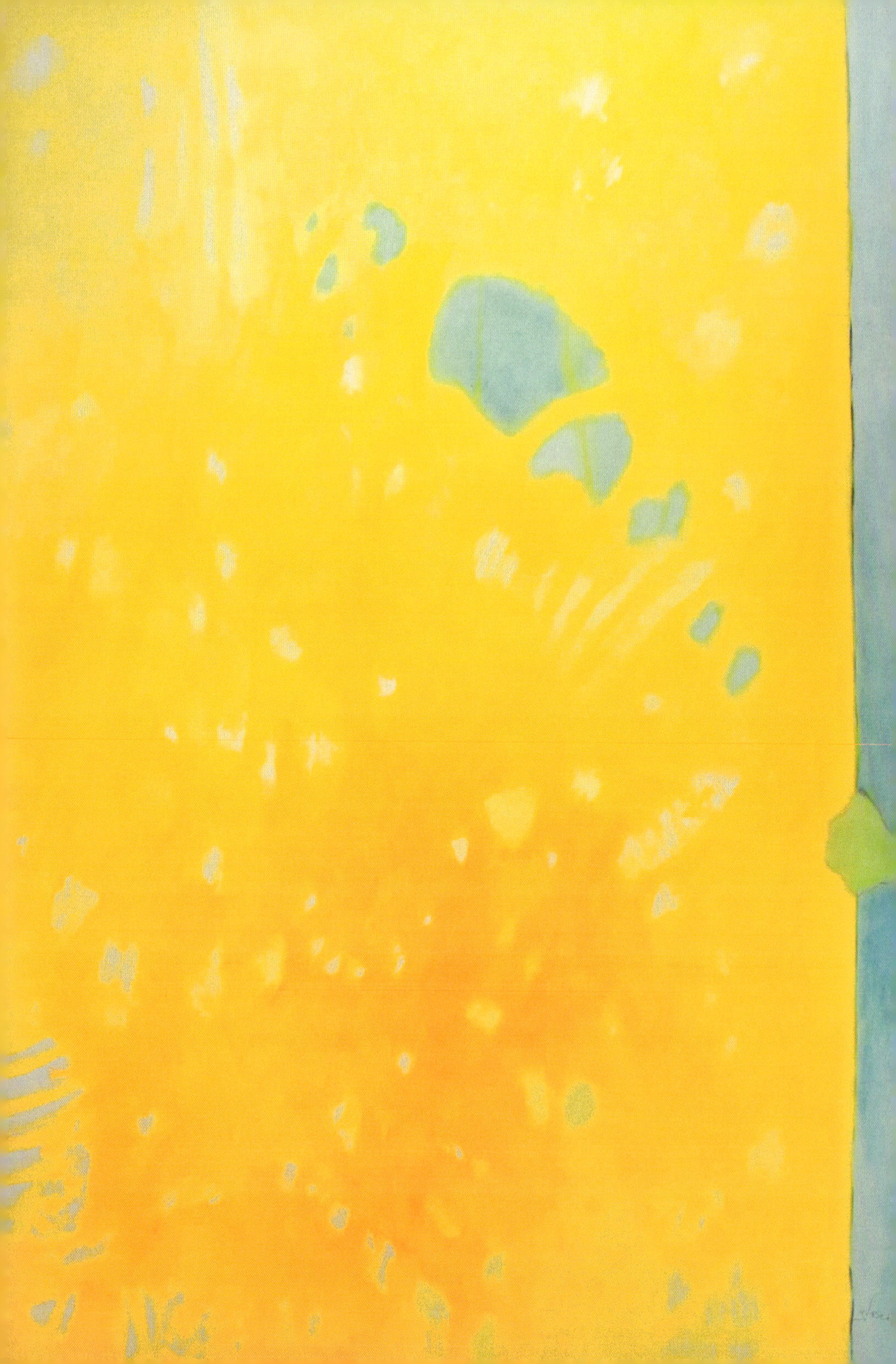

14. Szenario «Nur Solar»

Ausgangslage: Unser zweites Stromszenario basiert darauf, dass in der Schweiz Solaranlagen mit einer Leistung von 18 Gigawatt installiert werden, verteilt auf Städte und Berge. Abhängig von der verwendeten Technologie entspräche das einer Solarfläche von 112 bis 150 km^2. Die Flächen sind so ausgerichtet, dass optimale Tageserträge resultieren. Um auf der sicheren Seite zu sein, rechnen wir nur mit 85 Prozent der möglichen Energiegewinnung und berücksichtigen damit Verluste durch Verschmutzung oder Gerätestörungen.

Produktion: Kernenergie gibt es in diesem Szenario keine mehr. Als neue Stromproduzenten treten die Betreiber von Solarstromanlagen auf. Schauen wir uns anhand der Abbildung 21 die Produktion in einer typischen Sommerwoche an. Die rote Berg-und-Tal-Linie zeigt wiederum den schwankenden Energieverbrauch (Endverbrauch) des Landes an. Die thermischen Kraftwerke liefern die Bandenergie. Dazu kommt die Produktion der Laufwasserkraftwerke mit den wellenförmigen Schwankungen. Den Rest des benötigten Stroms liefern tagsüber die Solaranlagen und nachts die Pumpspeicherkraftwerke. Die Energie aus der Photovoltaik wird tagsüber augenblicklich verbraucht. Den Stromüberschuss verwenden die Pumpspeicherwerke, um Wasser in die höher gelegenen Speicherbecken zu pumpen (Flächen über der roten Verbrauchskurve). In der Nacht, wenn keine Solarenergie zur Verfügung steht, wird das Wasser zur Stromproduktion verwendet. Die Pumpspeicherwerke können am Tag nicht den gesamten anfallenden Solarstrom verbrauchen, ein Teil davon ist verloren und wird als «Waste» (Überschuss) bezeichnet. Die Speicherseekraftwerke werden im Sommer nicht benötigt, sodass sich die Becken für den Winterbetrieb füllen können.

Im Winter sieht das Bild ganz anders aus. Die Abbildung 22 zeigt, dass die thermischen Kraftwerke wiederum die Bandenergie liefern. Die Laufwasserkraftwerke speisen weniger Strom ins Netz ein, weil die Flüsse weniger Wasser führen. Tagsüber steht der Strom der Solaranlagen zur Verfügung – deutlich weniger als im Sommer. Es sind nun die Speicherseekraftwerke, die auf Hochtouren arbeiten, um die Nachfrage (Landesverbrauch) zu befriedigen, die im Winter mit mehr als 10 Gigawatt deutlich höher ist als im Sommer. Dies gelingt

Abb. 21: **Stromerzeugung/-verbrauch während einer Sommerwoche Szenario «Nur Solar»**

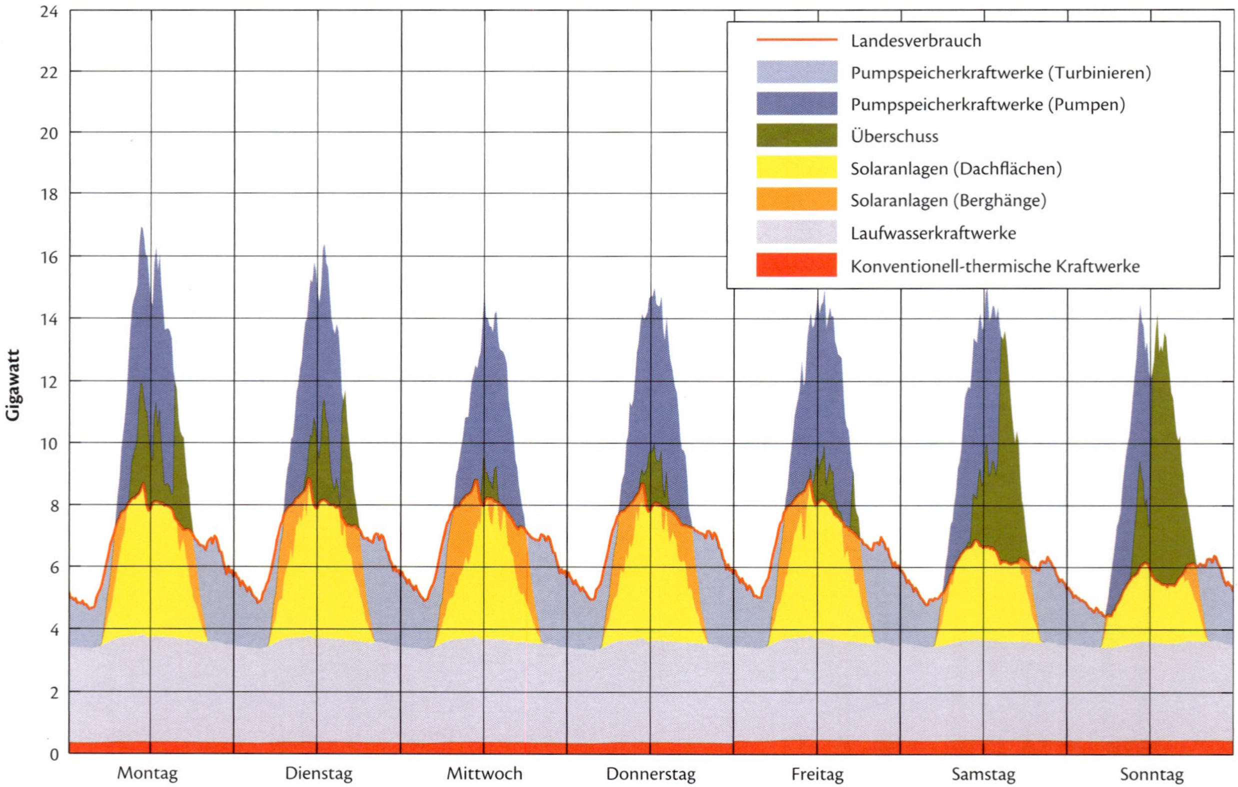

Gigawatt
24
22
20
18
16
14
12
10
8
6
4
2
0
Landesverbrauch
Pumpspeicherkraftwerke (Turbinieren)
Pumpspeicherkraftwerke (Pumpen)
Überschuss
Solaranlagen (Dachflächen)
Solaranlagen (Berghänge)
Laufwasserkraftwerke
Konventionell-thermische Kraftwerke
Montag
Dienstag
Mittwoch
Donnerstag
Freitag
Samstag
Sonntag

Quelle: Anton Gunzinger / Supercomputing Systems AG

Abb. 22: **Stromerzeugung/-verbrauch während einer Winterwoche Szenario «Nur Solar»**

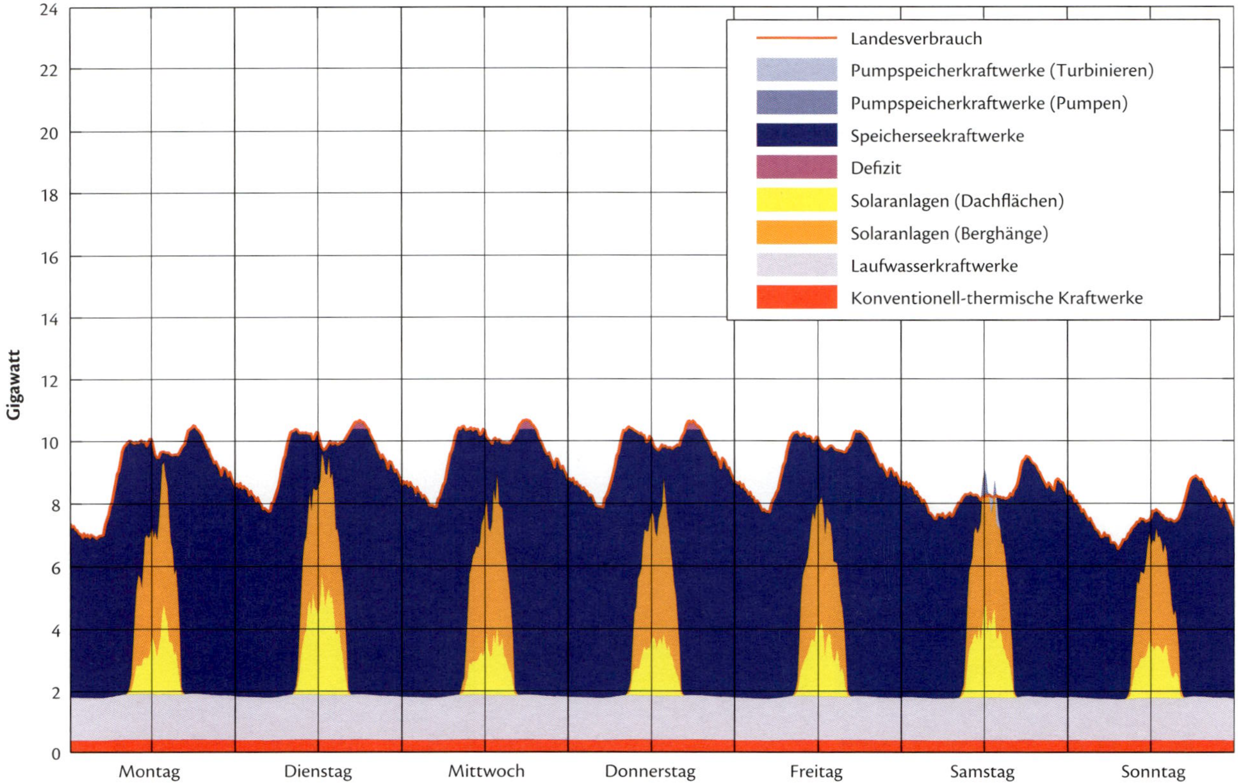
Gigawatt
24
22
20
18
16
14
12
10
8
6
4
2
0
Landesverbrauch
Pumpspeicherkraftwerke (Turbinieren)
Pumpspeicherkraftwerke (Pumpen)
Speicherseekraftwerke
Defizit
Solaranlagen (Dachflächen)
Solaranlagen (Berghänge)
Laufwasserkraftwerke
Konventionell-thermische Kraftwerke
Montag
Dienstag
Mittwoch
Donnerstag
Freitag
Samstag
Sonntag

Quelle: Anton Gunzinger / Supercomputing Systems AG

ihnen in der abgebildeten Woche nicht ganz: Am Dienstag, Mittwoch und Donnerstag zeigt sich ein leichtes Stromdefizit. Die Pumpspeicherwerke spielen im Winter nur eine marginale Rolle, weil fast kein Stromüberschuss zur Verfügung steht, um sie zu betreiben.

Die Abbildung 23 zum Jahresverlauf verdeutlicht das Problem: Zwischen der Woche 9 und 17, also im März und April, kann der Strombedarf des Landes nicht mit eigenen Energieressourcen gedeckt werden. Es entsteht ein grösseres Defizit, das mit Stromimporten gedeckt werden müsste.

Füllstand der Speicherseen: Die Ursache für dieses Defizit liegt bei den Speicherseen (Abb. 24): Weil sie im Winter überstrapaziert werden und in der Woche 9 «austrocknen», können die Kraftwerke im März und April keinen Strom produzieren. Es gibt noch ein weiteres Problem: Zwar füllen sich die Stauseen bis zur Woche 32 wieder bis an den Rand und laufen über. Doch anschliessend wird so viel Wasser zur Stromproduktion verbraucht, dass der Spiegel der Stauseen nach einem Jahr deutlich tiefer liegt als zu Jahresbeginn. Im folgenden Jahr würde sich das Problem weiter verschärfen: Die Stauseen

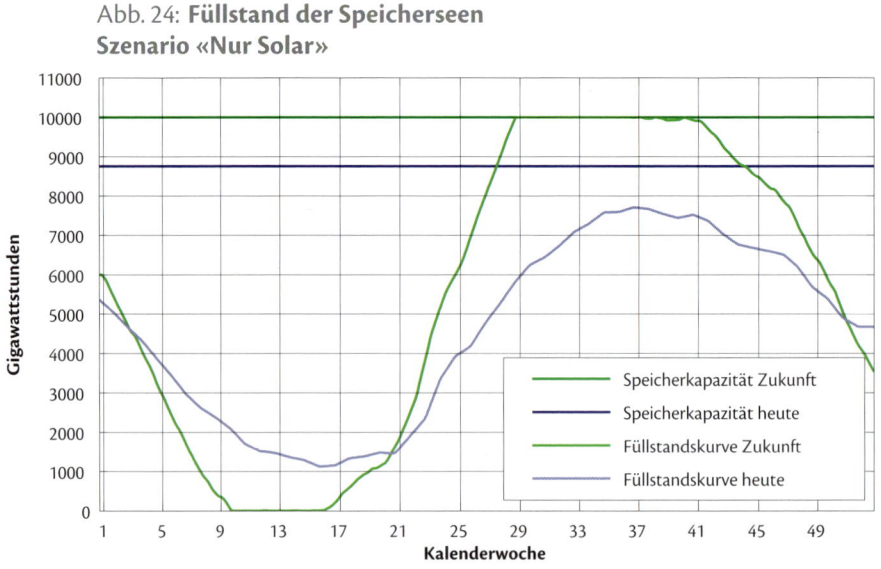

Abb. 24: **Füllstand der Speicherseen Szenario «Nur Solar»**

Quelle: Anton Gunzinger / Supercomputing Systems AG

Abb. 23: **Tägliche Stromerzeugung im Jahresverlauf
Szenario «Nur Solar»**

Legend:
- Defizit
- Pumpspeicherkraftwerke
- Speicherseekraftwerke
- Solaranlagen (Dachflächen)
- Solaranlagen (Berghänge)
- Laufwasserkraftwerke
- Konventionell-thermische Kraftwerke

y-axis: Gigawattstunden
x-axis: Kalenderwoche

Quelle: Anton Gunzinger / Supercomputing Systems AG

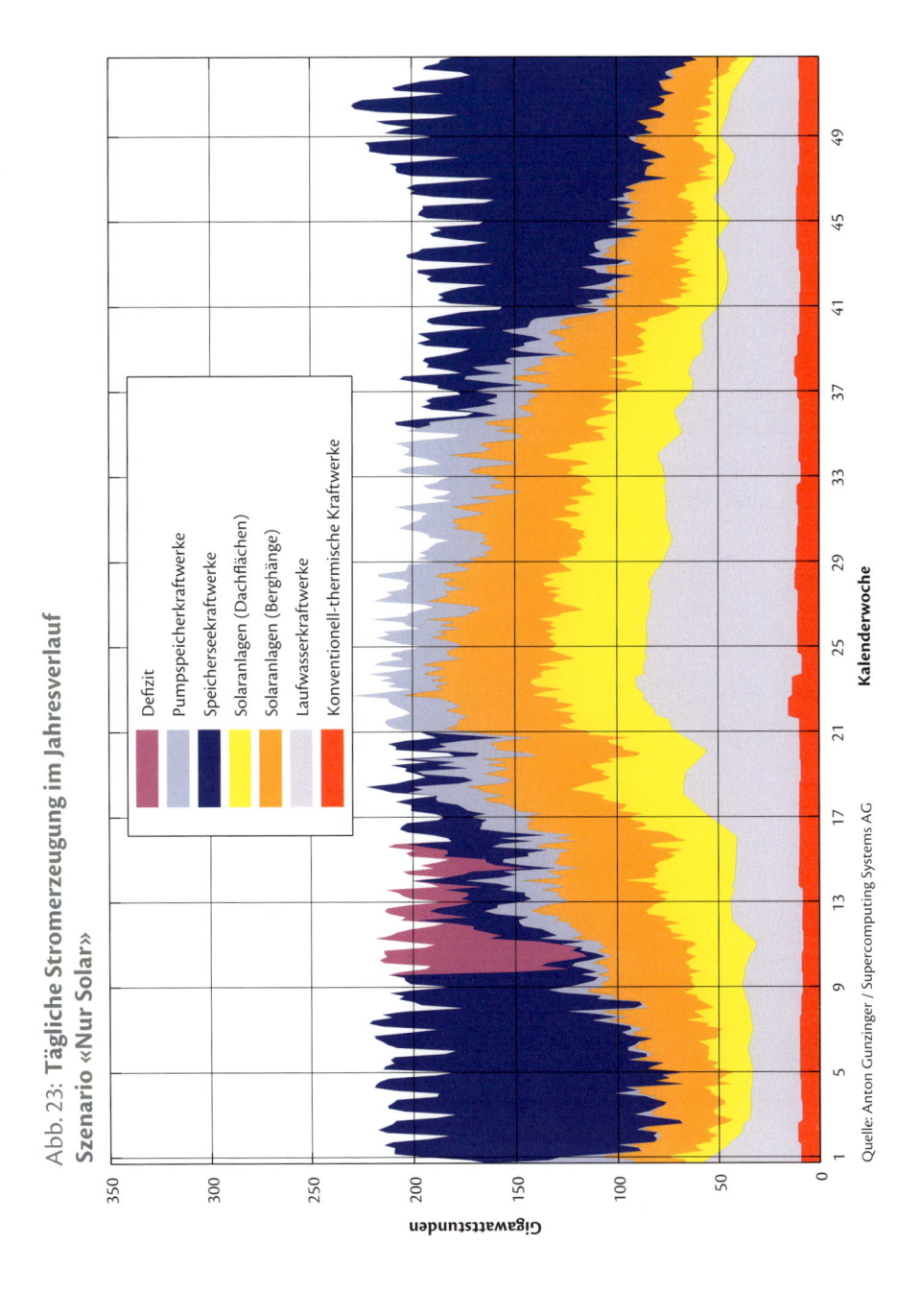

Szenario «Nur Solar» 127

wären im Frühling noch früher leer und Ende Jahr praktisch ausgetrocknet. Das ist ungefähr so, wie wenn jemand jedes Jahr mehr Geld ausgibt, als er einnimmt. Eine Zeitlang kann man von den Reserven zehren, doch irgendwann ist das Portemonnaie leer. Die Schweiz müsste im Szenario «Nur Solar» im Ausland Strom einkaufen. Doch ausgerechnet in den Wochen 9 bis 17 sind die Strompreise tendenziell hoch, wie sich in der Vergangenheit gezeigt hat (wohin sie sich in Zukunft bewegen werden, kann momentan nicht zuverlässig abgeschätzt werden). Im Sommer wiederum, wenn überschüssige Solarenergie zur Verfügung steht, lässt sich der Strom nicht verkaufen, weil auch das Ausland in dieser Zeit im Strom «ertrinkt».

Energiebilanz: Im Szenario «Nur Solar» ist die Energiebilanz nicht ausgeglichen, weil die Stromproduktion kleiner ist als der Stromverbrauch. Das Defizit beträgt 1.61 Terawattstunden, wie die folgende Tabelle zeigt.

Energiebilanz «Nur Solar»

Stromproduktion				Stromverbrauch			
	Sommer	Winter	TWh/Jahr		Sommer	Winter	TWh/Jahr
Solar Dach	7.62	3.49	11.11	Endverbraucher	27.14	32.86	60.00
Solar Berg	9.00	6.12	15.11	Pumpspeicher*	6.09	1.37	7.46
Laufwasser	10.82	5.88	16.70	Netzverluste	1.55	1.74	3.30
Speicherseen	2.12	16.35	18.47	Waste**	1.60	0.03	1.63
Thermisch	1.94	1.76	3.70				
Pumpspeicher*	4.57	1.13	5.69				
Total	36.06	34.72	70.78	Total	36.38	36.01	72.39
Defizit	1.29	0.32	1.61				

Fazit: Die Jahresproduktion deckt den Jahresverbrauch nicht.

* Pumpspeicherwerke sind sowohl Stromproduzenten (im Turbinenbetrieb) als auch Stromverbraucher (im Pumpbetrieb).
** Waste = überschüssiger, nicht verwendbarer Strom.

Kosten: Der durchschnittliche Strompreis im Szenario «Nur Solar» beträgt 16,2 Rappen pro Kilowattstunde. Die Kosten für die Endlagerung der radioaktiven Abfälle fallen natürlich weiterhin an.

Kosten «Nur Solar»			
	Jahresproduktion (TWh)	Jahreskosten (Mio. CHF)	Preis (Rp./kWh)
Solar Dach	11.11	728	6,6
Solar Berg	15.11	1 456	9,6
Laufwasserkraftwerke	16.70	668	4,0
Speicherseekraftwerke	18.47	1 016	5,5
Thermische Kraftwerke	3.70	296	8,0
Pumpspeicherkraftwerke	5.69	489	–
Produktionskosten		4 653	
Netzkosten		4 559	
Endlagerung radioaktive Abfälle		510	
Total	70.78*	**9 722**	**16,2**

* Die Konsumenten zahlen nur die 60 TWh, die sie tatsächlich verbrauchen (auf dieser Basis berechnet sich der Rappenpreis/kWh).

Fazit: Mit dem Ersatz des Atomstroms allein durch Solarstrom lässt sich der Energiebedarf unseres Landes nicht decken, weil wir die Speicherseen aushungern würden. Die Solarenergie ist jedoch ein wichtiger Pfeiler beim Umbau der Schweiz auf 100 Prozent erneuerbaren Strom. Und Solarstrom ist auf jeden Fall günstiger zu haben als Strom aus neuen Kernkraftwerken.

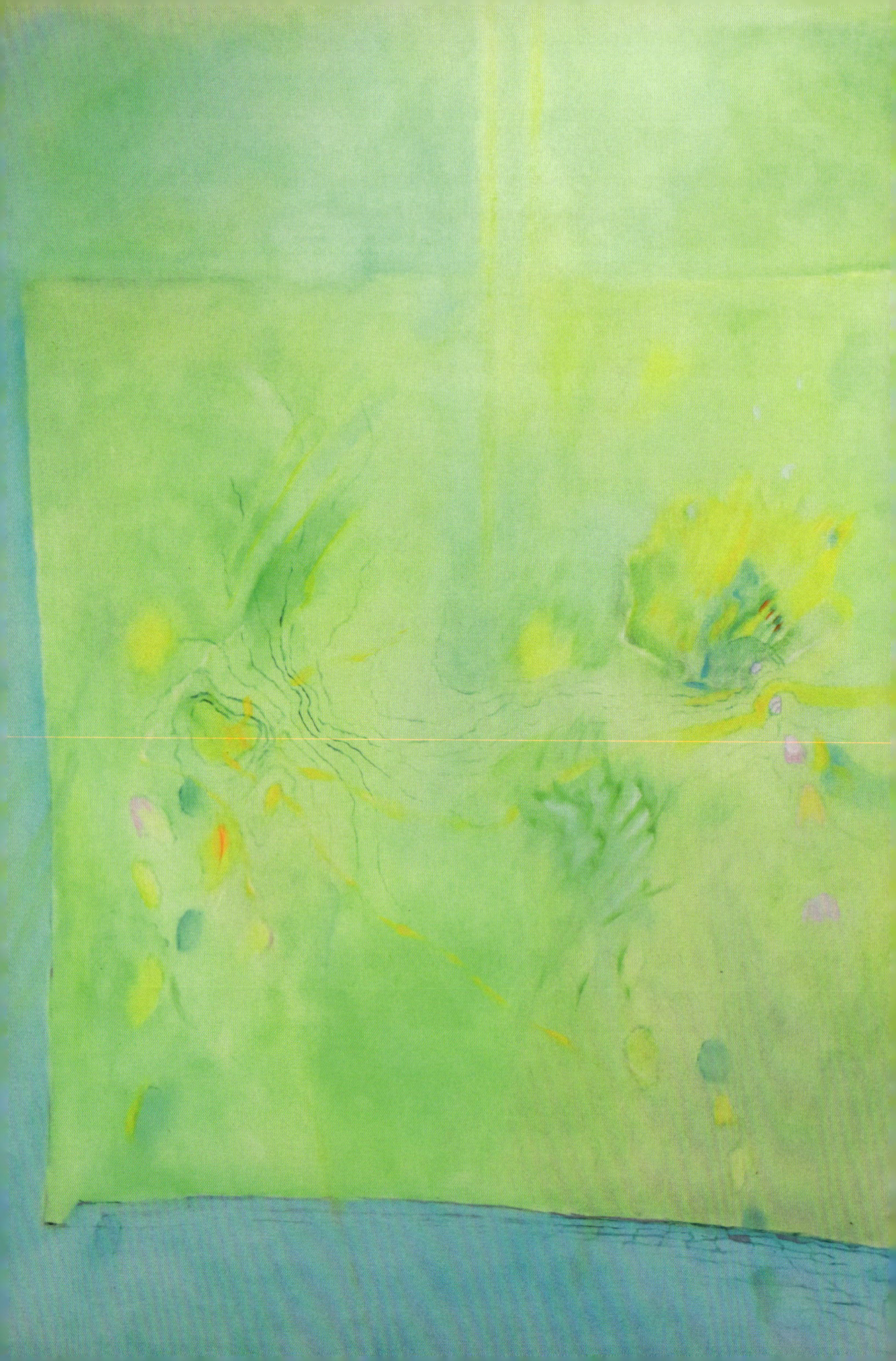

15. Strom aus 100 Prozent erneuerbarer Energie

Wie im vorhergehenden Kapitel dargelegt, reicht die Solarenergie als einzige zusätzliche Energiequelle nicht aus, um den Strombedarf der Schweiz übers ganze Jahr zu decken. Wir ergänzen deshalb das Szenario «Nur Solar» in einem ersten Schritt mit Windenergie und anschliessend auch noch mit Strom aus Biomassekraftwerken. In beiden Fällen lässt sich unser Land problemlos mit 100 Prozent erneuerbarem Strom versorgen. Erneuerbar deshalb, weil die Energiequellen Wasser, Kehricht, Sonne, Wind und biologische Rohstoffe sich nicht erschöpfen wie Erdöl, Erdgas oder Uran.

Windkraftanlagen sind heute weit verbreitet und sehr effizient. Die Leistungsfähigkeit der rotorgetriebenen Turbinen hat sich innerhalb von 20 Jahren verdreissigfacht und reicht heute bis zu 8 Megawatt pro Einheit. Ein grosser Vorteil besteht darin, dass der Wind oft zu andern Zeiten bläst, als die Sonne scheint: Windenergie fällt auch in der Nacht an und bei bedecktem Himmel. Im Winter, wenn der Energiebedarf gross ist, wehen die Winde oft besonders stark. Sonne und Wind ergänzen sich oftmals, was gut ist fürs Energiesystem.

Um einen substanziellen Beitrag an die Energieversorgung zu erhalten, benötigen wir gemäss unserem Simulationsmodell 4,5 Gigawatt Gesamtleistung, wofür 2250 Windräder mit einer Leistung von je 2 Megawatt nötig wären (diese Leistung erbringt die grösste Turbine des Windparks Mont Crosin im Berner Jura). Die Turbinen erzeugen so viel Strom, wie wenn sie während 2000 Stunden pro Jahr unter Volllast stehen würden. Sie müssten an Standorten mit besonders günstigen Windverhältnissen aufgebaut werden, beispielsweise im Jura oder in den Voralpen. Wir haben uns für 20 entschieden, die im «Konzept Windenergie Schweiz 2004» aufgeführt sind (Abb. 25). An diesen exponierten Stellen weht der Wind mit Geschwindigkeiten zwischen 4,7 und 8,4 Metern pro Sekunde (*Karte in Anhang A 22*). Allerdings stossen auch Windturbinen an Leistungsgrenzen: Mit zunehmender Windstärke nimmt die Stromproduktion zwar kubisch zu, aber nur bis zu einem gewissen Grad. Wenn der Wind zu heftig bläst und die Rotoren zu schnell drehen, können die Getriebe beschädigt werden. Die Windturbine benutzt dann einen Teil der Energie, um sich selbst zu bremsen. Der Wirkungsgrad von Windrädern liegt bei maximal 60 Prozent.

Abb. 25: **Geeignete Standorte für Windparks**

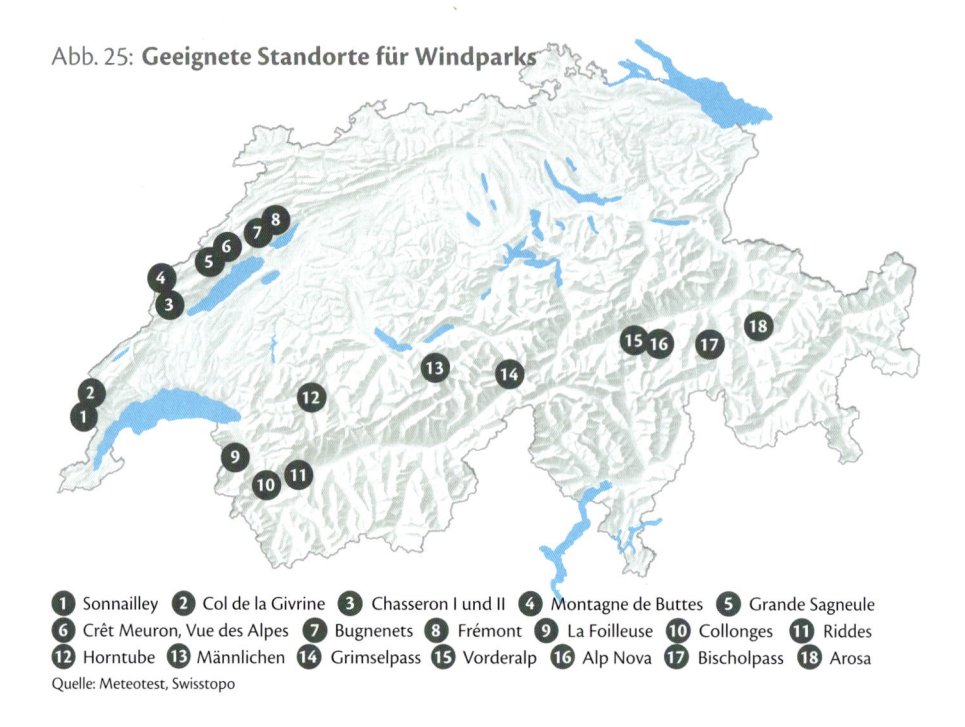

① Sonnailley ② Col de la Givrine ③ Chasseron I und II ④ Montagne de Buttes ⑤ Grande Sagneule
⑥ Crêt Meuron, Vue des Alpes ⑦ Bugnenets ⑧ Frémont ⑨ La Foilleuse ⑩ Collonges ⑪ Riddes
⑫ Horntube ⑬ Männlichen ⑭ Grimselpass ⑮ Vorderalp ⑯ Alp Nova ⑰ Bischolpass ⑱ Arosa
Quelle: Meteotest, Swisstopo

Den Windrädern erwächst in der Schweiz politischer Widerstand. So will das «Initiativkomitee Windkraftmoratorium Aargau» den Bau in den Kantonen Aargau, Solothurn und Basel-Landschaft mit Volksinitiativen bekämpfen. Die Verantwortlichen sagen, die Schweiz brauche «grundsätzlich keine Windräder». Diese seien «volkswirtschaftlich nicht vertretbar», weil es in den genannten Regionen ohnehin zu wenig winde. Hinter den Initiativen stehen Natur- und Vogelschützer, denen es um die Unversehrtheit der Landschaft und der Tiere geht, aber auch Bürgerliche, die vordergründig die fehlende Wirtschaftlichkeit der Windkraft kritisieren, in Wahrheit aber auf den Bau neuer Kernkraftwerke abzielen. Natürlich kann man darüber streiten, ob ein Windpark auf einem Bergrücken ein toller Anblick ist. Anderseits hält sich die Empörung meist in Grenzen, wenn Strassen durch schöne Landschaften gebaut werden. Wenn wir uns mit 100 Prozent erneuerbarer Energie versorgen wollen, hilft die Windkraft sehr. Wind und Sonne sind ein gutes Paar.

Variable Stromproduktion

Man kann den Standpunkt vertreten, 2250 Windturbinen und 112 bis 150 km^2 Solarfläche seien zu viel. Deshalb haben wir auch ein Szenario mit weniger Windturbinen und geringerer Solarleistung entworfen. Was dort an Energie fehlt, ersetzen wir durch Strom aus Biomassekraftwerken. Was ist darunter zu verstehen?

Biomassekraftwerke sind thermische Kraftwerke. Sie vergasen oder verbrennen organische Reststoffe wie Klärschlamm, Bioabfälle, Gülle, Mist, Speisereste, Holzabfälle oder Pflanzenreste aus Getreidemühlen. Die Stromerzeugung erfolgt mittels Generatoren. Ein Grossteil der Rohstoffe fällt bei öffentlichen Betrieben wie Kläranlagen sowie in der Landwirtschaft an. Dazu kommt als weiterer Vorteil, dass die Biomasse weitgehend CO_2-frei ist, weil das Kohlendioxid in einem geschlossenen Kreislauf auf- und abgebaut wird: Die Pflanzen nehmen es aus der Luft, bei der Verbrennung wird es freigesetzt und von andern Pflanzen wieder aufgenommen. Anders beim Erdöl: Das darin enthaltene CO_2, über Millionen Jahre entstanden, wird in kürzester Zeit in grossen Mengen in die Atmosphäre geblasen, was zur bekannten Umweltbelastung führt. Es braucht Jahrhunderte, um dieses CO_2 wieder zu binden.

Biomasseanlagen haben einen Wirkungsgrad von knapp 35 Prozent. Da im Sommer viel Solarenergie zur Verfügung steht, benötigen wir die Biomasseenergie fast nur im Winter. Dann werden diese Kraftwerke mit konstanter Produktion gefahren, liefern also Bandenergie. Ein Vorteil des Winterbetriebs besteht darin, dass man mit der Abwärme ganze Quartiere heizen kann. Um die benötigte Leistung von 1 Gigawatt für die Schweizer Stromversorgung zu erhalten, müssten landesweit 50 Biomassekraftwerke von der Grösse der Kehrichtverbrennungsanlage Hagenholz in Zürich in Betrieb sein. Wann immer eine Stadt ein Fernwärmenetz aufbaut, wäre es sinnvoll, ein Biomassekraftwerk zu integrieren.

Was mir wichtig ist: Man sollte Biomasseanlagen nur mit den erwähnten Rohstoffen füttern, nicht aber mit gezielt angebauten «Energiepflanzen», sogenannt «nachwachsenden Rohstoffen». Für mich ist es moralisch nicht vertretbar, den Armen ihre Nahrungsgrundlagen zu entziehen, damit wir Strom produzieren, Häuser heizen und unsere Autos mit Biodiesel betreiben können.

Weil Energiepflanzenplantagen mit einem grossen maschinellen Aufwand angelegt und abgeerntet werden, ist die Ökobilanz zehnmal schlechter als bei Biomasse aus Abfällen. Einige Experten sind sogar der Meinung, dass die Ökobilanz für solche Pflanzen negativ ist, was bedeutet, dass die investierte Energie grösser ist als jene, die man gewinnt. Zudem bedrohen die riesigen Monokulturen die örtliche Biodiversität.

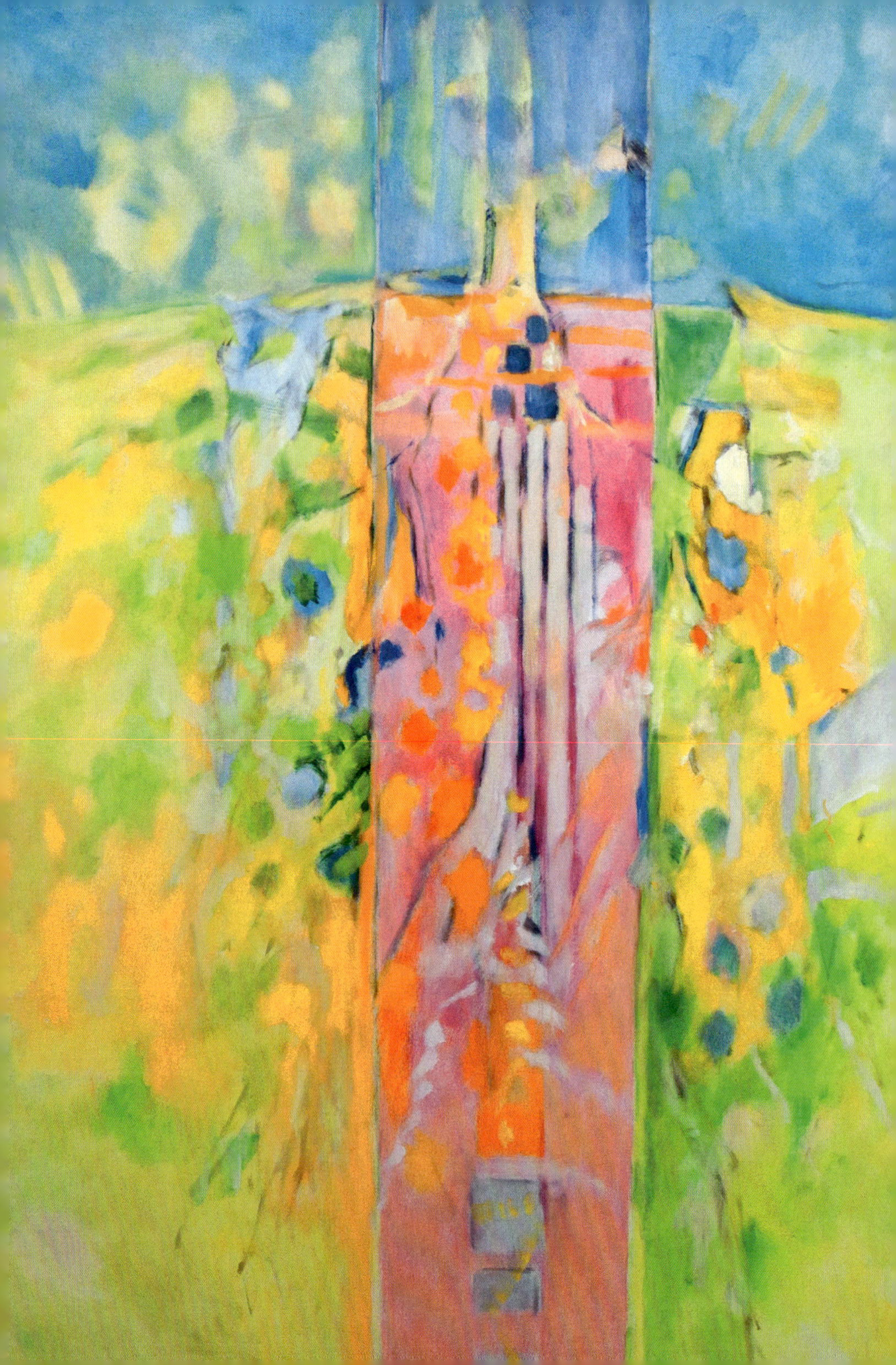

16. Szenario «Solar und Wind»

Ausgangslage: Im Szenario «Solar und Wind» werden in den Städten und Bergen rund 18 Gigawatt an Solaranlagen und 4,5 GW an Windkraft installiert. Das entspricht 112 bis 150 km^2 Solarfläche und 2250 Windturbinen à 2 Megawatt.

Produktion: In diesem Szenario kommen die Windanlagen als neue Energielieferanten dazu. Aus den Abbildungen 26 und 27 geht hervor, dass ihre Produktion von der schwankenden Windstärke abhängt. Anders als die Solaranlagen können sie aber bei günstigen Bedingungen Tag und Nacht Strom abgeben. Deutlich wird auch, wie gut sich in der Simulation die Solar- und Windanlagen ergänzen: Die Sonne liefert den Strom am Tag, der Wind auch in der Nacht. Den überschüssigen Strom verarbeiten die Pumpspeicherkraftwerke tagsüber, indem sie Wasser in die höhergelegenen Speicherbecken pumpen, um es in der Nacht, wenn keine Solarenergie verfügbar ist, in Strom zurückzuverwandeln (turbinieren). Weil sie den anfallenden Tagesstrom nicht vollständig verarbeiten können, geht ein ziemlich grosser Teil davon verloren (Überschuss). Die Speicherseekraftwerke werden im Sommer nicht benötigt, sodass sich die Becken füllen können.

In einer typischen Winterwoche liefern die thermischen Kraftwerke und die Laufwasserkraftwerke wie gehabt die Grundenergie. Dazu kommt bei Tag und Nacht Windenergie, während die Solaranlagen nur tagsüber produzieren und weniger als im Sommer, weil die Sonnenscheindauer kürzer und der Einfallswinkel der Sonnenstrahlen flacher ist. Die Speicherseekraftwerke arbeiten im Winter auf Hochtouren, während die Pumpspeicher nur sporadisch zum Einsatz kommen.

Der Grafik zur Energieproduktion im Jahresverlauf (Abb. 28) lässt sich Folgendes entnehmen: Im Sommer werden die Speicherseekraftwerke nicht gebraucht. Die Energie der thermischen Kraftwerke, Laufwasser-, Pumpspeicherkraftwerke, Wind- und Solaranlagen reicht aus, um den Strombedarf des Landes zu decken. Im Winter sind die Speicherseekraftwerke gefordert, dafür können die Pumpspeicher pausieren.

Abb. 26: **Stromerzeugung/-verbrauch während einer Sommerwoche Szenario «Solar und Wind»**

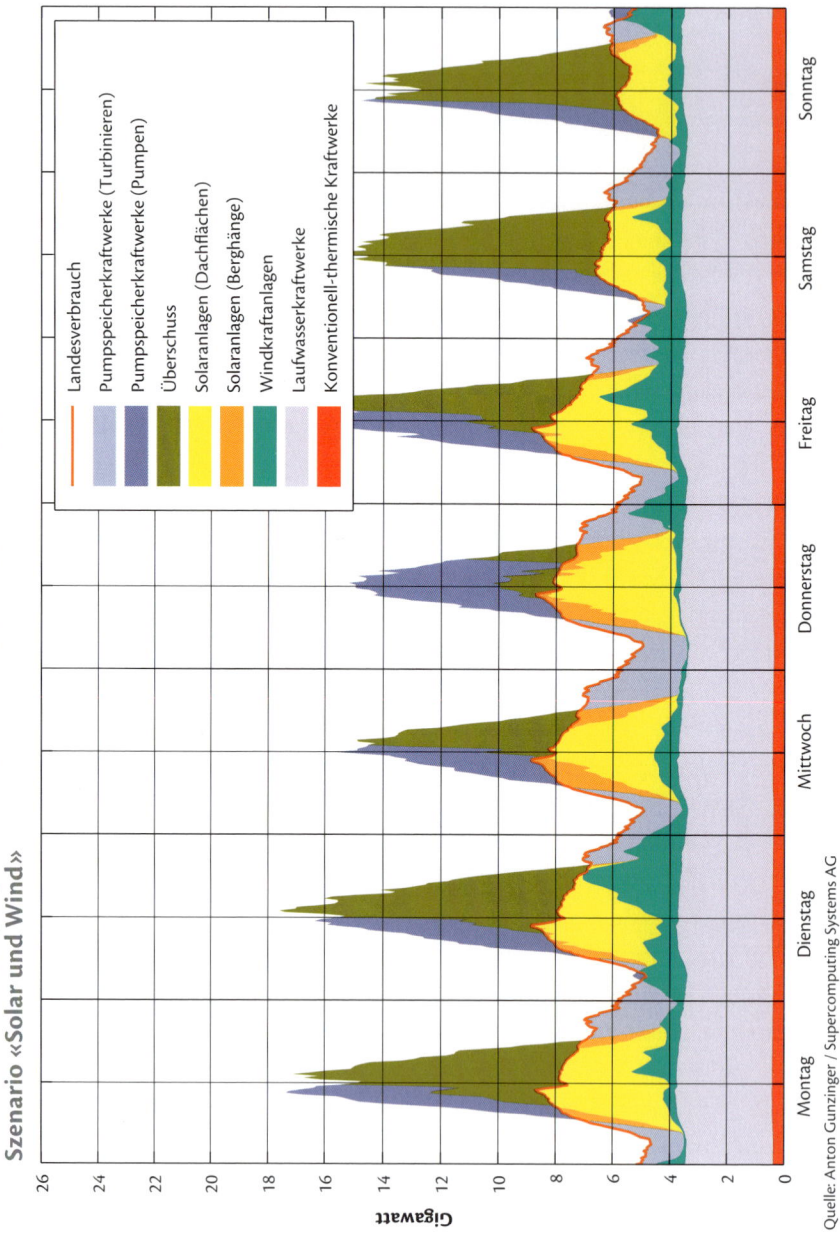

- Landesverbrauch
- Pumpspeicherkraftwerke (Turbinieren)
- Pumpspeicherkraftwerke (Pumpen)
- Überschuss
- Solaranlagen (Dachflächen)
- Solaranlagen (Berghänge)
- Windkraftanlagen
- Laufwasserkraftwerke
- Konventionell-thermische Kraftwerke

Quelle: Anton Gunzinger / Supercomputing Systems AG

138 Szenario «Solar und Wind»

Abb. 27: **Stromerzeugung/-verbrauch während einer Winterwoche Szenario «Solar und Wind»**

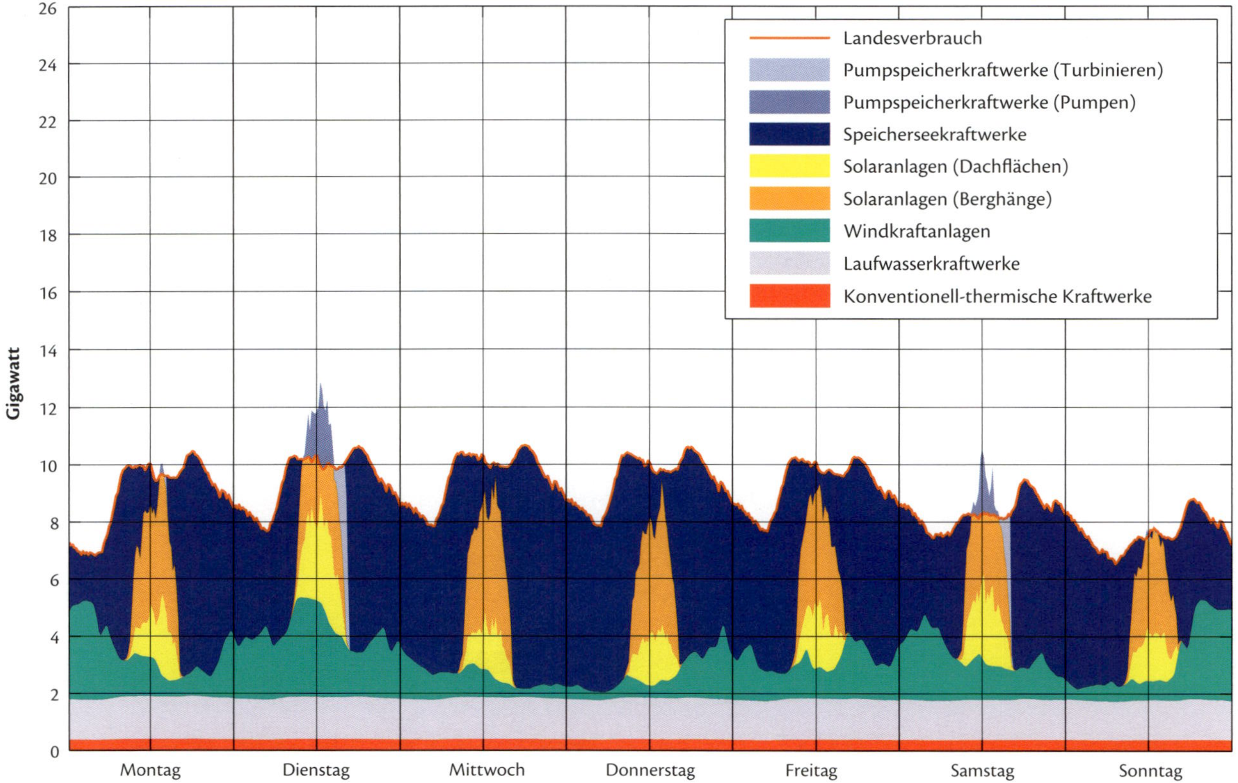

Quelle: Anton Gunzinger / Supercomputing Systems AG

Szenario «Solar und Wind» 139

Abb. 28: **Tägliche Stromerzeugung im Jahresverlauf Szenario «Solar und Wind»**

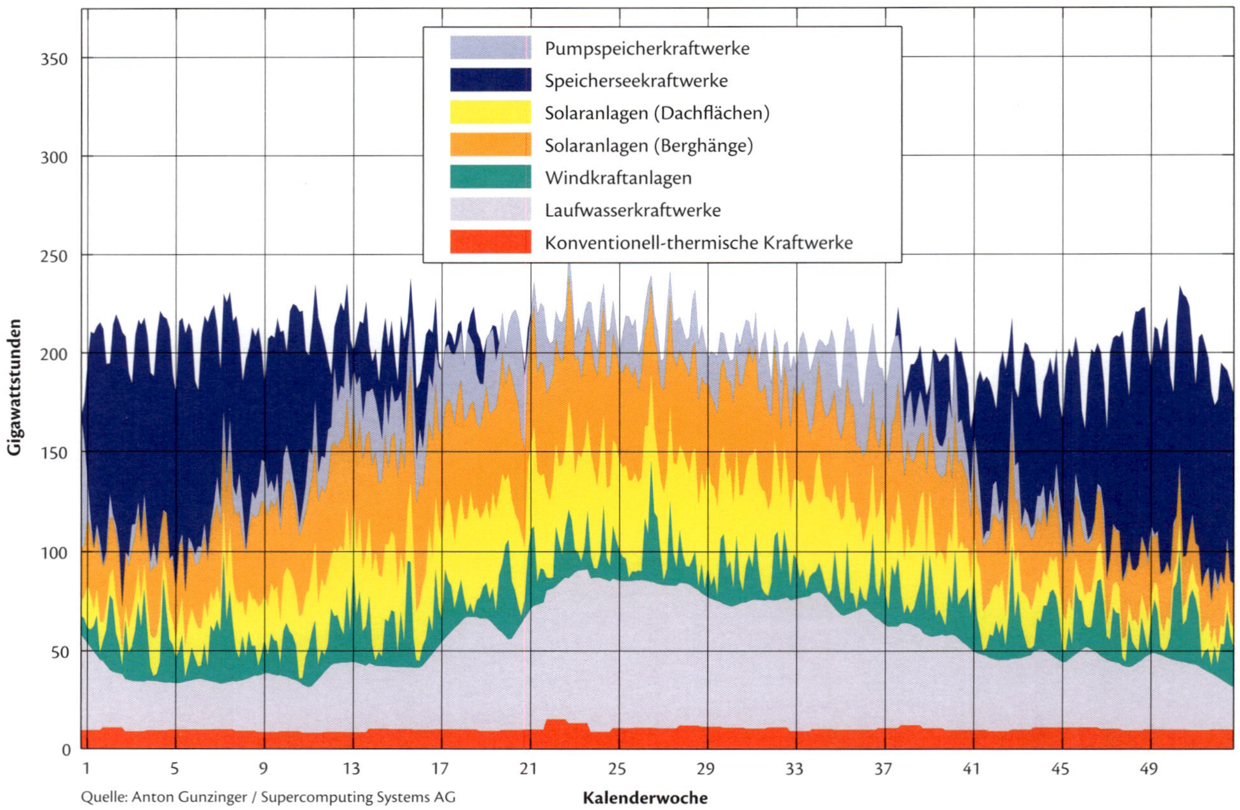
Pumpspeicherkraftwerke
Speicherseekraftwerke
Solaranlagen (Dachflächen)
Solaranlagen (Berghänge)
Windkraftanlagen
Laufwasserkraftwerke
Konventionell-thermische Kraftwerke
Gigawattstunden
0
50
100
150
200
250
300
350
1
5
9
13
17
21
25
29
33
37
41
45
49
Kalenderwoche

Quelle: Anton Gunzinger / Supercomputing Systems AG

Abb. 29: **Füllstand der Speicherseen Im Szenario «Solar und Wind»**

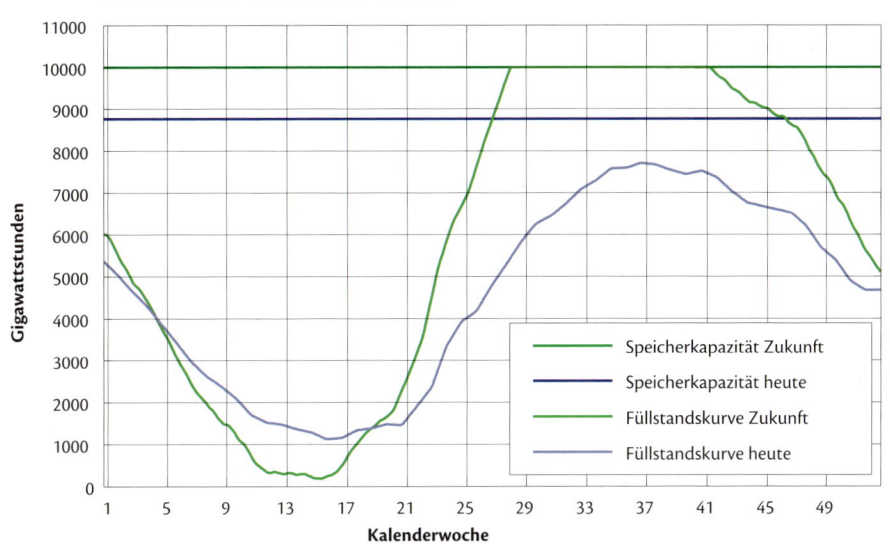

Gigawattstunden (y-Achse: 0–11000)
Kalenderwoche (x-Achse: 1–49)

- Speicherkapazität Zukunft
- Speicherkapazität heute
- Füllstandskurve Zukunft
- Füllstandskurve heute

Quelle: Anton Gunzinger / Supercomputing Systems AG

Füllstand der Speicherseen: Im Szenario «Solar und Wind» trocknen die Speicherseen nicht aus. Im Sommer könnte man die überschüssige Energie ins Ausland verkaufen (Abb. 29).

Energiebilanz: Wie die Tabelle zeigt, deckt die Stromproduktion den Verbrauch. Mit 3.77 Terawattstunden fällt allerdings ziemlich viel überflüssiger Strom an («Waste»), vor allem im Sommer. Das ist nicht weiter problematisch, aber unschön. Die Lösung liegt in der «Abregelung» von Solaranlagen. Deren Betreiber dürften nicht mehr die ganze Produktion ins Netz einspeisen – oder sie müssten dafür bezahlen.

Energiebilanz «Solar und Wind»

Stromproduktion				Stromverbrauch			
	Sommer	Winter	TWh/Jahr		Sommer	Winter	TWh/Jahr
Solar Dach	7.62	3.49	11.11	Endverbraucher	27.14	32.86	60.00
Solar Berg	9.00	6.12	15.11	Pumpspeicher*	5.63	1.97	7.60
Wind	3.18	3.57	6.75	Netzverluste	1.52	1.81	3.33
Laufwasser	10.82	5.88	16.70	Waste**	3.66	0.11	3.77
Speicherseen	1.17	14.36	15.53				
Thermisch	1.94	1.76	3.70				
Pumpspeicher*	4.22	1.58	5.80				
Total	37.95	36.74	74.69	Total	37.95	36.74	74.69

Fazit: Die Jahresproduktion deckt den Jahresverbrauch.

* Pumpspeicherwerke sind sowohl Stromproduzenten (im Turbinenbetrieb) als auch Stromverbraucher (im Pumpbetrieb).
** Waste = überschüssiger, nicht verwendbarer Strom.

Kosten: Der durchschnittliche Strompreis im Szenario «Solar und Wind» beträgt 17,2 Rappen pro Kilowattstunde:

Kosten «Solar und Wind»

	Jahresproduktion (TWh)	Jahreskosten (Mio. CHF)	Preis (Rp./kWh)
Solar Dach	11.11	728	6,6
Solar Berg	15.11	1 456	9,6
Wind	6.75	785	11,6
Laufwasserkraftwerke	16.70	668	4,0
Speicherseekraftwerke	15.53	854	5,5
Thermische Kraftwerke	3.70	296	8,0
Pumpspeicherkraftwerke	5.80	489	–
Produktionskosten		5 276	
Netzkosten		4 560	
Endlagerung radioaktive Abfälle		510	
Total	74.69*	10 346	17,2

* Die Konsumenten zahlen nur die 60 TWh, die sie tatsächlich verbrauchen (auf dieser Basis berechnet sich der Rappenpreis/kWh).

Fazit: Das Szenario 100 Prozent erneuerbare Energie mit 18 Gigawatt Solar und 4,5 GW Windkraft ist bei durchschnittlichen Wetterbedingungen machbar und stabil. Gegen Windkraftanlagen gibt es politischen Widerstand aus unterschiedlichen Lagern. Etwas störend wirkt die anfallende Menge an überschüssigem Strom (Waste). Dieser kann bei wachsender Elektromobilität durch die Elektroautos absorbiert werden.

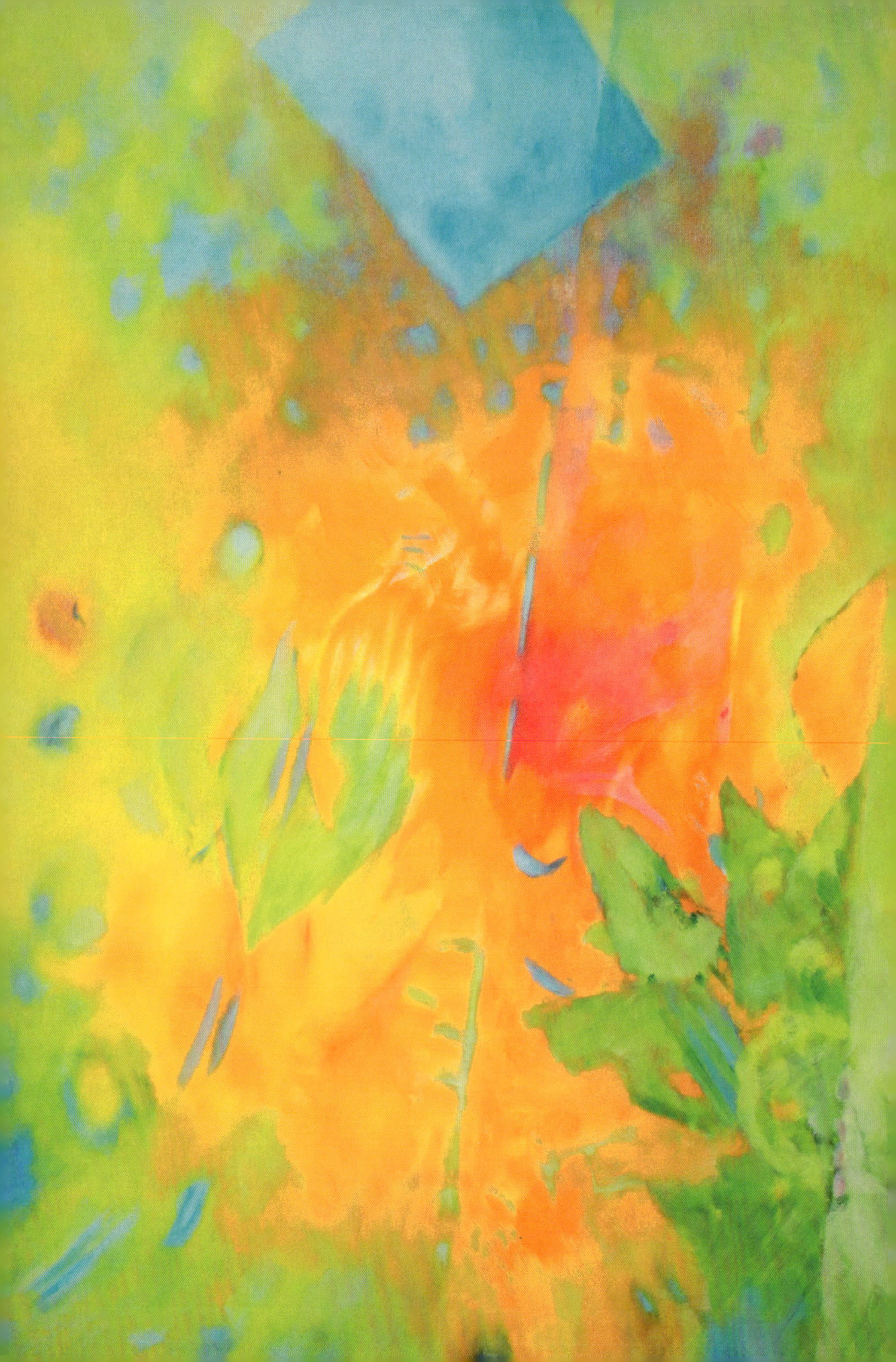

17. Szenario «Solar, Wind und Biomasse»

Ausgangslage: Im Szenario «Solar, Wind und Biomasse» arbeiten wir statt mit 18 Gigawatt Solarleistung nur mit 13,2 GW, die Windkraft reduzieren wir von 4,5 auf 3,6 GW. Die benötigte Solarfläche beträgt je nach angewandter Technologie 82 bis 112 km^2, dazu kommen 1800 Windturbinen à 2 Megawatt. Den Abbau kompensieren wir mit 50 Biomassekraftwerken, die insgesamt 1 Gigawatt Leistung beisteuern.

Produktion: Die Biomassekraftwerke benötigen wir allerdings nur im Winter. In der abgebildeten typischen Sommerwoche (Abb. 30) reicht die Produktion der Kehrichtverbrennungsanlagen, Laufwasserkraftwerke, Wind- und Solaranlagen sowie der Pumpspeicherkraftwerke aus, um den Energiebedarf des Landes zu decken. Es fällt deutlich weniger überschüssige Energie (Waste) an als im vorhergehenden Szenario.

Im Winter liefern die Biomassekraftwerke und die Kehrichtverbrennungsanlagen die Bandenergie, wie die Abbildung 31 zeigt. Auch die Laufwasserkraftwerke und die Windkraftanlagen produzieren rund um die Uhr. Tagsüber steht zudem Solarenergie zur Verfügung. Die Differenz zur nachgefragten Strommenge gleichen die Speicherseekraftwerke und – mit einem geringen Anteil – die Pumpspeicherwerke aus.

In der Grafik zum Jahresverlauf (Abb. 32) ist deutlich zu erkennen, dass die Biomassekraftwerke in unserer Simulation im Sommer abgestellt werden. Sie können zusammen mit den Speicherseekraftwerken Pause machen, weil genügend Solarenergie zur Verfügung steht, die Pumpspeicherkraftwerke aktiv sind und generell weniger Energie verbraucht wird.

Füllstand der Speicherseen: Auch in diesem Szenario ergibt sich kein Problem mit dem Füllstand der Speicherseen. Sie trocknen nicht aus (Abb. 33).

Energiebilanz: Im Szenario «Solar, Wind und Biomasse» deckt die Stromproduktion den Stromverbrauch. Mit lediglich 0.48 Terawattstunden fällt nur sehr wenig nicht verwendbare Energie (Waste) an.

Abb. 30: **Stromerzeugung/-verbrauch während einer Sommerwoche Szenario «Solar, Wind und Biomasse»**

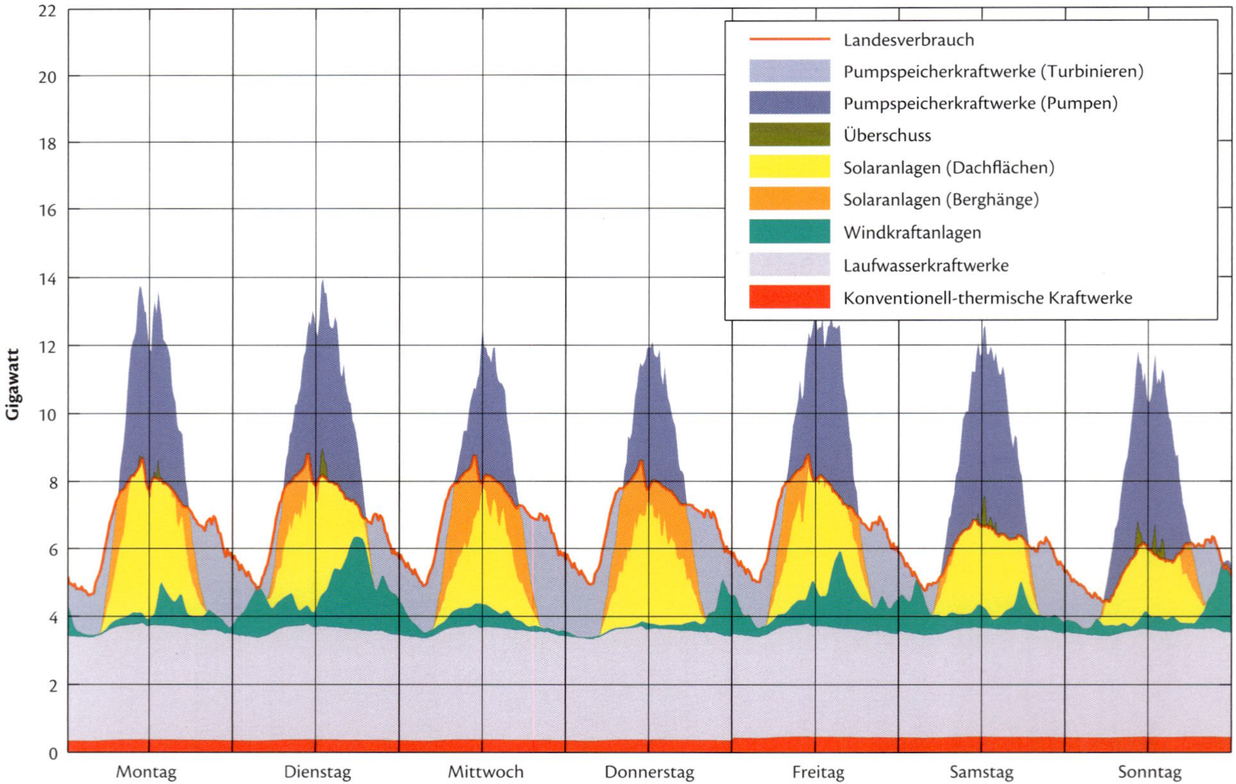
Gigawatt
22
20
18
16
14
12
10
8
6
4
2
0
Montag
Dienstag
Mittwoch
Donnerstag
Freitag
Samstag
Sonntag
Landesverbrauch
Pumpspeicherkraftwerke (Turbinieren)
Pumpspeicherkraftwerke (Pumpen)
Überschuss
Solaranlagen (Dachflächen)
Solaranlagen (Berghänge)
Windkraftanlagen
Laufwasserkraftwerke
Konventionell-thermische Kraftwerke

Quelle: Anton Gunzinger / Supercomputing Systems AG

Abb. 31: **Stromerzeugung/-verbrauch während einer Winterwoche Szenario «Solar, Wind und Biomasse»**

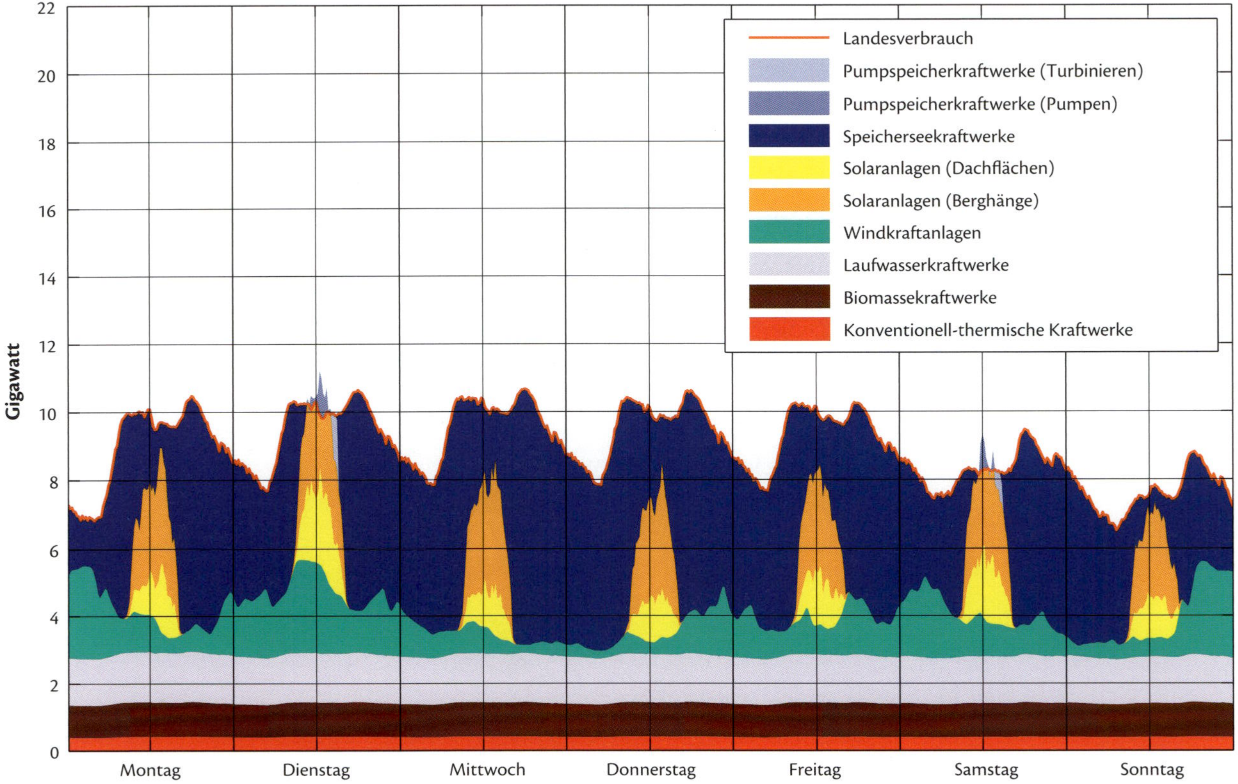

Gigawatt
22
20
18
16
14
12
10
8
6
4
2
0
Landesverbrauch
Pumpspeicherkraftwerke (Turbinieren)
Pumpspeicherkraftwerke (Pumpen)
Speicherseekraftwerke
Solaranlagen (Dachflächen)
Solaranlagen (Berghänge)
Windkraftanlagen
Laufwasserkraftwerke
Biomassekraftwerke
Konventionell-thermische Kraftwerke
Montag
Dienstag
Mittwoch
Donnerstag
Freitag
Samstag
Sonntag

Quelle: Anton Gunzinger / Supercomputing Systems AG

Abb. 32: **Tägliche Stromerzeugung im Jahresverlauf
Szenario «Solar, Wind und Biomasse»**

Pumpspeicherkraftwerke
Speicherseekraftwerke
Solaranlagen (Dachflächen)
Solaranlagen (Berghänge)
Windkraftanlagen
Laufwasserkraftwerke
Biomassekraftwerke
Konventionell-thermische Kraftwerke

Gigawattstunden

Kalenderwoche

Quelle: Anton Gunzinger / Supercomputing Systems AG

148 Szenario «Solar, Wind und Biomasse»

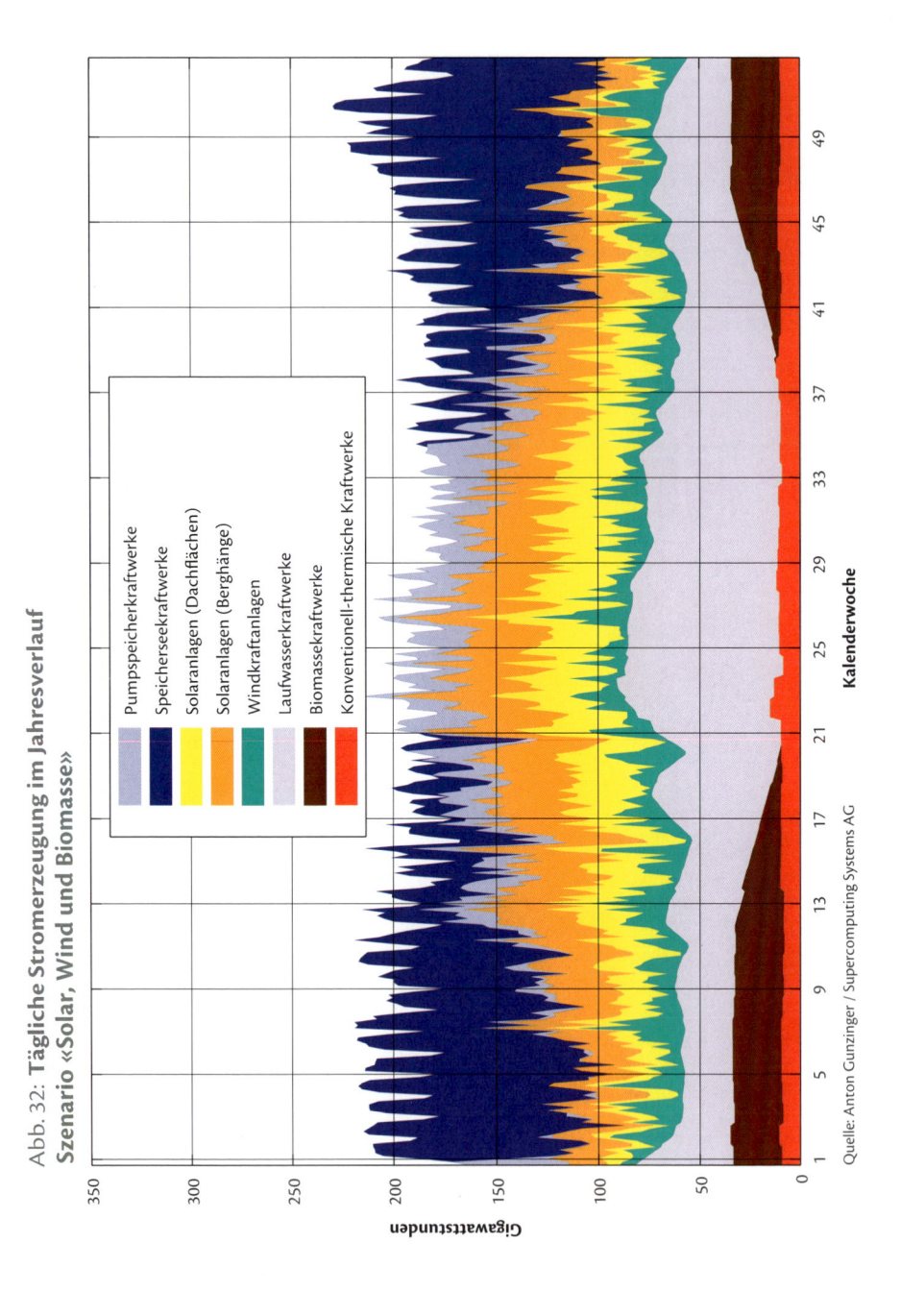

Abb. 33: **Füllstand der Speicherseen**
Szenario «Solar, Wind und Biomasse»

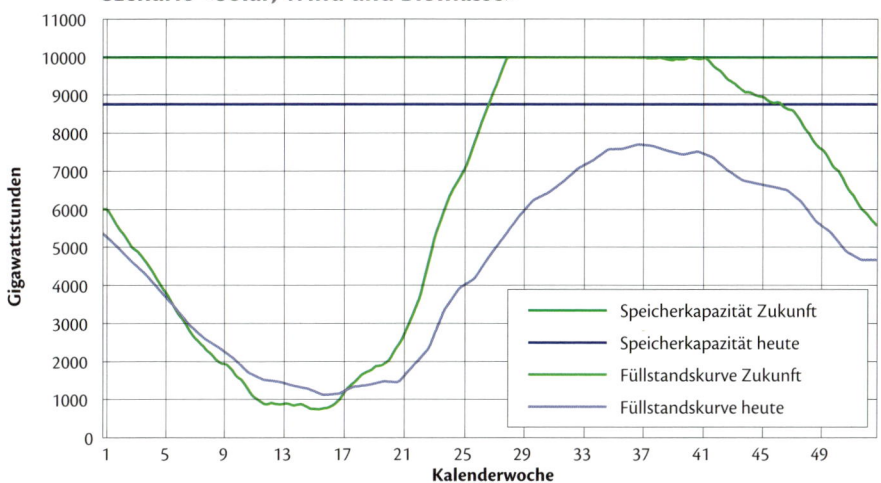

Gigawattstunden vs *Kalenderwoche*

- Speicherkapazität Zukunft
- Speicherkapazität heute
- Füllstandskurve Zukunft
- Füllstandskurve heute

Quelle: Anton Gunzinger / Supercomputing Systems AG

Energiebilanz «Solar, Wind und Biomasse»

Stromproduktion				Stromverbrauch			
	Sommer	Winter	TWh/Jahr		Sommer	Winter	TWh/Jahr
Solar Dach	5.59	2.56	8.15	Endverbraucher	27.14	32.86	60.00
Solar Berg	6.60	4.48	11.08	Pumpspeicher*	4.63	1.01	5.64
Wind	2.54	2.85	5.40	Netzverluste	1.51	1.76	3.27
Biomasse	0.50	3.85	4.34	Waste**	0.48	0.00	0.48
Laufwasser	10.82	5.88	16.70				
Speicherseen	2.30	13.40	15.69				
Thermisch	1.94	1.76	3.70				
Pumpspeicher*	3.47	0.86	4.33				
Total	33.75	35.64	**69.39**	**Total**	33.75	35.64	**69.39**
Fazit: Die Jahresproduktion deckt den Jahresverbrauch.							

* Pumpspeicherwerke sind sowohl Stromproduzenten (im Turbinenbetrieb) als auch Stromverbraucher (im Pumpbetrieb).
** Waste = überschüssiger, nicht verwendbarer Strom.

Kosten: Der durchschnittliche Strompreis im Szenario «Solar, Wind und Biomasse» beträgt 16,8 Rappen pro Kilowattstunde.

Kosten «Solar, Wind und Biomasse»			
	Jahresproduktion (TWh)	Jahreskosten (Mio. CHF)	Preis (Rp./kWh)
Solar Dach	8.15	534	6,6
Solar Berg	11.08	1 068	9,6
Wind	5.40	628	11,6
Biomasse	4.34	486	11,2
Laufwasserkraftwerke	16.70	668	4,0
Speicherseekraftwerke	15.69	863	5,5
Thermische Kraftwerke	3.70	296	8,0
Pumpspeicherkraftwerke	4.33	489	–
Produktionskosten		5 032	
Netzkosten		4 540	
Endlagerung radioaktive Abfälle		510	
Total	69.39*	10 083	**16,8**

* Die Konsumenten zahlen nur die 60 TWh, die sie tatsächlich verbrauchen (auf dieser Basis berechnet sich der Rappenpreis/kWh).

Fazit: Das Szenario «100 Prozent erneuerbare Energie» mit Solarpanels, Windkraftanlagen und Biomassekraftwerken ist machbar. Von der Systemstabilität her ist es äusserst robust und produziert deutlich weniger überschüssige Energie (Waste) als das Szenario «Solar und Wind». Die Kosten von 16,8 Rappen pro Kilowattstunde erscheinen mir volkswirtschaftlich vertretbar. Der Strom wäre sogar günstiger als es jener aus neuen Kernkraftwerken (17,3 Rappen). Ein weiterer Vorteil besteht darin, dass sich die Abwärme aus den dezentral betriebenen Biomassekraftwerken für Fernwärmenetze nutzen lässt.

Energie
   dynamisch
einspeisen
   verschieben
speichern
   verbrauchen

18. Intelligent: dezentrale Batterien und Lastverschiebung

In den vorangehenden Kapiteln habe ich bereits den Begriff der «dezentralen Batterien» verwendet. Was versteht man darunter? Es handelt sich um Batterien unterschiedlicher Grösse, die in Häusern oder Quartieren installiert werden und in der Lage sind, überschüssigen Strom zu speichern und bei Bedarf wieder abzugeben. Der Wirkungsgrad solcher Batterien liegt bei 90 Prozent.

Prototypen sind bereits auf dem Markt und werden vor allem in Einfamilienhäusern zusammen mit Photovoltaikanlagen (PV) verwendet, um den Solarstrom zu speichern, der nicht sofort verbraucht wird. Die Batterien stehen meist im Keller, sind ungefähr 30 bis 60 Kilogramm schwer und nicht grösser als eine kleine Waschmaschine. Allerdings sind sie noch ziemlich teuer: Eine Batterie für 1 Stunde Speicherung der PV-Spitzenleistung (ein vernünftiger Wert) kostet momentan etwa gleich viel wie die PV-Anlage auf dem Dach, das sind bei einem durchschnittlichen Einfamilienhaus ungefähr 10 000 Franken. In fünf bis sieben Jahren werden die Preise meiner Meinung nach aber deutlich tiefer sein und nur noch ein Drittel oder ein Viertel der PV-Kosten ausmachen. Dies deshalb, weil sich der Prototypenmarkt zur Serie entwickelt. Die wachsende Elektromobilität beschleunigt den Preiszerfall zusätzlich.

Die Quartierbatterie, zusammengesetzt aus einer Serie von Einzelbatterien, füllt einen ganzen Container. Sie kann Elektrizitätsgesellschaften dabei helfen, Schwankungen in der Stromversorgung eines Wohngebiets auszugleichen. Speicher dieser Dimension werden von Firmen wie ABB entwickelt und kosten bis zu 1 Million Franken.

Für Hausbesitzer wird die Kombination Photovoltaik/Batterie vor allem dann interessant, wenn sie von den kurzfristigen Schwankungen des Strompreises profitieren können. Der Computer eines «intelligenten Hauses» fragt dann im Netz permanent den Strompreis ab. Bei hohen Preisen bezieht der Haushalt seine Energie aus der Batterie im Keller, bei günstigen Preisen nimmt er den Strom aus dem Netz und lädt die Batterie wieder auf. Heute ist das System noch starr: Die Elektrizitätswerke (Netzbetreiber) bieten den Kleinkunden nur einen Hoch- und einen Niedertarif an.

Abb. 34: Stromerzeugung/-verbrauch während einer Sommerwoche im Szenario «Erneuerbar plus Batterie»

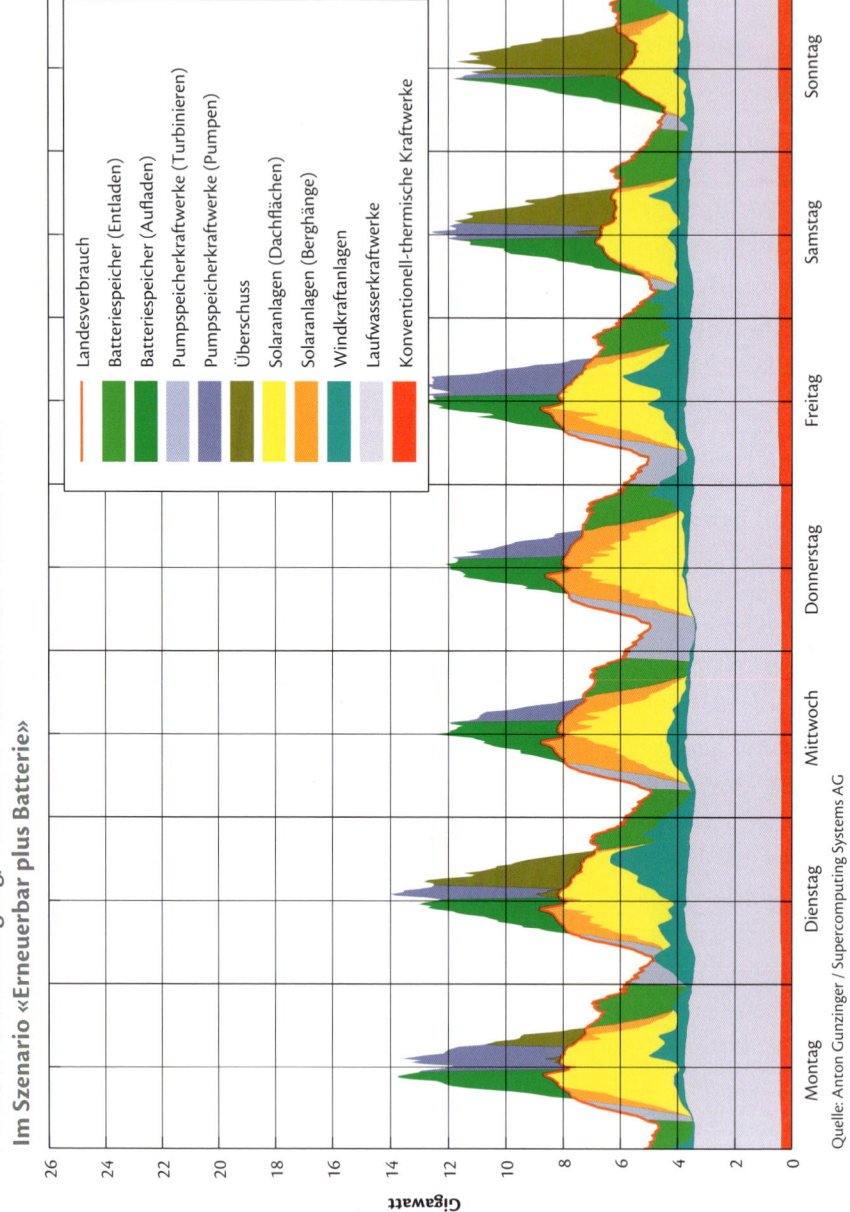

Legende:
- Landesverbrauch
- Batteriespeicher (Entladen)
- Batteriespeicher (Aufladen)
- Pumpspeicherkraftwerke (Turbinieren)
- Pumpspeicherkraftwerke (Pumpen)
- Überschuss
- Solaranlagen (Dachflächen)
- Solaranlagen (Berghänge)
- Windkraftanlagen
- Laufwasserkraftwerke
- Konventionell-thermische Kraftwerke

Quelle: Anton Gunzinger / Supercomputing Systems AG

154 Intelligent: dezentrale Batterien und Lastverschiebung

Hausbesitzer mit einer PV-Anlage auf dem Dach, einer Batterie im Keller und einem Hauscomputer zur intelligenten Steuerung sind in einem dynamischen Strommarkt gleichzeitig Verbraucher, Produzenten für den Eigenbedarf und Händler, wenn sie ihre überschüssige Energie ins Netz einspeisen und verkaufen könnten. Natürlich wäre dieses System technisch deutlich komplexer als das heutige, aber auch effizienter – ein Eldorado für Ingenieure.

Wie stark sich die dezentrale Batterie verbreiten wird, hängt nicht nur von der Preisentwicklung ab, sondern auch von den Rahmenbedingungen, die die Politik vorgibt: Wird die Anschaffung subventioniert? Können in absehbarer Zeit auch die Kleinkunden von der Preisdynamik auf dem Strommarkt profitieren? Und werden die Gebühren (Netzkosten) so festgelegt, dass sie eher abschreckend wirken oder zu Investitionen anregen?

Die Vorteile dezentraler Batterien sind unbestritten: Indem sie überschüssigen Strom aus der Solar- und Windproduktion auffangen, stabilisieren sie die Stromversorgung. Dazu verringern sie die Netzbelastungen und Netzverluste. Allerdings werden auch die Einnahmen der Elektrizitätswerke sinken, wenn in der Schweiz Zehntausende von Hausbesitzern ihren eigenen Strom produzieren und Energie in Batterien speichern. Die hohen Kosten für die Infrastruktur und den Betrieb des Leitungsnetzes bleiben aber bestehen und müssen von den Netzbetreibern getragen werden. Die Politik muss deshalb mit einem geeigneten Preismodell dafür sorgen, dass auch die Photovoltaik- und Batterienutzer einen fairen Kostenanteil am Netz und den nach wie vor benötigten Dienstleistungen der Elektrizitätswerke übernehmen.

Die Abbildung 34 verdeutlicht, wie sich der Einsatz von dezentralen Batterien (Kurzzeitspeichern) in einer typischen Sommerwoche auf die Energieproduktion auswirkt. Am Tag, wenn viel Solarstrom zur Verfügung steht, laden sich die Batterien auf und «verbrauchen» dabei Strom (Flächen über der roten Kurve). In der Nacht treten die Batterien als Stromproduzenten auf und geben die gespeicherte Energie wieder ab.

Wenn wir davon ausgehen, dass künftig zu jeder Photovoltaikanlage auf einem Hausdach eine Batterie im Keller gehört, die in der Lage ist, wenigstens eine Stunde lang die volle Leistung der PV-Anlage abzugeben, ergäbe das für die

Schweiz eine Batteriekapazität von 13,2 Gigawattstunden. Daraus leitet sich die nachstehende, ausgeglichene Energiebilanz ab.

Energiebilanz «Solar, Wind, Biomasse und dezentrale Batterien»

Stromproduktion				Stromverbrauch			
	Sommer	Winter	TWh/Jahr		Sommer	Winter	TWh/Jahr
Solar Dach	5.59	2.56	8.15	Endverbraucher	27.14	32.86	60.00
Solar Berg	6.60	4.48	11.08	Pumpspeicher*	2.01	0.18	2.20
Wind	2.54	2.85	5.40	Batteriespeicher	2.42	0.83	3.25
Biomasse	0.50	3.85	4.34	Netzverluste	1.50	1.76	3.26
Batteriespeicher	2.18	0.75	2.94	Waste**	0.68	0.00	0.68
Laufwasser	10.82	5.88	16.70				
Speicherseen	2.07	13.26	15.34				
Thermisch	1.94	1.76	3.70				
Pumpspeicher*	1.51	0.24	1.75				
Total	33.75	35.64	**69.39**	**Total**	33.75	35.64	**69.39**
Fazit: Die Jahresproduktion deckt den Jahresverbrauch.							

* Pumpspeicherwerke sind sowohl Stromproduzenten (im Turbinenbetrieb) als auch Stromverbraucher (im Pumpbetrieb).
** Waste = überschüssiger, nicht verwendbarer Strom.

Im Vergleich mit dem vorangehenden Szenario «Solar, Wind und Biomasse» fällt auf, dass die Batteriespeicher den Pumpspeicherwerken Arbeit abnehmen, was logisch ist, weil beide im Grunde genommen dieselbe Aufgabe erfüllen: überschüssige Energie kurzzeitig speichern und bei Bedarf wieder ins Netz abgeben. Die Pumpspeicher müssen unter diesen Umständen nur noch 1,75 statt 4.33 Terawattstunden produzieren, um die Energiebilanz ausgeglichen zu halten. Der Strompreis liegt mit 17,2 Rappen pro Kilowattstunde geringfügig höher, weil die Batterien (noch) relativ teuer sind.

Lastverschiebung als Alternative oder Ergänzung
Nebst den dezentralen Batterien gibt es eine weitere Möglichkeit, den vorhandenen Strom effizienter zu nutzen: mittels Lastverschiebung. Das bedeutet beispielsweise, dass man die Waschmaschine oder den Tumbler nicht ausgerechnet dann startet, wenn der Strom knapp und damit teuer ist. Man drückt stattdessen die Taste «Bestpreismodus», worauf der Hauscomputer die Maschine erst bei tieferen Preisen in Gang setzt, beispielsweise um 14.30 Uhr. Auch der Boiler heizt sich nur noch dann auf, wenn billiger Strom zur Verfügung steht. Nebst diesen Geräten eignen sich auch Wärmepumpen oder die Batterien von Elektroautos für Lastverschiebungen. Der Verband Schweizerischer Elektrizitätsunternehmen (VSE) geht davon aus, dass sich während eines Tages etwa 5 Prozent des Stromverbrauchs ohne Beeinträchtigung des Komforts verschieben lassen.
Weil die Speicher in Form der genannten Geräte bereits vorhanden sind, werden im Szenario Lastverschiebung keine zusätzlichen Installationen nötig, was den Strompreis auf 16,7 Rappen pro KWh drücken würde. Benötigt wird indessen Computerintelligenz, um die vorhandenen Speichermedien so zu steuern, dass sie Tiefpreisphasen erkennen und ausnützen können. Solche Systeme gibt es bereits, und sie werden zügig weiterentwickelt.

Fazit: Sowohl dezentrale Batterien als auch Lastverschiebungen eignen sich vorzüglich, um Stromüberschüsse aufzufangen, Netzbelastungen und Netzverluste zu reduzieren und das Energieversorgungssystem insgesamt stabiler zu machen. Die beiden Ansätze lassen sich beliebig kombinieren. Wie stark sich die dezentrale Stromspeicherung durchsetzen wird, hängt stark von den Rahmenbedingungen ab, die die Politiker festlegen.

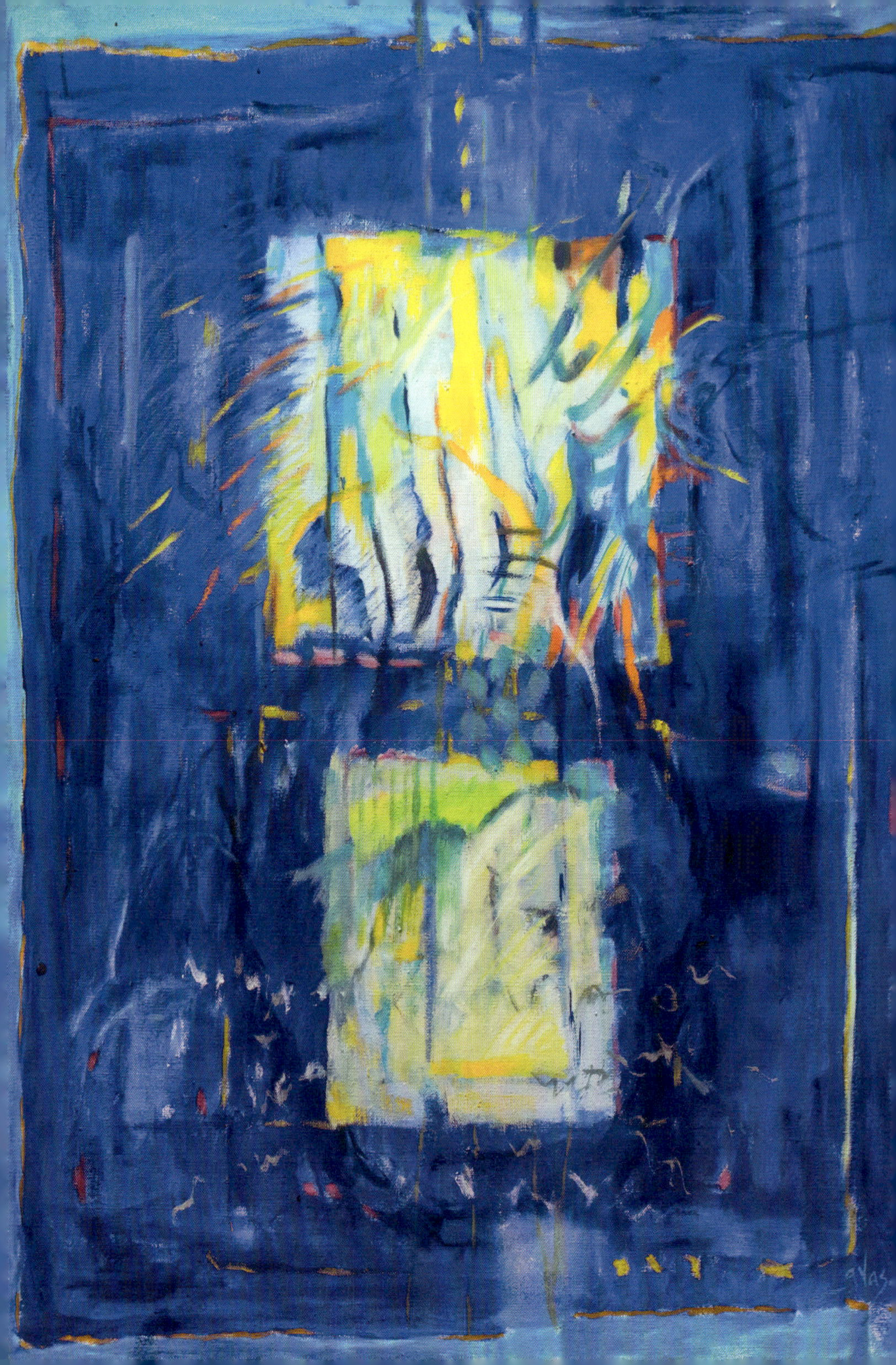

19. Stromautarkie – oder Abhängigkeit vom Ausland?

Am 21. Mai 2017 hat das Volk die Energiestrategie 2050 des Bundes nach einem harten Abstimmungskampf deutlich mit 58,2 Prozent Ja-Stimmen gutgeheissen. Es hat sich dafür ausgesprochen, den Energieverbrauch zu senken, die Energieeffizienz zu erhöhen, die erneuerbaren Energien zu fördern, den Bau neuer Atomkraftwerke zu verbieten und den Betrieb der alten nur so lange zu gestatten, als diese sicher sind. Diese Massnahmen sollen es der Schweiz ermöglichen, die Abhängigkeit von importierten fossilen Energien zu reduzieren, die einheimischen erneuerbaren Energien (Wasser, Sonne, Wind, Biomasse) zu stärken und dank Investitionsanreizen neue, qualifizierte Arbeitsplätze im Inland zu schaffen. Konkret geht es darum, folgende Ziele zu erreichen:

Energieverbrauch senken: Die Schweizer Bevölkerung soll bis zum Jahr 2035 ein Drittel weniger Energie verbrauchen als im Jahr 2000. Ab 2020 soll der Stromverbrauch pro Kopf sinken.

Erneuerbare Energien ausbauen und fördern: Die Jahresproduktion der Wasserkraft soll bis zum Jahr 2050 von rund 36 Terawattstunden auf über 40 TWh ausgebaut werden. Es sollen zusätzliche finanzielle Mittel in die Erschliessung erneuerbarer Energien fliessen (Sonne, Holz, Biomasse, Wind, Geothermie, Umgebungswärme). Photovoltaikanlagen sollen zunächst nur im Rahmen jährlicher Kontingente erstellt werden können, damit kein Überangebot an Solarstrom entsteht. Für kleine PV-Anlagen unter 10 Kilowatt Leistung will der Bund statt Einspeisevergütungen einen einmaligen Beitrag in Höhe von 30 Prozent der Investitionskosten zahlen.

Relativierter Landschaftsschutz: Die Kantone sollen Gebiete ausscheiden, in denen Anlagen zur Erzeugung von erneuerbarer Energie gebaut werden können, beispielsweise Solar- oder Windparks. Das nationale Interesse am Bau solcher Anlagen soll gleich hoch gewichtet werden wie die Interessen des Umwelt- und Landschaftsschutzes.

Effizienz steigern: Neue Gebäude sollen sich ab 2020 möglichst selbst mit Strom und Wärme versorgen. Die energetische Sanierung von Altbauten soll stärker subventioniert werden. Dazu sollen die Abgasvorschriften für neue Personenwagen in Übereinstimmung mit den EU-Richtlinien sukzessive verschärft werden.

Stromnetze ausbauen: Das Schweizer Stromnetz soll schrittweise modernisiert und ausgebaut werden. Die Möglichkeiten für Einsprachen gegen den Bau von Stromanlagen sollen beschränkt werden.

Insgesamt rechnet der Bundesrat für die Energiewende mit rund 30 Milliarden Franken Mehraufwand, etwa so viel, wie man auch für drei neue Kernkraftwerke bezahlen müsste (weitere 30 Milliarden dürften der Bau und Betrieb eines Endlagers kosten). Die Regierung geht mittelfristig davon aus, dass die Stromkosten für die Haushalte um 20 bis 30 Prozent steigen werden, was allerdings auch in einem «Weiter-wie-bisher-Szenario» mit neuen KKW der Fall gewesen wäre. Ausserdem glaubt der Bundesrat, dass die Schweiz bis 2020 ein Gaskraftwerk benötigt und später möglicherweise noch weitere, um den Strombedarf zu decken.

Geprüft – und nicht für gut genug befunden

Für die Energiewende lagen nebst diversen Szenarien des Bundes auch solche des Verbands Schweizerischer Elektrizitätsunternehmen (VSE) sowie von swisscleantech und Greenpeace vor. Wir haben vor der Abstimmung sämtliche Varianten auf die Frage überprüft, wie unabhängig vom Ausland unsere Stromversorgung wäre. Zu diesem Zweck haben wir auf unseren Computern alle Szenarien des Bundes und des VSE sowie unsere eigenen Modelle unter verschiedenen meteorologischen Bedingungen simuliert und dabei die Wasserstandszahlen von 2006 bis 2012 sowie gute, mittlere und schlechte Sonnen- und Windverhältnisse mit einberechnet.

Die Ergebnisse liessen an Deutlichkeit nichts zu wünschen übrig: Eine permanent autarke Energieversorgung, wie sie mir vorschwebt, lässt sich weder mit den Szenarien des Bundes noch mit jenen des VSE erreichen. Die Schweiz wäre in jedem Fall auf Stromimporte angewiesen. Autarkie ist laut unseren Berechnungen jedoch mit einigen Modellen möglich, wie wir sie vorschlagen: Zum Beispiel mit der Kombination von Solarstrom, Windkraft und Biomasse. Oder mit der Kombination von Solarstrom, Windkraft, Biomasse und dezentralen Batterien. Oder mit der Kombination von Solarstrom, Windkraft, Biomasse und Lastverschiebung.

Befürworter der Kernkraft behaupteten im Abstimmungskampf, dass sich die Schweiz nur mit neuen Kernkraftwerken unabhängig vom Ausland mit Energie versorgen könne. Das stimmt so nicht, denn wir produzieren den Atomstrom zwar in der Schweiz, beziehen die Energie aber in Form von Uran aus dem Ausland. Da kann man nicht von Selbstversorgung sprechen.

Dass unsere Modelle unabhängig vom Ausland funktionieren, hängt vor allem mit der dynamischeren Nutzung der Speicherseen zusammen (Abb. 35 und 36). Vor Jahren galten für diese Seen sture Fahrpläne: Im Sommer bei niedrigem Energieverbrauch füllen, im Winter bei hohem Energieverbrauch leeren. Heute sind wir in der Lage, die gespeicherte Energie der Stauseen je nach Wetterlage kurzfristig zu nutzen.

Dass wir diesbezüglich grosse Fortschritte erzielt haben, belegt folgende Anekdote. Grosse Speicherseekraftwerke haben meist mehrere Eigentümer: Energiekonzerne wie die Axpo oder Alpiq, dazu kantonale und städtische Elektrizitätswerke. Noch vor wenigen Jahren schaute jeder für sich. Die einen sagten: «Wir wollen heute Strom produzieren.» Die andern sagten: «Wir möchten lieber Wasser hochpumpen.» So schoss in drei Röhren Wasser talwärts, während ein Teileigentümer in der vierten Röhre Wasser hochpumpte. Es dauerte eine Weile, bis man den ökonomischen Unsinn dieser Vorgehensweise erkannte und eine Software darüber entscheiden liess, ob es lohnender war, gemeinsam zu turbinieren oder gemeinsam zu pumpen.

«Flatterstrom» ist kein Problem
Es gibt Experten, die die Energie aus Photovoltaik und Windkraft etwas abschätzig als «Flatterstrom» bezeichnen. Dieser könne für die Netzstabilität und damit für die Versorgungssicherheit ebenso «tödlich» sein wie ein «Flatter-Blutdruck» für den Menschen. Da bin ich dezidiert anderer Meinung. Wenn die KKW-Bandenergie durch erneuerbare Energie ersetzt wird, werden unsere Stauseen und Pumpspeicherwerke mit den höheren Schwankungen fertig. Gemäss unseren Simulationen können sie die permanent auftretenden Differenzen zwischen Produktion und Verbrauch mit einem dynamischeren Betrieb problemlos ausgleichen. In den Sommermonaten, wenn viel Solarenergie anfällt, können sie sogar Pause machen.

Fazit aus allen Szenarien: Wir haben die Möglichkeit, den Strombedarf unseres Landes zu 100 Prozent mit erneuerbarer Energie zu decken. Dabei können

Abb. 35: **Die alte Einsatzstrategie der Speicherseen
Starr nach Fahrplan im Szenario «Weiter wie bisher»**

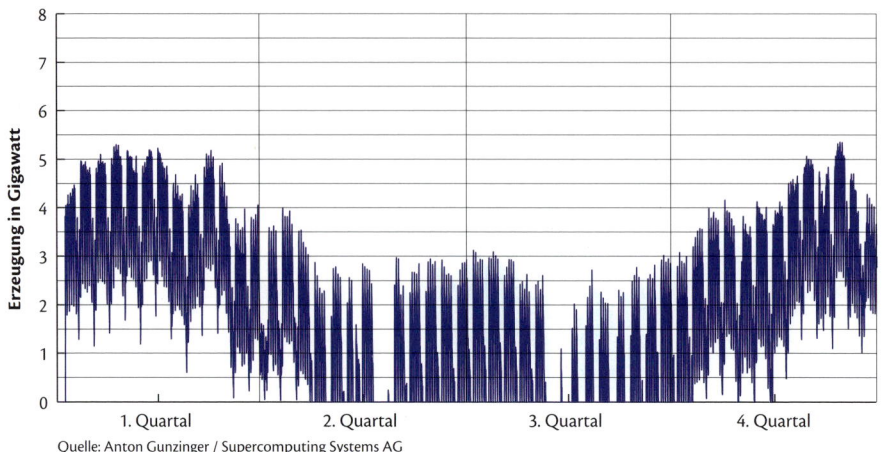

Quelle: Anton Gunzinger / Supercomputing Systems AG

Abb. 36: **Die neue Einsatzstrategie der Speicherseen
Flexibel nach Bedarf im Szenario «Erneuerbar plus Batterie»**

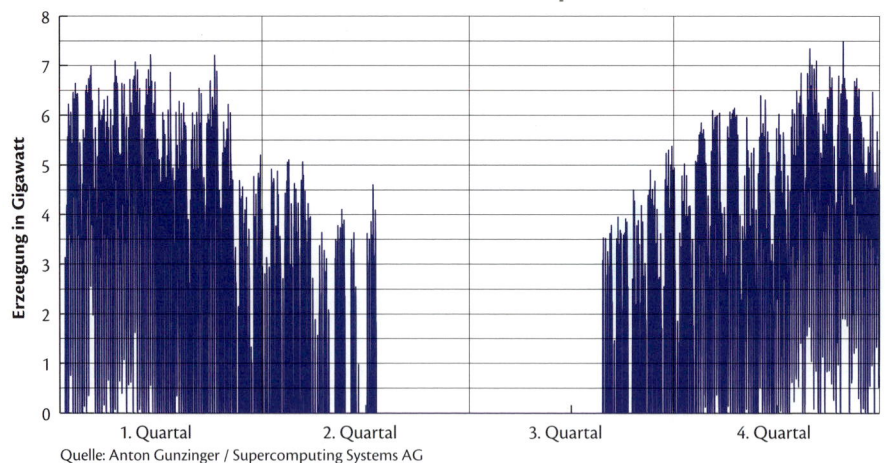

Quelle: Anton Gunzinger / Supercomputing Systems AG

wir die Leistung aus Wasserkraft, Solar-, Windstrom und Biomasse kombinieren und die Stromversorgung mit dezentralen Batterien und/oder Lastverschiebungen optimieren. Es liegt an den Politikern, über den optimalen Energiemix zu entscheiden.

Die ersten konkreten Massnahmen
Auf seiner Website listet das Eidgenössische Departement für Umwelt, Verkehr, Energie und Kommunikation (UVEK) unter anderem folgende Massnahmen auf, die in den Jahren 2020 bis 2035 auf der Basis der Richtwerte für den Energie- und Stromverbrauch umgesetzt werden sollen:

- Die heutigen mechanischen Stromzähler in den Haushalten sollen durch intelligente Messgeräte (SmartMeter) ersetzt werden. Die genaueren Daten ermöglichen eine effizientere Versorgung und Stromeinsparungen. Das Gesetz regelt den Datenschutz *(siehe auch Kapitel 22: Ein SmartMeter für jeden Haushalt)*.
- Produzenten von Strom aus erneuerbaren Energien müssen ihren Strom neu ab einer bestimmten Anlagengrösse selbst vermarkten.
- Der Netzzuschlag für die Förderung der Stromproduktion aus erneuerbaren Energien, für die Energieeffizienz und für die ökologische Sanierung von Wasserkraftwerken wird von 1,5 auf 2,3 Rappen pro Kilowattstunde erhöht.
- Die Nutzung erneuerbarer Energien und ihr Ausbau gelten künftig wie der Natur- und der Heimatschutz als nationale Interessen.
- Für Anlagen zur Nutzung erneuerbarer Energien haben die Kantone rasche Bewilligungsverfahren vorzusehen. Zudem entscheidet das Bundesgericht bei Plangenehmigungen für elektrische Anlagen nur noch, wenn sich eine Frage von grundsätzlicher Bedeutung stellt, nicht mehr in Fällen von untergeordneter Bedeutung.
- Wer selber Energie produziert, darf diese selber verbrauchen. Künftig können auch benachbarte Grundeigentümerinnen und -eigentümer sowie Mieterinnen und Mieter davon profitieren.

CH – EU – Welt

**Wollen
wir energie-unabhängig
sein**

können?

20. Die Schweiz und der europäische Strommarkt

Wegen ihrer Lage mitten in Europa ist die Schweiz ein Transitland, sei es beim Strassen- oder im Schienenverkehr. Es fliesst aber auch viel ausländischer Strom durch unsere Hochspannungsnetze, vor allem nach Italien, das keine eigenen Atomkraftwerke besitzt und deshalb grosse Mengen Elektrizität importiert.

Im europäischen Strommarkt, der seit 2007 schrittweise liberalisiert wird, können die Konsumenten selbst entscheiden, welche Sorte Strom sie von welchem Anbieter aus welchem EU-Land beziehen wollen. Auch die Schweiz steckt mitten im Liberalisierungsprozess, denn sie möchte gleichberechtigtes Mitglied der Stromgemeinschaft werden. Nach den grossen Firmen sollen ab 2018 auch die Schweizer Kleinkonsumenten frei aus Angeboten auf dem europäischen Strommarkt wählen können.

Ich begrüsse diese Marktöffnung, denn sie sorgt dafür, dass in Europa die Anbieter erneuerbarer Energien mit potenziellen Abnehmern zusammengeführt werden. Dabei sollte dem Umweltschutz aber deutlich mehr Beachtung geschenkt werden. Aus meiner Sicht ist es ein Schritt in die richtige Richtung, wenn die Energiekommission des Nationalrats erwägt, Billigstrom aus deutschen Kohlekraftwerken künstlich zu verteuern. Strom aus Kohle ist «schmutzig» und belastet die Umwelt massiv mit CO_2; die dadurch verursachten Kosten müssten auf den Strompreis geschlagen werden.

Leider muss man feststellen, dass solche CO_2-Schleudern weltweit nach wie vor in grossem Stil ans Netz gehen. Wissenschaftler der University of California und der Princeton University haben im Fachblatt «Environmental Research Letters» geschrieben, dass zwischen 2010 und 2012 die globale Kapazität von Kohlekraftwerken um 89 Gigawatt pro Jahr zugenommen habe, 23 GW mehr als in der Zeit von 2000 bis 2009 und gar 56 GW mehr als zwischen 1990 und 1999. Allein die Kohlekraftwerke, die 2012 neu aufgeschaltet worden sind, sollen laut dem Fachblatt über ihre gesamte Betriebsdauer von 40 Jahren insgesamt 19 Milliarden Tonnen CO_2 freisetzen. Der Boom ist dadurch zu erklären, dass Kohlenstrom sehr günstig ist, vor allem auch deshalb, weil der Kohlenabbau in vielen Ländern staatlich subventioniert wird.

Umso erstrebenswerter wäre es, wenn sich die Schweiz nach der Energiewende selbst mit erneuerbarem, sauberem Strom versorgen könnte. Als Selbstversorgerin wäre sie unabhängig und politisch nicht erpressbar. Wirtschaftlich könnte sie aus einer Position der Stärke agieren, indem sie selbst bestimmt, wann sie auf dem europäischen Markt Strom bezieht und wann sie welchen anbietet. Bei einem Handelsgeschäft bestimmt normalerweise der Stärkere, Unabhängigere den Preis.

Was die Stromautarkie angeht, möchte ich einen Vergleich mit dem Eigenkapital der Unternehmen ziehen. Die Grossbanken glaubten, mit einem Eigenkapital von einigen wenigen Prozent durchzukommen. In der Finanzkrise genügte dieses dünne Polster nicht; viele Staaten mussten eine ganze Reihe in Not geratener Institute vor dem Zusammenbruch retten. Kleinere und mittlere Unternehmen (KMU) halten traditionell 30 bis 50 Prozent Eigenkapital. Das schmälert zwar die Eigenkapitalrendite, schafft aber Sicherheit und finanzielle Unabhängigkeit, besonders in Krisenzeiten. Wenn einem das Wasser bis zum Hals steht und unverhofft eine Welle kommt, sind die Auswirkungen viel gravierender, als wenn einem das Wasser nur bis zum Gürtel reicht. Das gilt auch für das Energieland Schweiz: Wenn wir uns selbst mit Strom versorgen, beeinträchtigen uns die absehbaren Turbulenzen auf dem Strommarkt viel weniger. Dabei geht es mir nicht um eine Abschottung von Europa, im Gegenteil: Ich möchte, dass die Schweiz auch in Zukunft Stromhandel treibt und dabei möglichst viel Geld verdient.

Gewinne sind weiterhin möglich
Die blaue Kurve in der Abbildung 37 zeigt den Füllstand der Speicherseen übers Jahr 2010 hinweg. Bei autarkem Betrieb (grüne Kurve) würde deutlich mehr Wasser gestaut; die Speicherseen würden sogar überlaufen und das Wasser ungenutzt zu Tal fliessen. Diese überschüssige Energie könnte man ins Ausland verkaufen. Wichtig ist, dass die Stauseen nach einer Füll- und Entleerungsperiode wieder ungefähr gleich viel Wasser enthalten, denn sie dürfen nicht austrocknen.

In unserer Simulation haben wir durchgerechnet, wie viel Geld die Schweiz nach der Energiewende mit geschicktem Exportmanagement verdienen könnte.

Abb. 37: Füllstand der Speicherseen Inselbetrachtung

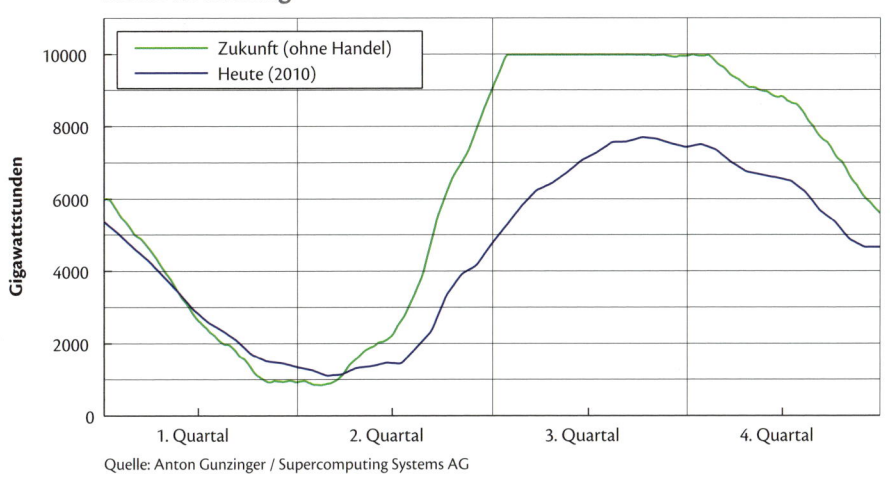

[Diagramm: Füllstand (Gigawattstunden) über 1. bis 4. Quartal; Kurven "Zukunft (ohne Handel)" und "Heute (2010)"]

Quelle: Anton Gunzinger / Supercomputing Systems AG

Unsere Handelsstrategie ist klar: Im Sommerhalbjahr nutzen wir das Wasser, das überlaufen würde, und exportieren den Strom zu höchstmöglichen Preisen. Im Winterhalbjahr exportieren wir dann, wenn die europäischen Marktpreise hoch sind – und entleeren dabei die Stauseen teilweise. Sobald die Marktpreise sinken, importieren wir Strom für den Eigenverbrauch oder pumpen damit Wasser in die Pumpspeicher. Für diesen dynamischen Betrieb müssten einige Stauseen mit einem zusätzlichen unteren Ausgleichsbecken versehen werden, damit der Abfluss reguliert werden kann und sich keine Wasserschwälle in die Flüsse ergiessen. Ausserdem müssten sämtliche Pumpspeicherwerke in der Lage sein, im 15-Minuten-Takt von Stromerzeugung (turbinieren) auf Stromverbrauch (pumpen) umzustellen. Dies bedingt vor allem eine Erneuerung der Steuerung, was keine grossen Kosten verursacht, sondern nur eine marginale Anpassung des Maschinenparks *(Diagramme zum dynamischen Einsatz von Speicher- und Pumpspeicherseen in Anhang A 23).*

Weil wir nicht wissen, wie sich die Strompreise unter dem zunehmenden Einfluss von Photovoltaik und Windkraft entwickeln werden, haben wir bei unseren Berechnungen jene Preise verwendet, die 2012 auf der führenden europäischen Strombörse EEX erzielt worden sind. In der Abbildung 38 sind sie blau markiert.

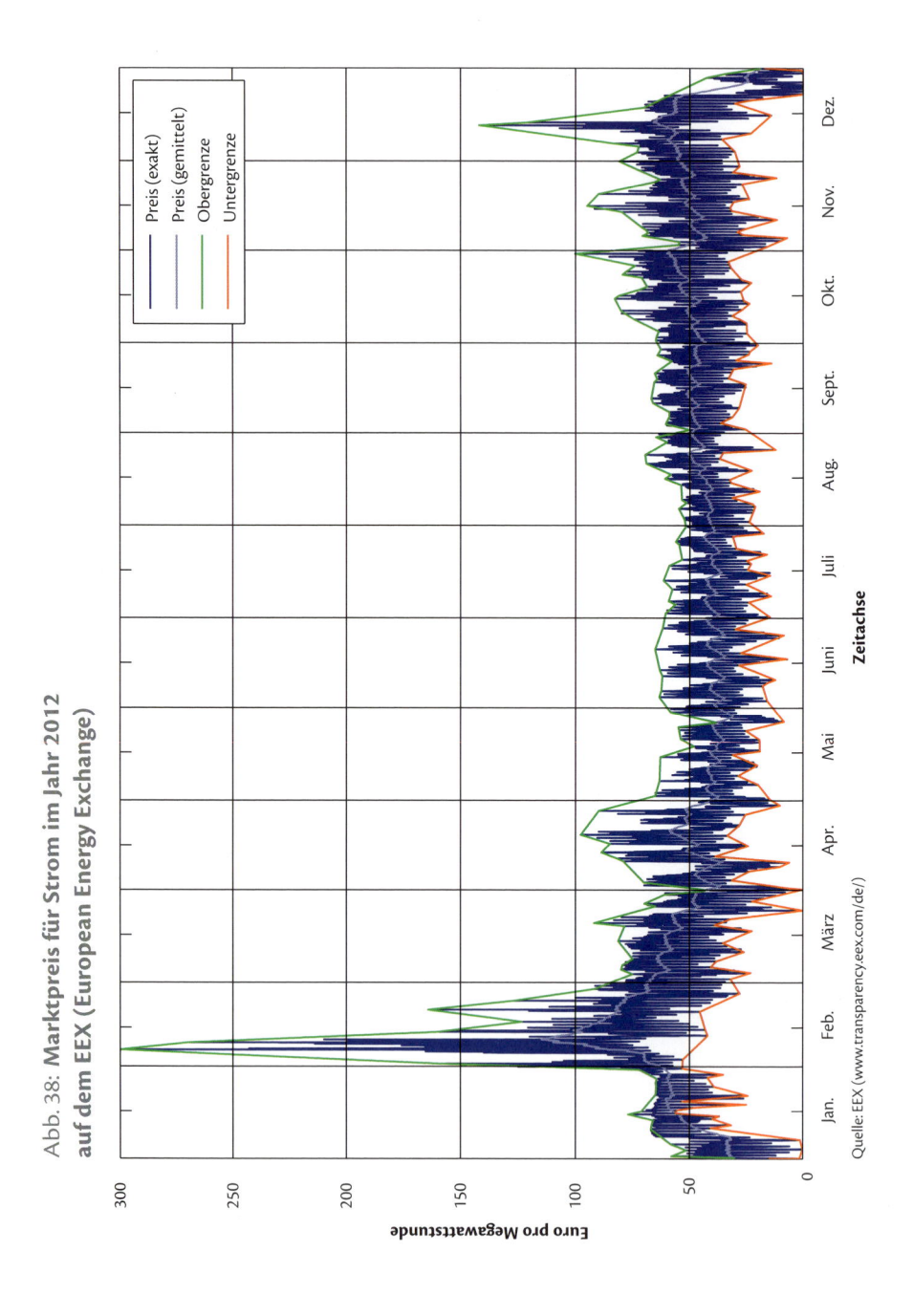

Abb. 38: **Marktpreis für Strom im Jahr 2012 auf dem EEX (European Energy Exchange)**

Quelle: EEX (www.transparency.eex.com/de/)

168 Die Schweiz und der europäische Strommarkt

Man kann gut erkennen, dass es bessere und schlechtere Phasen gab, um mit Strom zu handeln. Die Preise pro Megawattstunde waren vor der Schneeschmelze mehr als dreimal so hoch wie in den übrigen Monaten. Wer im Februar Strom verkaufen konnte, machte ein Bombengeschäft, wer ausgerechnet dann welchen beziehen musste, wurde arg zur Kasse gebeten. Aber auch in den übrigen Monaten differierten die Maximal- und Minimalpreise derart, dass gewiefte Händler schöne Gewinne erzielen konnten.

Unsere Simulation hat ergeben, dass die Schweiz unter idealen Bedingungen auch nach der Energiewende im Schnitt einen Handelsüberschuss von durchschnittlich 620 Millionen Euro pro Jahr erzielen könnte (*Berechnung in Anhang A 24*). Gemessen am jährlichen Elektrizitätsenergieumsatz von rund 5 Milliarden Franken (ohne Netzkosten) wäre das ein substanzieller Zustupf.

Stromkonzerne müssen den Strukturwandel bewältigen
Welche Folgen hätte die Autarkie für die Schweizer Stromproduzenten? Ich sehe vor allem Vorteile, weil sich der Unabhängige auf dem Markt immer in der stärkeren Position befindet. Die Herausforderung besteht darin, den Strom zu konkurrenzfähigen Preisen zu produzieren und anzubieten. Das ist insofern nicht einfach, weil etliche Stromkonzerne immer noch damit beschäftigt sind, verlustreiche Investitionen im Ausland zu verdauen. Die Wirtschaftskrise im Jahr 2008 hatte ihnen einen Strich durch die Rechnung gemacht: Der erwartete Anstieg beim Stromverbrauch blieb aus und damit auch das grosse Geschäft mit den Firmenbeteiligungen jenseits der Landesgrenzen. Die Situation verschärfte sich, als auch noch die Preise erodierten, weil subventionierte Anbieter von Photovoltaik und Windkraft auf den Markt kamen. Es hilft nun nichts, diese Entwicklungen zu beklagen. Die Preise auf dem europäischen Markt werden weiter fallen. Mit diesem Strukturwandel, der auch Arbeitsstellen kosten wird, müssen die Schweizer Stromkonzerne fertig werden.

Eine andere Frage ist, wer die Stromkosten künftig zu welchen Teilen trägt. Während die reinen Herstellungskosten gesunken sind, hat die Politik über die Tarifgestaltung für eine finanzielle Benachteiligung der Kleinverbraucher gesorgt. Davon profitieren die sogenannten Grossverbraucher, beispielsweise industrielle Betriebe. Aus meiner Sicht ist das kein gerechtes Preissystem. Migros und Coop verbrauchen zwar gewaltige Mengen Strom, doch der Kostenanteil der Energie an ihrem Umsatz beträgt nicht einmal ein Prozent. Aus meiner Sicht ist es nicht nötig, solche Betriebe mit tiefen Strompreisen zu entlasten. Man sollte nur jenen Firmen Rabatte gewähren, bei denen der Kostenanteil über der 5-Prozent-Grenze liegt, beispielsweise in der Galvanisierungstechnik. Hohe Strompreise treffen solche Betriebe, von denen es in der Schweiz höchstens 100 bis 200 gibt, mit voller Härte. Allen andern könnten höhere Strompreise zugemutet werden.

Eine weitere Frage ist, ob die Anreize für die Stromkonzerne genügend gross sind, im Inland Solar- und Windkraftanlagen aufzustellen. Die Zürcher Elektrizitätswerke (ewz) wollen beispielsweise ihr Stromangebot aus Wind- und Sonnenenergie massiv ausbauen. Die Investitionen sollen aber hauptsächlich im Ausland getätigt werden, vor allem in Wind- und Solarparks in Frankreich und Deutschland, wo mehr Raum zur Verfügung steht und die Widerstände gegen solche Projekte kleiner sind als bei uns. In der Schweiz sind die administrativen Hürden für den Bau von Solaranlagen und Windparks tatsächlich höher, beispielsweise aus Gründen des Landschaftsschutzes. Windanlagen auf der gut dafür geeigneten ersten Jurakette würden mit Sicherheit auf politischen Widerstand stossen. Mit ihrer Haltung zu dieser Technologie, die zur Erzeugung von erneuerbaren Energien nötig ist, entscheidet die Bevölkerung letztlich, ob die Schweiz nach der Energiewende auf eigenen Beinen stehen oder vom Ausland abhängig sein wird.

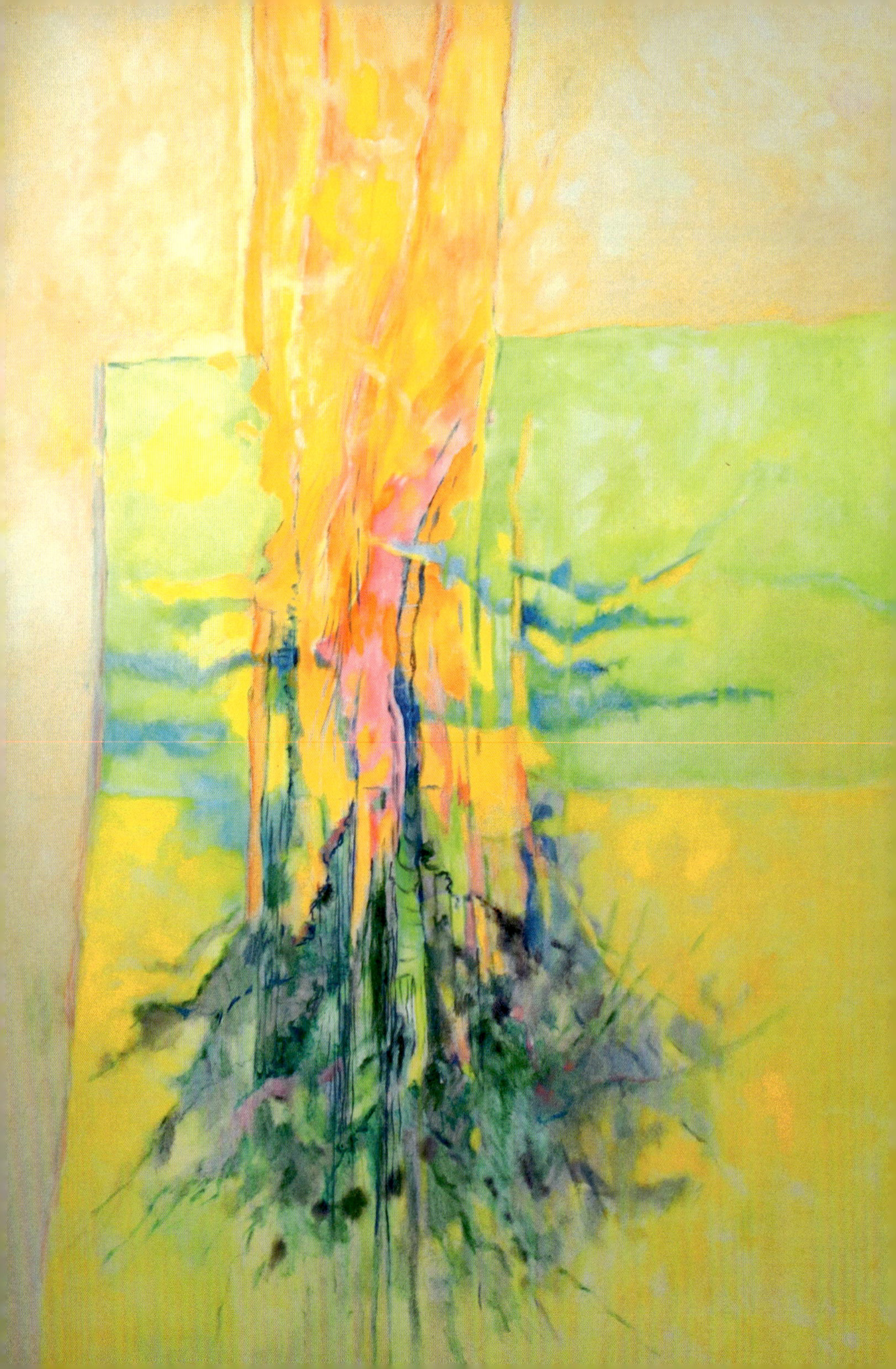

21. Unser Stromnetz ist für die Energiewende gut gerüstet

Das Schweizer Stromnetz ist ein Gemeingut. Es gibt nur eines, denn es wäre zu teuer, mehrere nebeneinander zu betreiben – ähnlich wie bei der Wasserversorgung, dem Schienen- oder dem Strassennetz. Die elektrischen Leitungen mit ihrer Gesamtlänge von 250 000 Kilometern verbinden die Produzenten mit den Konsumenten. Von den Gesamtkosten der Stromversorgung entfallen auf das Netz ziemlich genau 50 Prozent oder 4,5 Milliarden Franken pro Jahr. Finanziert wird dieser Betrag vor allem von den zahlreichen Kleinverbrauchern in den Haushalten und den Gewerbebetrieben. Sie konsumieren zusammen zwar «nur» 66 Prozent der Stromproduktion, zahlen aber 80 Prozent der Transportkosten. Mit 9 Rappen pro Kilowattstunde werden sie doppelt so stark belastet wie die Grossverbraucher, zu denen Verkehrs- und Industriebetriebe gehören.

Es liegt im volkswirtschaftlichen Interesse, dass die Kosten für die Verteilung des Stroms möglichst tief sind und das Netz gut unterhalten wird. Beim Transport soll möglichst wenig Energie verloren gehen. Perfekt wird das System nie sein. Einzelne Komponenten können ausfallen, das sollte aber nicht zu einem Stromausfall führen. Jeder Transport verursacht Verluste. Diese liegen beim elektrischen Netz bei 5 bis 7 Prozent.

Um die Verluste möglichst gering zu halten, wendet man einen Trick an. Eigentlich ist es gar kein Trick, sondern ein physikalischer Grundsatz: je höher die Spannung des transportierten Stroms, desto kleiner die Stromstärke und desto geringer die Transportverluste. Spannung und Stromstärke lassen sich mit Transformatoren fast beliebig erhöhen und reduzieren. Unser Stromnetz ist so konstruiert, dass die Spannung in den grossen Übertragungsleitungen hoch ist, was kleine Verluste zur Folge hat. Je mehr sich die Leitungen verästeln, desto geringer ist die Spannung. Während die grossen Überlandleitungen unter einer Spannung von bis zu 380 000 Volt stehen, hat der Strom, der zu Hause aus der Steckdose kommt, nur noch eine Spannung von 230 Volt.

In der Schweiz unterscheidet man sieben Netzebenen: das Höchst-, Hoch-, Mittel- und Niederspannungsnetz plus die drei Transformierungsebenen dazwischen. Das Höchstspannungsnetz transportiert den Strom von den Kraftwerken oder aus dem Ausland in die Nähe der Verbraucher. Verantwortlich dafür ist die nationale Netzgesellschaft Swissgrid, hinter der grosse Schweizer Elektrizitätsunternehmen wie Axpo, Alpiq oder die Bernischen Kraftwerke BKW stehen. Anschliessend wird der Strom transformiert und unter Hochspannung an kantonale, regionale und städtische Netzbetreiber (Elektrizitätswerke) sowie sehr grosse Industriebetriebe verteilt. Erneut transformiert, gelangt er über das Mittelspannungsnetz in Stadtquartiere, Dörfer sowie zu kleineren und mittleren Industriefirmen. Nach einer weiteren Transformation kommt der Strom schliesslich bei den Haushalten, in der Landwirtschaft und bei den Gewerbebetrieben an.

Interessant ist, wie sich die Netzkosten verteilen.

Ebene	Netztyp	Spannung	Installationen	Zeitwert	Kostenanteil
N1	Höchstspannung	220 bis 380 kV	1750 Mio. CHF	9,6 %	9,6 %
N2			154 Trafos (inkl. Reserve)	350 Mio. CHF	2,0 %
N3	Hochspannung	50 bis 150 kV	2 460 Mio. CHF	13,7 %	13,7 %
N4			2600 Trafos (inkl. Reserve)	1 140 Mio. CHF	6,3 %
N5	Mittelspannung	10 bis 35 kV	3 500 Mio. CHF	19,5 %	19,5 %
N6			53 000 Trafos (inkl. Res.)	1 740 Mio. CHF	9,7 %
N7	Niederspannung	230/400 Volt	153 000 Verteilkästen	7 050 Mio. CHF	39,2 %
Quelle: ElCom/SCS				17 990 Mio. CHF	100,0 %

Rund 75 Prozent der Kosten entfallen auf die Netzebenen N4 bis N7, also auf die regionalen und lokalen Verteilnetze in den Dörfern und Städten. Das liegt daran, dass auf der sogenannten «letzten Meile» Strassen aufgerissen werden müssen, um Leitungen zu verlegen, was mit hohem Aufwand verbunden ist. Wenn man im Rahmen der Energiewende am Schweizer Stromnetz Modifikationen vornehmen will, sollte man es unter allen Umständen vermeiden, die Ebenen N4 bis N7 «anzufassen», denn dort ist es am teuersten. Ich sage immer: Wenn es irgendwie geht, dann Hände weg vom Ausbau der unteren Ebenen!

Dass die Kleinverbraucher doppelt so viel für den Strom bezahlen müssen, rührt daher, dass sie ihren Strom aus dem Niederspannungsnetz beziehen (N7), während die Grossverbraucher mehrheitlich am Mittelspannungsnetz angeschlossen sind (N5). Die Verteilung der Netzkosten erfolgt also verursachergerecht.

Die Hierarchie lässt sich umkehren
Zunächst stellt sich die Grundsatzfrage, ob das bestehende Netz für die Energiewende überhaupt taugt. Die Architektur wurde ja für eine Zeit entworfen, in der der Strom ausschliesslich in eine Richtung floss: Von den Kraftwerken zu den Verbrauchern, also «top-down». Man spricht deshalb auch von einem «hierarchischen Netz». Künftig wird die Stromproduktion dezentralisiert sein. Die Energie kann von Hausbesitzern mit Photovoltaikanlagen, aus lokalen Windanlagen und aus Quartierbatterien «bottom-up» ins Netz eingespeist werden. Weil Verbraucher zugleich auch Stromerzeuger sein können, hat man aus «Produzent» und «Konsument» den Begriff «Prosumer» kreiert.

Die gute Botschaft lautet, dass unser Stromnetz für die Energiewende gut gerüstet ist. An der Architektur muss man nichts ändern. So, wie man ein Auto mittels Vorwärts- oder Rückwärtsgang in die gewünschte Richtung bewegen kann, lässt sich der Strom im Netz sowohl «top down» als auch «bottom up» transportieren: Man kann auf jeder Ebene Strom einspeisen und abzapfen. Die Herausforderung besteht darin, mit der hohen Dynamik umzugehen, die im System entsteht. Das ist vergleichbar mit dem Stadtverkehr, der komplizierter zu regeln ist als jener auf einer Autobahn. Im alten, hierarchischen Netz beschränkte sich das Management auf die Einhaltung eines ziemlich starren Fahrplans sowie auf manuelle Eingriffe in Notsituationen. Für die Netzarchitektur von morgen benötigt man intelligentes Netzmanagement. Diese Aufgabe kann nur ein computerisiertes System bewältigen.

Das «N-minus-eins-Problem»
Wie das alte System muss auch das neue mit dem sogenannten «N-minus-eins-Problem» fertig werden. Ich erkläre es an einem konkreten Beispiel: Die benachbarten Städte 1 und 2 haben je ein eigenes Kraftwerk, das eine leistet maximal 20 Megawatt, das andere maximal 15 MW. Wenn ein Generator aus-

fällt oder eine Stromleitung defekt ist, gehen in der betroffenen Stadt die Lichter aus. Weil das pro Jahr ungefähr ein halbes Dutzend Mal passiert, beschliessen die Politiker, zwei Verbindungsleitungen von je 30 Megawatt Kapazität zu verlegen, um die Städte zu vernetzen (Abb. 39).

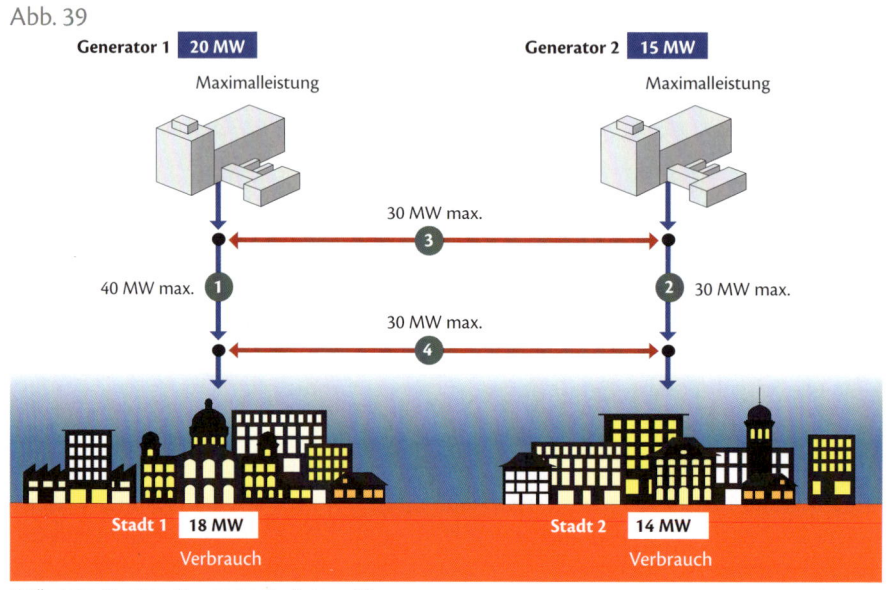

Abb. 39

Generator 1 20 MW — Maximalleistung
Generator 2 15 MW — Maximalleistung

30 MW max. ③
40 MW max. ①
30 MW max. ②
30 MW max. ④

Stadt 1 18 MW Verbrauch
Stadt 2 14 MW Verbrauch

Quelle: Anton Gunzinger / Supercomputing Systems AG

Zwar ereignet sich auch danach immer wieder mal eine Panne. Doch im Gegensatz zu früher fällt der Strom nicht mehr aus, was die Bewohner beider Städte freut.

Erste Panne, kein Problem: Im Mai kappt ein Bagger bei Strassenarbeiten die Verbindungsleitung 3. Egal, der Strom fliesst einfach durch die Leitungen 1 und 2, die mit 40 und 30 Megawatt genügend Kapazität haben. Wichtig ist, dass die beiden Kraftwerke zusammen exakt so viel Strom erzeugen, wie die beiden Städte verbrauchen, also 18 MW + 14 MW = 32 MW (Abb. 40).

Zweite Panne, kein Problem: Im Juni zerstört ein Erdrutsch die Leitung 2. Die Bürger der Stadt 2 erhalten den Strom ihres Kraftwerks trotzdem – auf dem

Abb. 40   **Erste Panne**   **Zweite Panne**

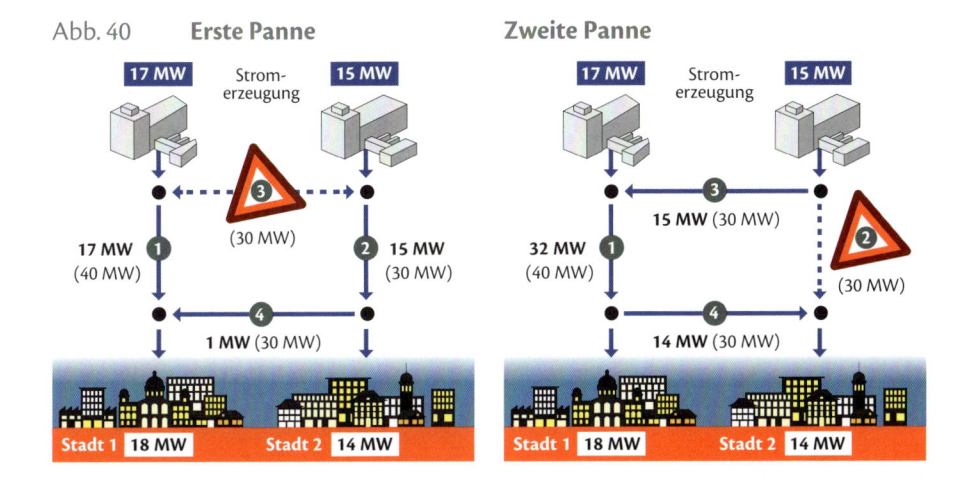

Umweg über die Leitungen 3, 1 und 4. Dabei wird keine überlastet: Die Leitung 3 kann die 15 MW von Generator 2 problemlos schlucken, die Leitung 1 wird mit den insgesamt 32 MW von Generator 1 und 2 ebenfalls fertig. Und nachdem die Stadt 1 ihren Strombedarf von 18 MW gedeckt hat, fliessen noch 14 MW durch die Leitung 4, was diese nicht überfordert.

Dritte Panne, kein Problem: Im September fällt Leitung 4 wegen eines Korrosionsschadens aus. Egal: Die Leitung 1 kann das zusätzliche eine Megawatt Strom von Generator 2 ohne Weiteres aufnehmen (Abb. 41).

Vierte Panne, Blackout: Ausgerechnet in der Neujahrsnacht gehen in beiden Städten die Lichter aus. Was ist passiert? Diesmal hat es die Leitung 1 erwischt: Beschädigung durch Rohrbruch. Weil die Leitung 2 nur für 30 MW ausgelegt ist, kann sie die Summe der Produktion von Generator 1 und 2, die 32 MW beträgt, nicht verkraften. Die Sicherungen brennen durch, die Menschen sitzen im Dunkeln.

An der Krisensitzung bei Kerzenlicht lernen die Verantwortlichen eine wichtige Lektion: Auch wenn eine Leitung im Normalbetrieb nicht ausgelastet ist, kann es unter bestimmten Voraussetzungen zu einer Überlastung und damit zu einem Blackout kommen. Der Ausfall einer einzigen Leitung kann gravierende Folgen für das gesamte Stromnetz haben.

Um Blackouts zu vermeiden, simuliert Swissgrid im Schweizer Stromnetz permanent «Pannen» an allen möglichen Stellen. Dabei ermittelt ein Computer-

Abb. 41 **Dritte Panne**   **Vierte Panne**

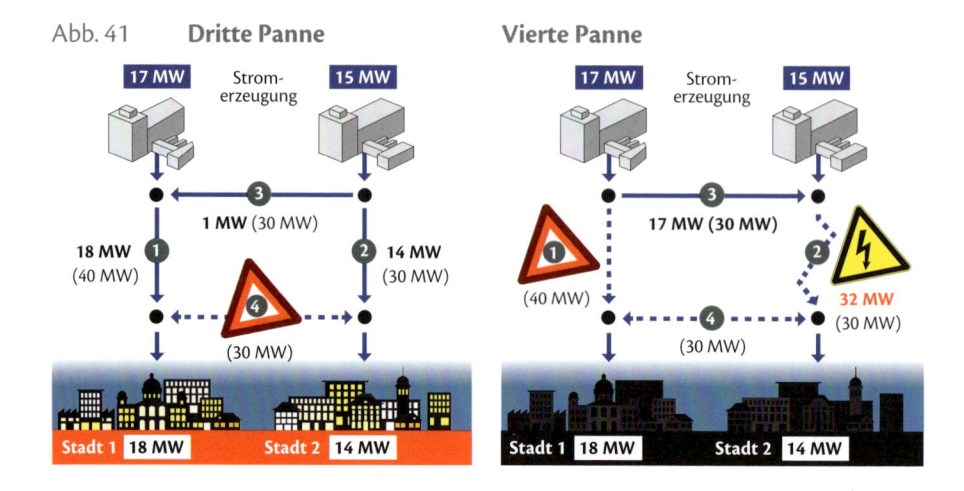

programm, wie gravierend die Folgen wären. Je nachdem werden Verbesserungen am Netz vorgenommen. Eine andere Möglichkeit besteht darin, auf Engpässe mit einer Reduktion der Stromproduktion zu reagieren (Redispatch). Das Netz wird rund um die Uhr überwacht: In der Zentrale von Swissgrid laufen jede Minute mehr als 30 000 Messwerte aus der ganzen Schweiz ein.

Allgemein gilt, dass die Netzbetreiber – überwiegend Elektrizitätswerke – Massnahmen ergreifen müssen, wenn Pannen Schäden verursachen. In unserem Beispiel müssten die Politiker der Städte 1 und 2 wohl beschliessen, die Kapazität der Leitung 2 auf 35 oder 40 MW zu erhöhen. Sie könnten aber auch vereinbaren, die Produktion ihrer Generatoren in kritischen Situationen so zu drosseln, dass sie zusammen nur noch höchstens 30 MW produzieren.

In der Praxis sind die Regeln nicht ganz so streng: Eine Stromleitung kann vorübergehend mit 120 Prozent ihrer Kapazität belastet werden, ohne dass sie «durchbrennt». Sie hält das aber nicht länger als 20 Minuten aus. Es gilt die Faustregel, dass es pro Jahr im Stromnetz höchstens während 1 Prozent der Zeit, also während 80 bis 90 Stunden, zu Pannen mit Folgeschäden kommen darf. Wird dieser Wert überschritten, muss das Netz ausgebaut werden. Ein Netz zu bauen, das nie N-minus-eins-Verletzungen erleidet, wäre technisch zwar möglich, aber sehr, sehr teuer.

Herausforderung Photovoltaik

Unter dem Gesichtspunkt des N-minus-eins-Problems ist die Einbindung der Photovoltaik ins Stromnetz eine der grössten Herausforderungen. Sonnenenergie von kleinen und mittleren Anlagen auf Haus- oder Scheunendächern wird vorzugweise auf den Netzebenen N5 (Mittelspannung) und N7 (Niederspannung) eingespeist. Sie verursacht im Stromnetz eine hohe Dynamik: Wenn sich eine Wolke vor die Sonne schiebt, geht der Energiefluss sofort zurück; wenn die Sonne wieder scheint, nimmt er rapide zu. Die Abbildung 42 zeigt die Situation im Sommer in einem Wohngebiet mit vielen PV-Anlagen auf den Dächern. Die rote Kurve markiert den Stromverbrauch, die gelbe die stark schwankende Stromproduktion der Solaranlagen. Am Tag produzieren diese eine Menge überschüssigen Strom, den sie ins Netz einspeisen (dargestellt mit der nach unten gerichteten blauen Kurve «Residuallast»). In solchen Phasen werden die Stromkonsumenten zu «Minuskonsumenten» oder Produzenten.

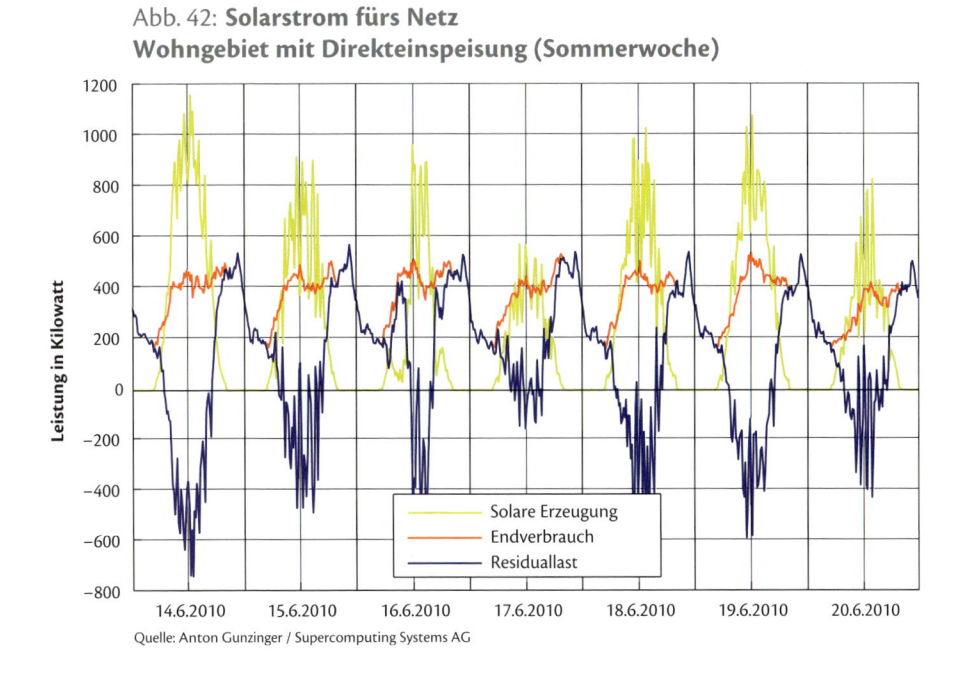

Abb. 42: Solarstrom fürs Netz
Wohngebiet mit Direkteinspeisung (Sommerwoche)

Quelle: Anton Gunzinger / Supercomputing Systems AG

Ihre Haushalte sind nur in der Nacht auf Stromlieferungen aus dem Netz angewiesen (blaue Kurve über der Nulllinie).

Das Problem liegt wie gesagt in der hohen Dynamik dieser Prozesse. Zu viel nicht kontrollierte Photovoltaik kann das gesamte Stromversorgungssystem destabilisieren, worauf die Lichter zu flackern beginnen und Maschinen sich ausschalten. Nehmen wir den schlimmsten Fall, einen sonnigen Pfingstmontag: Die meisten Leute sind in der Badi, kaum jemand arbeitet, die Maschinen in den Fabriken stehen still, im ganzen Land wird fast keine Energie verbraucht. Im Szenario «100 Prozent erneuerbare Energie» mit Vollausbau der Solaranlagen könnten an einem solchen Tag 10 bis 15 Gigawatt zusätzlicher Solarstrom ins Netz drängen, das entspricht der 13-fachen Leistung des Kernkraftwerks Gösgen! Wohin damit? Die Pumpspeicherwerke können im Vollausbau höchstens 5 GW abnehmen, indem sie Wasser in die höher gelegenen Stauseen pumpen. Das System würde völlig aus dem Lot geraten. Um dies zu verhindern, ist es wichtig, dass man die Produktion von Sonnenenergie zu jeder Zeit und an jedem gewünschten Ort steuern kann. Die Überwachungssoftware weist dann die betreffenden PV-Anlagen an, nur noch einen Teil ihrer Energie ins Netz einzuspeisen. Der Rest bleibt auf den Dächern und wird in Form von Wärme an die Luft abgegeben. Im Grunde handelt es sich um dasselbe Prinzip wie bei den Flusskraftwerken und den Stauseen: Wenn wenig Strom nachgefragt wird, lässt man das Wasser ungenutzt an den Turbinen vorbeifliessen. Damit ist die Energie verloren. Eigentlich schade; es stellt sich die Frage, ob es Möglichkeiten gibt, die nutzlos verpuffte Energie zu reduzieren. Es gibt sie, wie das nächste Kapitel zeigt.

Smarte Verbraucher
smart vernetzt
smart bepreist

22. Ein SmartMeter für jeden Haushalt

Im Wesentlichen gibt es fünf kombinierbare Lösungsansätze, um mit dem Problem der Netzüberlastung durch übermässige Einspeisung von Sonnenenergie (PV) fertigzuwerden: Den Ausbau des Netzes auf den Ebenen N4 bis N7, die Begrenzung der PV-Einspeisung durch Kappen der Leistungsspitzen, die Installation von dezentralen Batterien, die Öffnung des Strommarktes für Kleinkunden (SmartMarket) sowie die Nutzung der brachliegenden Netzkapazitäten dank intelligenter Steuerung (SmartGrid). Schauen wir uns diese Möglichkeiten der Reihe nach an.

1. Netzausbau auf den Ebenen N4 bis N7

Bei Kapazitätsengpässen ist der Netzausbau stets die naheliegende Lösung. Wie wir gesehen haben, kann das aber sehr teuer werden, da 75 Prozent der Netzkosten auf den Ebenen N4 bis N7 anfallen. Der Bund und die Stromkonzerne vertreten die Auffassung, dass ein Ausbau des Schweizer Stromnetzes unumgänglich sei und bis zu 13 Milliarden Franken kosten würde. Allerdings könnte selbst eine massive Erweiterung der Netzkapazitäten die durch die Photovoltaik verursachten Spannungsschwankungen und lokalen Überlastungen nicht verhindern, sondern nur reduzieren. Zu viel nicht kontrollierte PV-Energie könnte das Stromversorgungssystem auch nach einem grösseren Netzausbau destabilisieren.

2. Kappen der PV-Leistungsspitzen

Bei dieser Variante müssten Betreiber ihre Photovoltaikanlage beispielsweise so einstellen, dass sie nur noch maximal 70 Prozent der maximalen Stromproduktion (Peak) ins Netz einspeist. Damit lässt sich vermeiden, dass das System an sonnigen Tagen überlastet wird und zusammenbricht. Unsere Versuchsmessungen mit dem Elektrizitätswerk der Stadt Zürich (ewz) zwischen Juli und September 2012 haben Überraschendes ergeben: Trotz strikter Anwendung der 70-Prozent-Peak-Regel während dieser drei Monate gingen nur 4,3 Prozent der gesamten Sonnenenergie verloren. Übers ganze Jahr muss man lediglich mit einem Energieverlust von etwa 3 Prozent rechnen. DieAbbildung 43 verdeutlicht, warum das so ist.

**Abb. 43: Gekappte Spitzen
PV-Produktion an einem Sommertag**

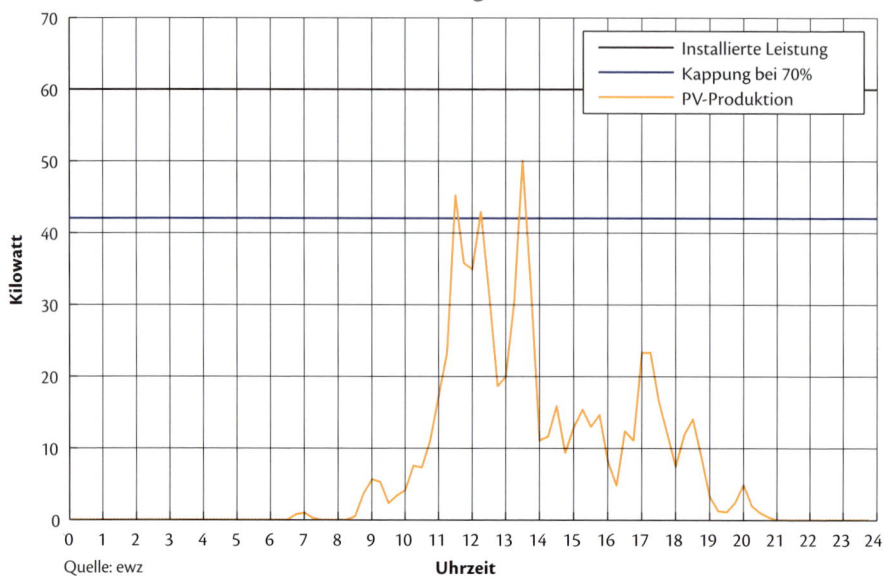

[Diagramm: Kilowatt (0–70) über Uhrzeit (0–24); Legende: Installierte Leistung, Kappung bei 70%, PV-Produktion]

Quelle: ewz

Die Kurve zeigt die Produktion von Sonnenenergie am 2. Juli 2012 während der Versuchsmessungen. Nur gerade über Mittag musste die Stromeinspeisung bei 70 Prozent dreimal abgeschnitten werden, weil der Peak zu hoch war. Es sind lediglich diese Spitzen, die verloren gehen. Morgens, nachmittags und abends ist die Gefahr der Überproduktion auch an sonnigen Tagen praktisch gleich null.

Das Kappen der Leistungsspitzen ist eine valable Lösung. Sie ist gerecht, hat aber auch Nachteile: Oft ist es gar nicht sinnvoll, die Spitzen einer ganzen Region abzuschneiden. Quartiere mit vielen Verbrauchern, wie zum Beispiel Gewerbe und Industrie, sollten unter der Woche, wenn gearbeitet wird, unbedingt 100 Prozent der Sonnenenergie einspeisen dürfen, nicht aber an den Wochenenden. Reine Wohnquartiere mit wenig Verbrauchern hingegen sollten weniger einspeisen. Allerdings bleibt auch beim Kappen das Problem der Sprunghaftigkeit (Volatilität) des PV-Stroms ungelöst, die das Stromnetz stark belastet (Spannungsstabilität).

3. Installation von dezentralen Speichern

Die dezentrale Speicherung von Energie wird innerhalb der nächsten 5 bis 10 Jahre eine wichtige Rolle spielen. Vor allem dann, wenn sich die heutigen Speicherkosten deutlich reduzieren, wovon ich ausgehe. Die Batterien in einem Wohngebiet sollten so gross sein, dass sie die maximale Leistung der PV-Dachanlagen 1 Stunde lang aufnehmen und wieder abgeben können. Ideal wären Batterien mit einer Kapazität von 4 Stunden. Welche Auswirkungen der Einsatz solcher Batterien auf das Stromsystem hat, zeigen die Abbildungen 44 bis 46:

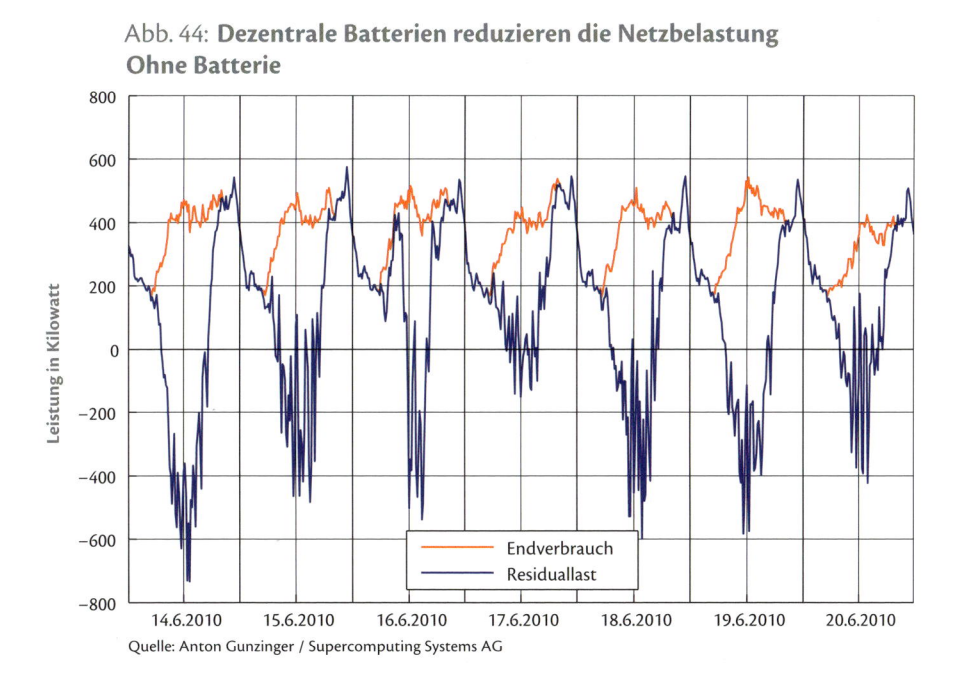

Abb. 44: Dezentrale Batterien reduzieren die Netzbelastung
Ohne Batterie

Quelle: Anton Gunzinger / Supercomputing Systems AG

Auf allen drei Diagrammen markiert die rote Kurve oberhalb der Nulllinie den Stromverbrauch des Quartiers in einer schönen Sommerwoche. Auf der Abbildung 44 zeigen die nach unten gerichteten Spitzen der blauen Kurve (Residuallast), dass die Bewohner am Tag viel überschüssige Sonnenenergie ins Netz einspeisen. Nachts hingegen beziehen sie Strom von Kraftwerken, um ihren Bedarf zu decken.

Abb. 45: Dezentrale Batterien reduzieren die Netzbelastung
Mit Batterie (Kapazität 1 Stunde)

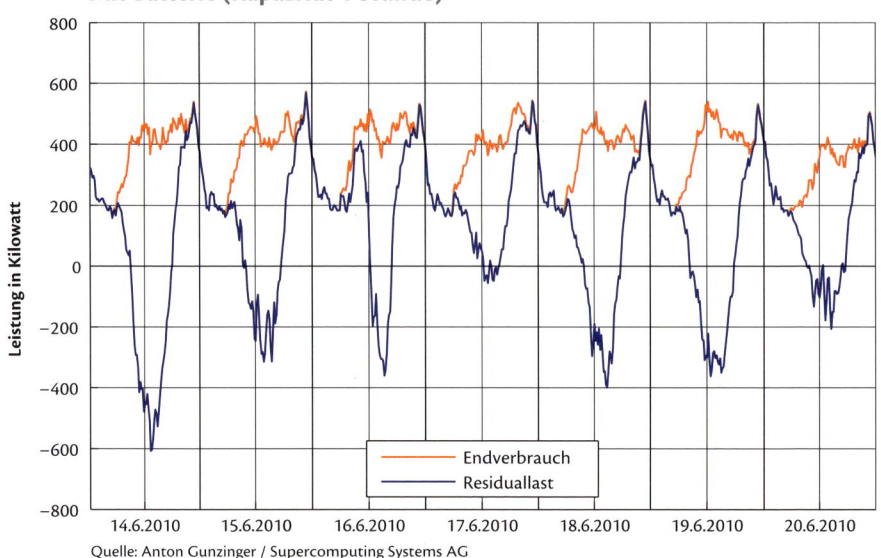

Quelle: Anton Gunzinger / Supercomputing Systems AG

Abb. 46: Dezentrale Batterien reduzieren die Netzbelastung
Mit Batterie (Kapazität 4 Stunden)

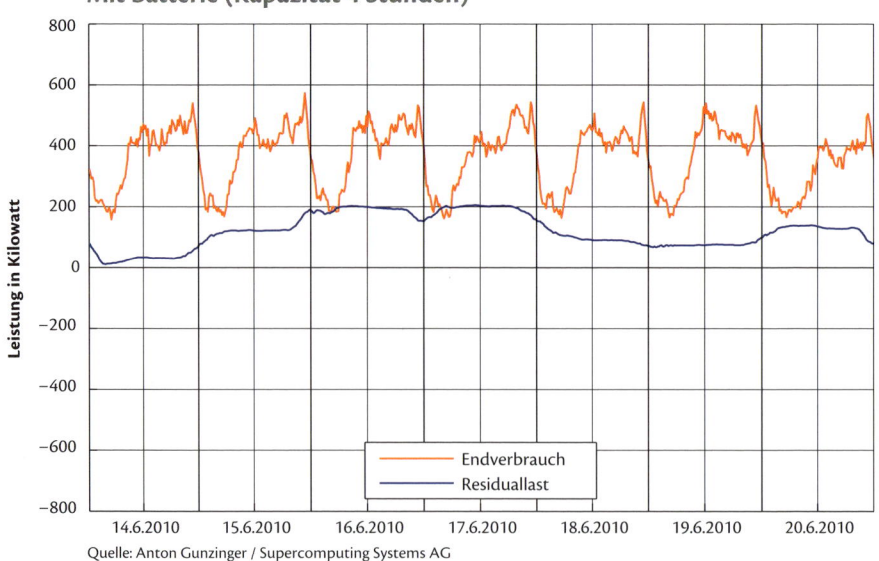

Quelle: Anton Gunzinger / Supercomputing Systems AG

Das zweite Bild wirkt schon um einiges ruhiger, weil dezentrale Batterien mit einer Kapazität von 1 Stunde zum Einsatz kommen, die tagsüber Strom aus den Photovoltaikanlagen speichern. Deshalb sind die gegen unten gerichteten blauen Spitzen nicht mehr so gross und auch nicht mehr so gezackt (volatil). Das Stromnetz muss mit einer deutlich geringeren Dynamik fertig werden.

Im dritten Bild zeigen sich die Auswirkungen dezentraler Batterien mit 4 Stunden Kapazität. Nun wird überhaupt kein PV-Strom mehr ins Netz eingespeist. Die Batterien sind in der Lage, die gesamte Produktion des Wohngebiets aufzufangen und bei Bedarf wieder abzugeben. Das Netz wird im Sommer sehr stark entlastet.

Die Kurven beziehen sich wie gesagt auf eine Sommerwoche mit viel Sonnenschein. Sie zeigen, dass dezentrale Batterien den Tag-Nacht-Ausgleich schaffen können. Was sie nicht schaffen, ist der Ausgleich zwischen den Jahreszeiten. Man kann die Solarenergie, die man im Sommer sammelt, nicht bis zum Winter konservieren. Batterien der dafür erforderlichen Grösse wären viel zu teuer. Dezentrale Batterien sind jedoch geeignet, um das Netz zu entlasten. Trotz der Dynamik des PV-Stroms wird es stabiler als heute. Häuser mit PV-Anlagen auf dem Dach und einer Batterie im Keller werden im Sommer praktisch zu Selbstversorgern; sie benötigen nur noch an wenigen Tagen Strom aus dem Netz. Dessen ungeachtet müssten sich aus Gerechtigkeitsgründen auch die Besitzer von PV-Anlagen angemessen am Unterhalt der landesweiten Netzinfrastruktur beteiligen.

4. Öffnung des Strommarktes (SmartMarket)

Die Idee hinter dem SmartMarket ist die, dass künftig auch Kleinverbraucher von den Preisunterschieden auf dem Strommarkt profitieren und ihren Strom bei einem beliebigen Anbieter kaufen können. Vorderhand haben sie diese Möglichkeit noch nicht; nur die Grossverbraucher können seit Anfang 2009 ihre Energielieferanten selbst wählen. Die vollständige Öffnung des Marktes nach europäischem Vorbild war für Anfang 2015 vorgesehen, verzögert sich aber wegen politischer Widerstände bis 2018.

Im SmartMarket sind die Strompreise dynamisch. Sie steigen bei geringem Angebot und hoher Nachfrage – und sinken, wenn überschüssige Energie vorhanden ist. Weil der smarte Kunde seine Kosten optimieren will, achtet er jeden Tag auf die Preisentwicklung und handelt entsprechend: Die Batterien seines

Elektroautos lädt er vorzugsweise bei niedrigen Tarifen. Und wenn die Preise hoch sind, betreibt er die Wärmepumpe seines Hauses oder die Waschmaschine möglichst mit billigem Strom aus der Batterie seiner PV-Anlage. Der SmartMarket hat also auch viel mit Lastverschiebung zu tun.

In diesem intelligenten System ist ein kleines Gerät die Informationsdrehscheibe: das SmartMeter. Es misst nicht nur alle 15 Minuten den Energieverbrauch, sondern kann auch die verbindlichen Strompreise für die nächsten 24 Stunden an den Computer des «intelligenten Hauses» weitergeben. Die Software befiehlt den angeschlossenen Geräten, wann sie sich ein- oder abschalten und von welchem Anbieter sie den Strom beziehen sollen. Das SmartMeter misst permanent die effektiv verbrauchte Energie und übermittelt die Daten dem Netzbetreiber, der die Abrechnung erstellt. Es versteht sich von selbst, dass für solche Prozesse einheitliche Standards vorhanden sein müssen.

5. Nutzung brachliegender Netzkapazitäten (SmartGrid)
Die Netzebenen N4 bis N7 sind oft nur zu 30 Prozent ausgelastet. Diesen Schluss lassen halbjährlich erhobene Daten von Elektrizitätszählern bei Verbrauchern sowie Schleppzeigern von Transformatoren zu. Die geringe Auslastung rührt daher, dass die Netzbauer präventiv überlegen, wie sich die Quartiere künftig entwickeln könnten – und dann grosszügig die nächststärkeren Kabel verwenden. Die bestehenden Netzkapazitäten könnten durch intelligentes Management weit besser genutzt werden. Dies wiederum würde bedeuten, dass man viel weniger Geld in den Ausbau stecken müsste. Die Voraussetzung für eine intensivere Nutzung wäre die Überwachung des Netzes rund um die Uhr (Echtzeitüberwachung), wie sie bereits auf den Netzebenen N1 bis N3 vorgenommen wird. Die Abbildung 47 zeigt links die heutige Ausnützung der unteren Netzebenen sowie rechts die mögliche Ausnutzung dank Echtzeitüberwachung. Ein solches Überwachungssystem nennt man SmartGrid.

SmartGrid ist im Grunde genommen ein föderalistisches Konzept, das sowohl «top-down» wie «bottom-up» funktioniert: Auf Landesebene werden sogenannte Leistungskorridore definiert, damit sich die Stromproduktion und der erwartete Verbrauch im Gesamtsystem jederzeit decken. Diese Vorgaben werden von Netzebene zu Netzebene bis hinunter in die Quartiere kommuniziert

Abb. 47: Das Netz besser auslasten

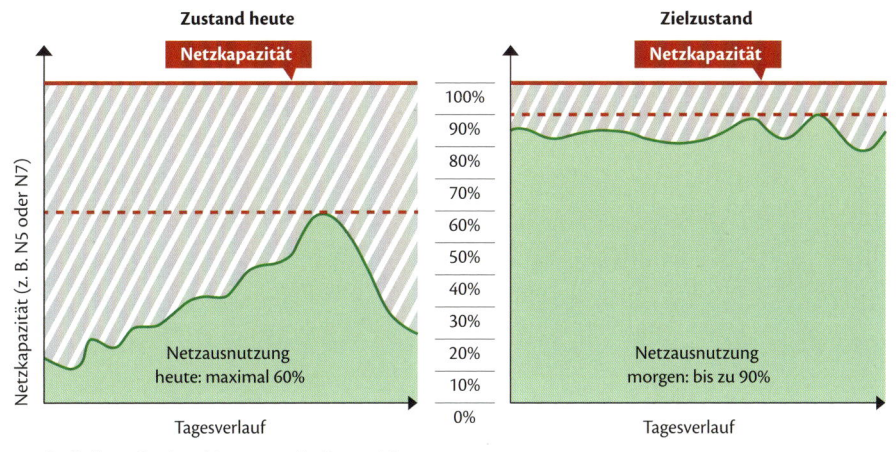

Zustand heute — Netzkapazität; Netzausnutzung heute: maximal 60 %; Tagesverlauf; Netzkapazität (z. B. N5 oder N7)

Zielzustand — Netzkapazität; 100 %, 90 %, 80 %, 70 %, 60 %, 50 %, 40 %, 30 %, 20 %, 10 %, 0 %; Netzausnutzung morgen: bis zu 90 %; Tagesverlauf

Quelle: Anton Gunzinger / Supercomputing Systems AG

und müssen eingehalten werden. Umgekehrt bedienen die unteren Ebenen die oberen stets mit aktuellen Messdaten, sodass die Leistungskorridore immer wieder neu berechnet werden können.

Im voll computerisierten Stromland Schweiz gäbe es rund 28 000 SmartGrid-Regionen. Für jede wäre ein GridBox-Master zuständig, selbstredend ein Computer. Der GridBox-Master bezieht von allen Schlüsselstellen seines Gebietes – Trafos, Verteilkästen, SmartMeter in den Haushalten und Betrieben – Daten über Spannungen, Ströme, Verbrauch, Speicherung und Produktion. Er sammelt sie im Sekundenrhythmus, erstellt Netzsimulationen und identifiziert Schwachstellen. Er nimmt Befehle der übergeordneten Systemebene entgegen und ergreift Massnahmen, damit seine Region die vorgegebenen Werte einhält, beispielsweise mittels Kappen der Leistungsspitzen von Photovoltaikanlagen.

An der Energietagung vom 3. und 4. September 2014 in Bern haben wir der Öffentlichkeit einen SmartGrid-Prototypen vorgestellt. Seit August 2014 wird das System, das wir bei der Supercomputing Systems AG entwickelt haben, in zwei Pilotprojekten getestet, eines im Berner Oberland, das andere in einem Zürcher Stadtquartier. Unsere Partner sind die Berner Kraftwerke (BKW), die Elektrizitätswerke der Stadt Zürich (ewz) sowie das Bundesamt für Energie (BFE), die die Feldversuche finanzieren. Was wir bereits sagen können: Unser

SmartGrid funktioniert. Technisch sind wir heute in der Lage, sämtliche Daten, die für ein intelligentes Management des Stromnetzes erforderlich sind, zu erheben und auszutauschen.

Gemäss unseren Berechnungen wird ein SmartGrid in Massenproduktion ungefähr 500 Franken kosten und die Installation noch einmal so viel. Bei 2 Millionen Messpunkten im ganzen Land ergäbe sich ein Investitionsvolumen von 2 Milliarden Franken. Oder anders gesagt: Statt bis zu 13 Milliarden Franken für den Netzausbau auszugeben, könnten wir das Schweizer Stromnetz für nur 2 Milliarden Franken für die Energiewende fit machen.

**Unternehmerische Freiheit
+
klare Zuständigkeiten
=
konstruktiv gewendete Energie?**

23. Unternehmertum statt Planwirtschaft

Die Unternehmen, die in unserem Land für das elektrische Netz zuständig sind, werden eher planwirtschaftlich als unternehmerisch geführt. Ich will diese Behauptung mit zwei fiktiven Beispielen belegen.

Erstes Beispiel: Nehmen wir ein Bauernhaus im Emmental. Es liegt einen Kilometer ausserhalb des nächsten Dorfes und ist mit einer alten 6-Kilowatt-Leitung ans Stromnetz angeschlossen. Seinen Strom bezieht der Landwirt vom Emmentaler Elektrizitätswerk. Nun möchte der innovative Bauer auf seinem Scheunendach eine Photovoltaikanlage mit einer Spitzenleistung (Peak) von 30 kW installieren. Das kostet ihn rund 75 000 Franken. Die überschüssige Sonnenenergie will er ins Stromnetz einspeisen und verkaufen, um seine PV-Anlage schneller zu amortisieren.

Grundsätzlich stehen vier Lösungen zur Auswahl:

A: Man kann die Leitung vom Hof zum Dorf verstärken, damit ihre Kapazität für die Aufnahme des Solarstroms reicht. Kostenpunkt: 100 000 Franken zu Lasten des Elektrizitätswerks.

B: Man kann am Anfang und am Ende der bestehenden Leitung einen Transformator installieren, um die Spannung in der Leitung – und damit ihre Kapazität – von 400 auf 990 Volt zu erhöhen. Kostenpunkt: 20 000 Franken zu Lasten des Elektrizitätswerks.

C: Man kann für die Region ein SmartGrid installieren und es so einstellen, dass die Solarstromspitzen (Peak) gekappt und maximal 6 kW in die Leitung eingespeist werden. Kostenpunkt: 4000 Franken zu Lasten des Elektrizitätswerks.

D: Der Bauer installiert zusätzlich zur PV-Anlage eine Batterie, um überschüssigen Solarstrom zu speichern und auf dem Hof zu verwenden. Kostenpunkt: 75 000 Franken zu Lasten des Bauern, der bereits 75 000 Franken in die Solaranlage gesteckt hat – diese Preise werden in Zukunft massiv sinken.

Je teurer, desto lukrativer

Was tut der Netzbetreiber, in diesem Fall das Emmentaler Elektrizitätswerk, im heutigen System? Er entscheidet sich für die Variante A, also für den Netzausbau, obwohl das für ihn kurzfristig die teuerste Lösung ist. Warum tut er das? Weil er seinen Kunden gemäss Richtlinien der Eidgenössischen Elektrizitätskommission (ElCom) anschliessend Jahr für Jahr 4,7 Prozent seiner Investitionen als Unterhaltskosten in Rechnung stellen kann; das sind bei Variante A jährlich 4700 Franken. Würde er sich für die Variante B entscheiden, könnte er nur 940 Franken pro Jahr verrechnen, bei Variante C sogar nur 188 Franken. Der Entscheid für die Variante A zeigt, wie verkehrt die Anreize in unserem System gesetzt sind.

Welches wäre die intelligenteste und zukunftsträchtigste Lösung? Sicher nicht der Ausbau des Leitungsnetzes, sondern die Installation eines SmartGrid, kombiniert mit einer dezentralen Batterie. So könnte der Bauer Solarstrom produzieren und seinen Hof selbst mit Energie versorgen. Die überschüssige Energie würde er in der Batterie speichern. Wenn dann an einem Sommertag die Sonne so richtig herunterbrennt und er nicht allen Strom ins Netz einspeisen kann, weil die Leitung zu schwach ist, startet er die Trocknungsanlage für das Heu, heizt den Boiler auf und lässt die Waschmaschine laufen – alles gleichzeitig, um möglichst viel eigenen Strom zu verbrauchen. Als kluger Stratege wird der Bauer möglicherweise in zwei Schritten investieren: Sofort in die PV-Anlage, damit Strom fliesst, und erst später in die Batterie, weil er erwartet, dass die Preise in den nächsten Jahren massiv sinken werden.

Zweites Beispiel: In einer Stadt müssen unterirdische Stromleitungen erneuert werden. Man weiss, dass im betreffenden Quartier in drei Jahren eine neue, grosse Siedlung entstehen wird; die Baueingabe ist bereits gemacht. Es wäre deshalb sinnvoll, bei der fälligen Erneuerung der Leitungen gleich noch leere Rohre für die künftige Siedlung zu verlegen; später müsste man nur noch die Stromkabel einziehen. Doch das Elektrizitätswerk entscheidet sich dagegen, weil es die Kosten für die Leerrohre nicht verrechnen kann. Drei Jahre später reisst es die Strasse wieder auf. Das verursacht Verkehrsprobleme und ist wesentlich teurer, doch nun lassen sich die Kosten in jährlichen Tranchen von 4,7 Prozent auf die Kunden überwälzen. Das ist volkswirtschaftlicher Unsinn und Geldverschwendung.

Zwei Chefs sind einer zu viel

Heute ist es so, dass die insgesamt 800 Netzbetreiber, überwiegend Elektrizitätswerke, ihre Ausbauprojekte der ElCom einschicken. Diese entscheidet bei jedem einzelnen Projekt, welche Kosten auf den Netzpreis geschlagen werden dürfen und welche nicht. Als Unternehmer weiss ich aus Erfahrung: Es kann nicht gut gehen, wenn Investitionsentscheide an zwei Orten fallen. Solche Doppelspurigkeiten behindern unternehmerisches Handeln, führen zu hohen Kosten, zerstören jede Eigeninitiative und schaffen Ungerechtigkeiten zwischen den verschiedenen Versorgungsgebieten.

Meiner Meinung nach müsste es anders laufen: Alle Netzbetreiber sollten der ElCom sämtliche Finanzinformationen und Echtzeitdaten über die Auslastung ihrer Netze zur Verfügung stellen. Die ElCom legt anhand der eingereichten Unterlagen einen «gleichbehandelnden» Netztarif für die ganze Schweiz fest, der für alle Betreiber gilt. «Gleichbehandelnd» heisst, dass Faktoren wie Stadt oder Land, Bevölkerungsdichte sowie die geografische Beschaffenheit des Verteilungsgebiets berücksichtigt werden. Die ElCom erteilt den Betreibern einen Leistungsauftrag für den Unterhalt, den Ausbau und die technologische Erneuerung des Netzes mit SmartGrid und SmartMeter im Hinblick auf die Einführung des SmartMarket. In einem solchen System trifft nur noch der Netzbetreiber Investitionsentscheide. Er weiss, welche Einnahmen er in seinem Gebiet mit den definierten Tarifen erzielen kann und achtet deshalb auf die Kosten. Gutes unternehmerisches Handeln wird belohnt, ebenso Eigeninitiative. Die «gleichbehandelnden» Tarife würden zu einem konstruktiven Wettbewerb unter den Netzbetreibern führen und wären zudem gerecht gegenüber den Kunden in der ganzen Schweiz.

Unter solchen Bedingungen würde sich das Elektrizitätswerk im Emmental in unserem ersten Beispiel nicht mehr für die Variante A entscheiden und das Netz für teures Geld ausbauen, sondern für die Variante B oder C. Mit der Variante C (SmartGrid) könnte es den Bauern dazu animieren, eine dezentrale Batterie anzuschaffen und zum Prosumer zu werden, also unternehmerisch zu handeln. Im zweiten Beispiel würde das städtische Elektrizitätswerk die Quartierstrasse nicht ein zweites Mal aufreissen, sondern beim ersten Mal Leerrohre für die geplante Siedlung verlegen, um Kosten zu sparen.

Was ich mir wünsche, sind unternehmerische Anreize für die Netzbetreiber, damit sie nicht primär den teuren Ausbau der Netzebenen N4 bis N7 im Auge haben, sondern effizient und kostengünstig arbeiten – gerade auch im Hinblick auf die anstehende Energiewende. Ich bin überzeugt, dass die Netzbetreiber mit den heutigen Einnahmen alle Bedürfnisse der Energiewende befriedigen können – aber man muss ihnen grössere unternehmerische Freiheiten einräumen. Wenn sie eigenständig über Investitionen entscheiden können, wird unser Netz kostengünstig bleiben und zuverlässig funktionieren, auch wenn eines Tages – wie schon heute im deutschen Bundesland Bayern – 10 Prozent der Stromproduktion aus Sonnenenergie und Windkraft besteht und das Netz dadurch viel dynamischer wird.

Klare Rollenverteilung
Im Schweizer Stromsystem der Zukunft müssen die Rollen klar verteilt sein. Nach meinem Dafürhalten müsste es unter Aufsicht der ElCom drei voneinander unabhängige Parteien geben: die grossen Stromproduzenten, die Netzbetreiber und die Konsumenten. Unter den Stromproduzenten wird der Wettbewerb spürbar zunehmen, sobald nicht nur die Grosskunden ihre Lieferanten frei wählen können, sondern auch die Kleinverbraucher. Das Netz sollte eine neutrale, gut unterhaltene, möglichst kostengünstige Austauschplattform zwischen den Produzenten und den Konsumenten sein (Treuhänder). Weil es sich beim Stromnetz wie bei den Autostrassen um ein Gemeingut handelt, muss es sich meiner Meinung nach zu mindestens zwei Dritteln im Besitz der öffentlichen Hand befinden. Mit gutem unternehmerischen Handeln liessen sich auch mit dem Netz Gewinne erzielen, die überwiegend der Allgemeinheit zugute kämen. Die Konsumenten und Prosumer hätten die Möglichkeit, ihre Energiekosten mittels Investitionen in moderne Technologien und intelligentes Stromverbrauchsmanagement zu senken.

Damit die geplante Marktöffnung bis zum Endverbraucher (SmartMarket) gelingt, braucht es eine griffige Netzverordnung, die mindestens für die nächsten 20 Jahre gilt. Nur so werden die Investitionsanreize genügend gross sein. Ich habe einen Vorschlag für ein solches Reglement ausgearbeitet (*Anhang A 25*). Die Netzverordnung legt unter anderem fest, nach welchen Kriterien das Netz ausgebaut wird, wie es zu unterhalten ist, wer es finanziert, überwacht und wie die Tarife für die Ein- und Ausspeisung von Strom festgelegt werden.

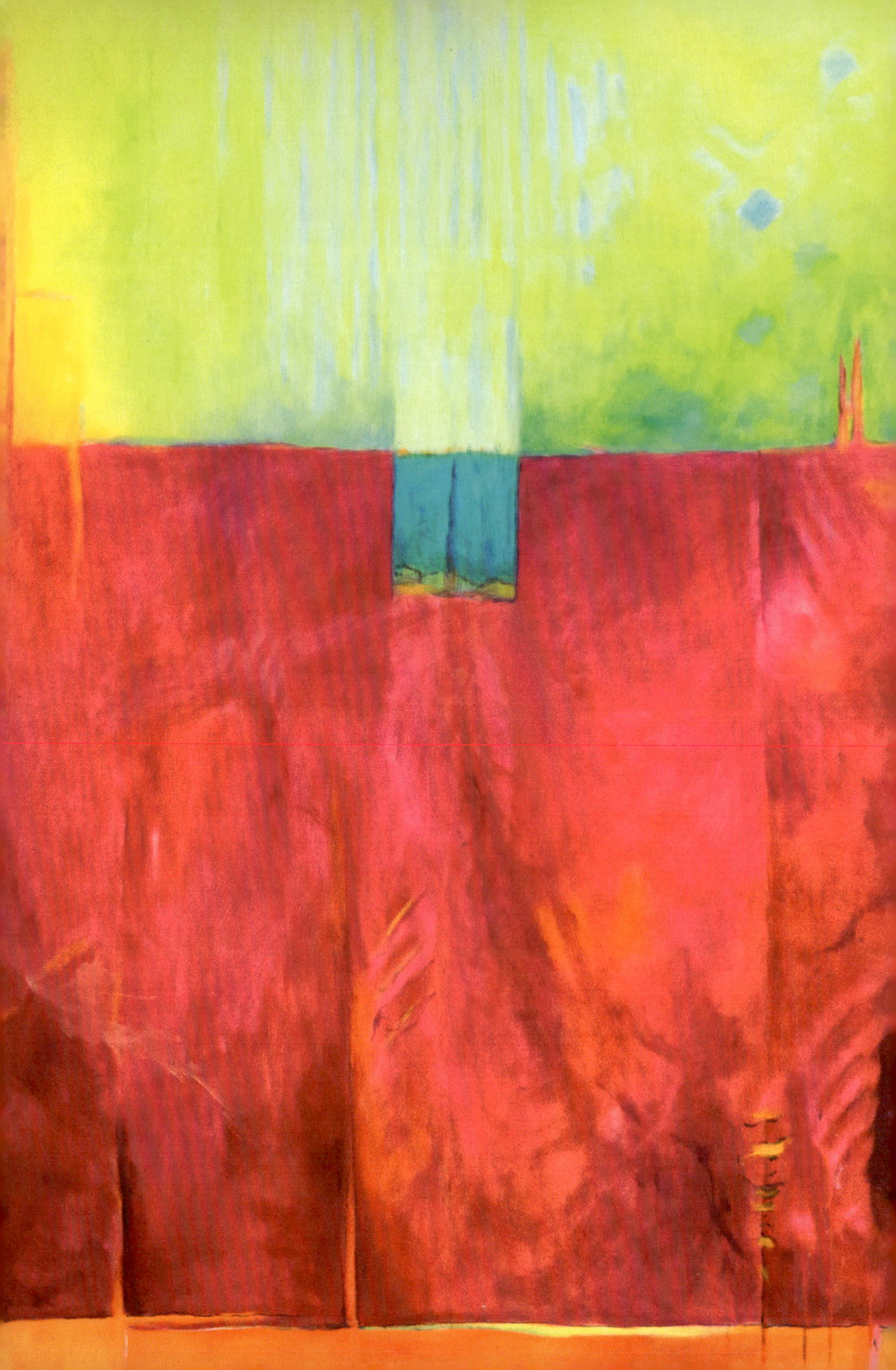

24. 90 Prozent sparen beim Heizen

In der Schweiz fliesst in keinen anderen Bereich mehr Energie als in die Beheizung der Gebäude. Wohnhäuser, Büros, Spitäler, Verwaltungen, Schulen, Gewerbebetriebe und Fabriken verschlingen jedes Jahr 53.8 Terawattstunden in Form von Öl und 32.1 TWh in Form von Gas, dazu 15.4 TWh in Form von Holz und Fernwärme, insgesamt 101.3 TWh. Dieser Heisshunger hatte sich in den 1950er- und 1960er-Jahren entwickelt, ehe die Ölkrise von 1973, verbunden mit schweren Rezessionen in den Industrieländern, einen Wendepunkt markierte. Der Bundesrat ordnete damals wegen der Benzinknappheit drei autofreie Sonntage an, was nebst Freude über die begehbaren Strassen einen regelrechten Energieschock auslöste. In der Folge wuchs bei der Bevölkerung das Bedürfnis, die Abhängigkeit vom Heizöl zu reduzieren. Tatsächlich ist der Verbrauch von Erdölbrennstoffen trotz einem markantem Zuwachs der Nutzflächen in Gebäu-

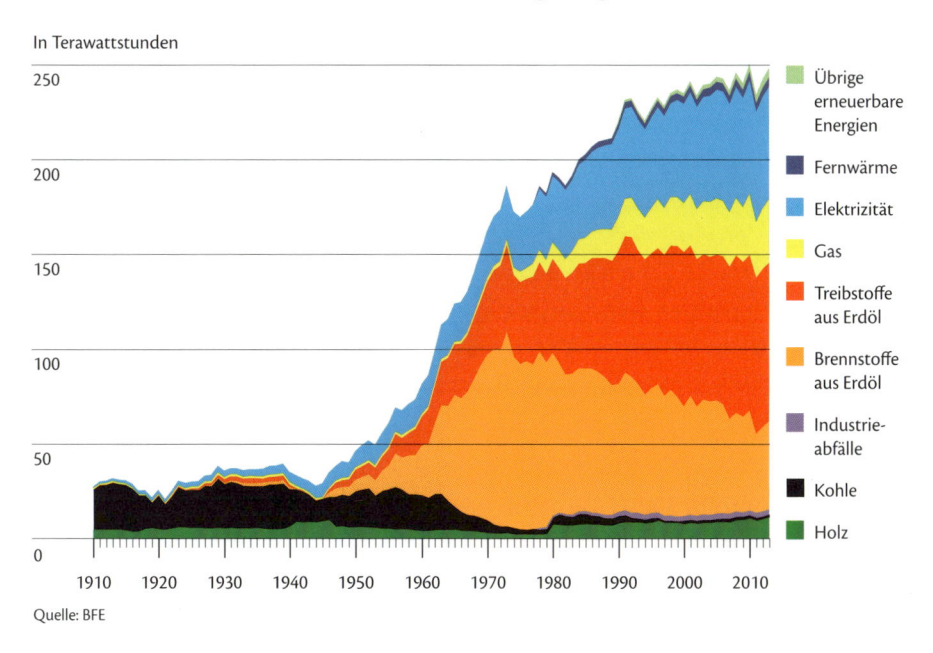

Abb. 48: **Endverbrauch 1910 bis 2013 nach Energieträgern**

In Terawattstunden

Quelle: BFE

den seither deutlich zurückgegangen, wie die Abbildung 48 aus der Schweizerischen Gesamtenergiestatistik zeigt (orange Fläche):
Eine wichtige Rolle spielte dabei die stetige Verbesserung der Gebäudeisolation. Ein Haus, das nach den Bauvorschriften von 1970 erstellt wurde, hatte einen durchschnittlichen jährlichen Ölverbrauch von rund 22 Litern pro Quadratmeter. Die schlechtesten Bauten schluckten bis zu 70 Liter. Ein modernes Haus nach Minergie-Standard hat dank besserer Dämmung von Fenstern, Wänden und Dach nur noch einen Ölverbrauch von 3,8 Litern pro Quadratmeter und Jahr. Der Fortschritt auf diesem Gebiet ist gewaltig. Laut Energieberatern kommt man selbst bei alten Häusern im Durchschnitt auf einen Wert von nur 6 Litern pro Quadratmeter, auch bei solchen, die unter Denkmalschutz stehen und keine beliebigen Eingriffe vertragen. Der Preisanstieg beim Öl hat diese Entwicklung begünstigt. Früher war Heizöl dermassen billig, dass niemand daran dachte, auf ein anderes Heizungssystem umzustellen oder eine bessere Isolation anzubringen. Heute ist das nicht mehr der Fall.
Der Weg zur flächendeckenden Sanierung ist allerdings noch weit. In der Schweiz besteht laut Experten bei rund 80 Prozent der Gebäude energetischer Handlungsbedarf. Da die Erneuerungsrate derzeit bei ungefähr 1 Prozent pro Jahr liegt, dauert es noch lange, bis das Gros der Häuser auf dem neusten Stand ist. Positiv wirkt sich aus, dass vor allem in Agglomerationen viele alte Häuser abgerissen und durch neue, grössere und energietechnisch bessere Bauten ersetzt werden. Inzwischen gibt es Plusenergie-Häuser, die unter dem Strich mehr Energie produzieren, als sie selbst verbrauchen.
Für den Fall, dass die Schweiz wieder einmal in eine Wirtschaftskrise mit Unterbeschäftigung geraten sollte, würde ich dem Bundesrat empfehlen, die Sanierung alter Häuser zu fördern. Das wäre eine intelligente Arbeitsbeschaffungsmassnahme von grossem allgemeinen Nutzen, denn allein durch die verbesserte Isolation könnten wir den jährlichen Heizenergiebedarf dieser Gebäude um 75 Prozent verringern. Ich höre immer wieder die Behauptung, dass der Energieverbrauch zwingend steige, wenn die Wirtschaft wachse. Das muss nicht in jedem Bereich so sein. Die beheizte Fläche von Gebäuden hat in den vergangenen Jahren massiv zugenommen, während der Energieverbrauch deutlich gesunken ist.

Geniale Wärmepumpe

Die Isolation der Gebäude ist nicht die einzige Möglichkeit, um den Energieverbrauch von Häusern zu drosseln. Grosse Einsparungen lassen sich auch mit Wärmepumpen erzielen, die die Erdwärme in Heizenergie umwandeln. Vergegenwärtigen wir uns zuerst, wie heute die meisten Gebäude geheizt werden: Man verbrennt Öl oder Gas und erhitzt damit Wasser, das in Röhren zirkuliert und dabei Wärme abgibt. Die Hochtemperaturheizung erhitzt das Wasser auf 60 Grad Celsius und schickt es durch Radiatoren. Die Niedertemperaturheizung erwärmt es lediglich auf maximal 35 Grad und lässt es in den Böden zirkulieren (Bodenheizung).

Die Wärmepumpe kann beide Systeme bedienen. Sie holt Energie aus dem Boden, dessen Temperatur einige Meter unter der Erdoberfläche etwa 4 Grad Celsius beträgt und sich pro 100 Meter Tiefe um 3 Grad erhöht. In 300 Metern Tiefe herrschen also 4+3+3+3=13 Grad. Die Frage ist, wie man von 13 Grad auf die benötigten 35 Grad für die Bodenheizung bzw. auf 60 Grad für die Radiatorenheizung kommen kann.

Im Grunde genommen funktioniert die Wärmepumpe wie eine Velopumpe. Wenn wir mit aller Kraft einen Reifen aufpumpen, stellen wir fest, dass sich die Pumpe stark erhitzt. Das ist so, weil sich die Luft erwärmt, wenn man sie zusammenpresst (komprimiert). Die Wärmepumpe arbeitet statt mit Luft mit einer speziellen Flüssigkeit in einem geschlossenen Kreislauf. Diese nimmt die Erdwärme auf und verdampft dabei. Der Dampf wird von einem Kompressor zusammengedrückt, wodurch er sich erhitzt und die Wärme ans Heizsystem des Gebäudes abgibt. Dadurch kühlt der Dampf wieder ab und verflüssigt sich. Anschliessend reduziert ein Ventil den Druck, wodurch sich die Flüssigkeit noch weiter abkühlt. Dann beginnt der Kreislauf wieder von vorne (Abb. 49). Wärmepumpen können der Erde oder der Luft Energie entziehen. Die Erde ist für diesen Prozess besonders gut geeignet, weil die Temperatur unter dem Boden im Sommer und Winter konstant bleibt. Wie effizient Wärmepumpen sind, zeigt folgendes Beispiel: Der Energiebedarf für die Heizung eines durchschnittlichen Schweizer Einfamilienhauses mit 160 Quadratmetern Wohnfläche beträgt ungefähr 1600 Liter Öl pro Jahr, was etwa 16 000 Kilowattstunden Strom entspricht. Bei einer modernen Wärmepumpe mit angeschlossener Bodenhei-

Abb. 49: **Wärmepumpe**

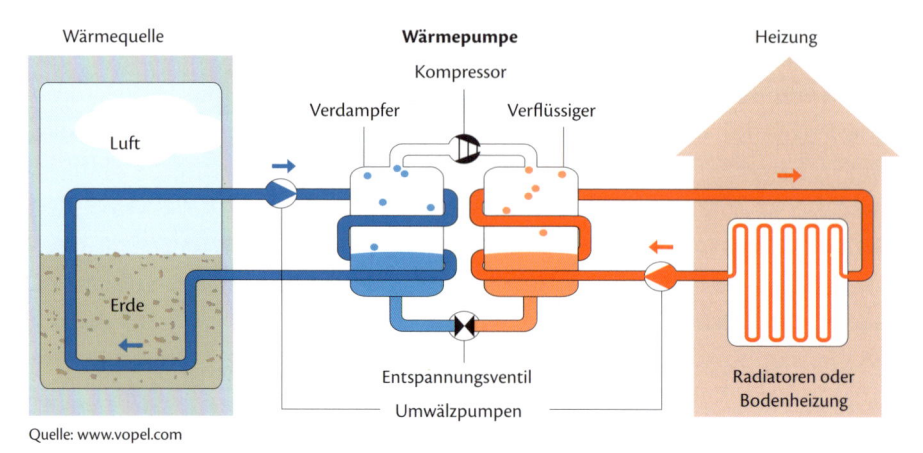

Wärmequelle	Wärmepumpe	Heizung
Luft / Erde	Verdampfer – Kompressor – Verflüssiger – Entspannungsventil – Umwälzpumpen	Radiatoren oder Bodenheizung

Quelle: www.vopel.com

zung müssen wir lediglich 3500 kWh elektrische Energie für den Kompressor aufwenden, um der Erde die noch benötigten 12 500 kWh zu entziehen. Damit sparen wir jedes Jahr 1250 Liter Öl. Bei der energieintensiveren Radiatorenheizung sparen wir «nur» 1070 Liter Öl: Hier müssen wir 5300 kWh elektrische Energie aufwenden, damit uns die Erde 10 700 kWh Gratisenergie abgibt *(Erklärung in Anhang A 26)*. In beiden Fällen genügt ein Bohrloch von 180 Metern Tiefe, um auf die erforderliche Erdwärme von 9,4 Grad Celsius zu stossen. Das Beispiel zeigt, dass die Kombination von Wärmepumpe und Bodenheizung besonders effizient ist: Mit diesem System erhält man fast das Fünffache der eingesetzten Energie in Form von Heizwärme.

Ölheizung: Heute die teuerste Lösung
Wenn ein Hausbesitzer heute seine Heizung ersetzen muss, stellt er sich natürlich die Frage nach den Kosten der verschiedenen Systeme. Soll er einen neuen Ölbrenner kaufen, auf Gas umstellen oder eine Wärmepumpe anschaffen? Und falls er sich für eine Wärmepumpe entscheidet: Soll er sie mit gewöhnlichem Strom aus dem Netz betreiben oder teilweise oder gar vollständig mit Strom aus einer eigenen Photovoltaikanlage auf dem Dach? Was rechnet sich am besten?

Wir gehen wieder von unserem durchschnittlichen Einfamilienhaus aus: 160 Quadratmeter Wohnfläche, Energiebedarf 1600 Liter Erdöl oder 16 000 kWh pro Jahr, Radiatorenheizung, ein Gasanschluss ist bereits vorhanden. Bei den Kosten für die Energieträger stützen wir uns auf die Preiskurven des Schweizerischen Hauseigentümerverbandes (HEV) für Öl und Gas ab sowie auf den, wie ich meine, um rund 20 Prozent zu hoch angesetzten Solarpreis der ölwirtschaftsfreundlichen Internationalen Energieagentur IEA. Die Gesamtkosten verstehen sich inklusive Amortisation und Unterhalt sowie der üblichen Steuerreduktion von 20 Prozent auf der Investition.

Die Abbildung 50 belegt, dass die jährlichen Heizenergiekosten für eine neue Ölheizung deutlich höher sind als für eine Gasheizung oder eine Wärmepumpe. Das hat mich selbst überrascht. Mir war zwar klar, dass Ölheizungen früher aufgrund des tiefen Ölpreises konkurrenzlos billig waren. Aber ich hatte nicht realisiert, wie stark sich das Blatt inzwischen gewendet hat. Heute ist die Ölheizung mit Abstand die teuerste Lösung. Am preisgünstigsten ist die Anschaffung einer Gasheizung (sofern der Gasanschluss bereits vorhanden ist) bzw. die Installation einer Wärmepumpe, die Normalstrom aus dem Netz bezieht. Längerfristig zahlt

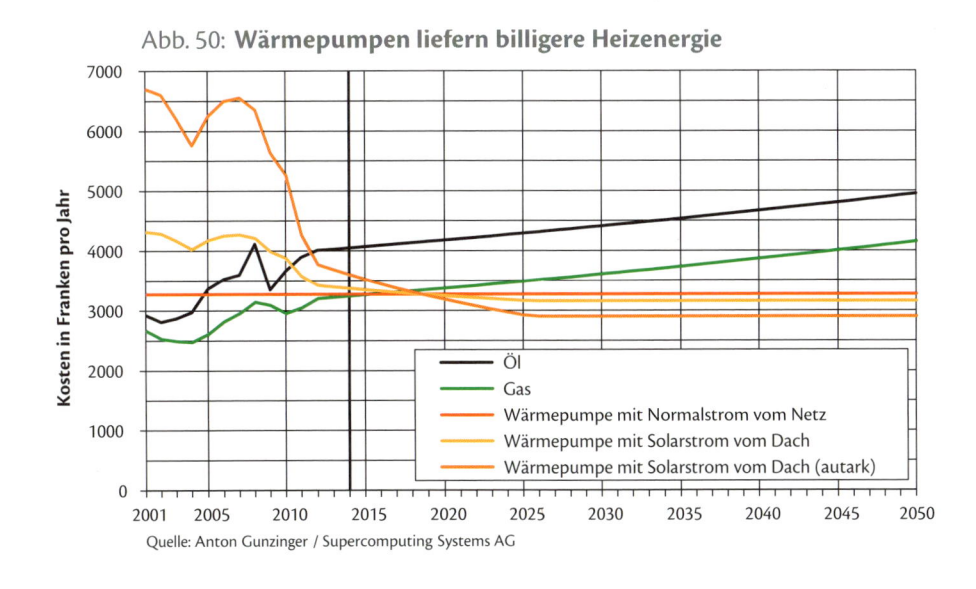

Abb. 50: **Wärmepumpen liefern billigere Heizenergie**

Quelle: Anton Gunzinger / Supercomputing Systems AG

90 Prozent sparen beim Heizen

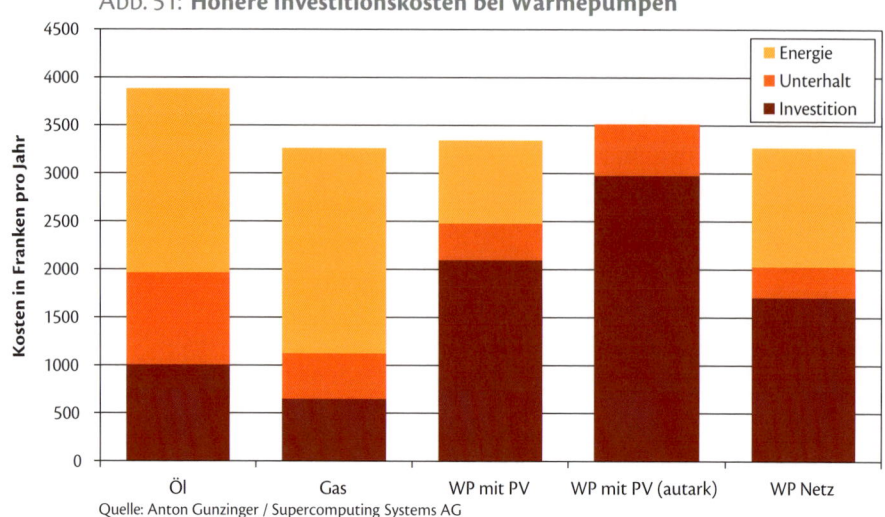

Abb. 51: Höhere Investitionskosten bei Wärmepumpen

Quelle: Anton Gunzinger / Supercomputing Systems AG

es sich aus, eine Wärmepumpe ausschliesslich mit Strom aus der eigenen Photovoltaikanlage zu betreiben (autark).

Auf der Abbildung 51 sind die Gesamtkosten zusammengestellt, die die verschiedenen Heizungstypen pro Jahr verursachen – aufgeschlüsselt nach Investitions-, Unterhalts- und Energiekosten. Ein Lesebeispiel: Für die Ölheizung beträgt der Anteil der Investitionskosten 1000 Franken pro Jahr, der Unterhalt verschlingt weitere 1000 Franken und die Energie in Form von Heizöl etwas weniger als 2000 Franken, was zu einem Kostentotal von 3900 Franken pro Betriebsjahr führt. Auffällig ist, dass bei der Wärmepumpe mit eigener Photovoltaikanlage (autark) zwar hohe Investitionskosten anfallen (fast 3000 Franken), aber nur geringe Unterhaltskosten (etwas mehr als 500 Franken) und null Energiekosten, weil die Sonne ja gratis scheint.

Beim Investitionsentscheid kommt es sehr darauf an, ob man Vermieter ist oder in einem eigenen Haus lebt. Der Vermieter wird sich trotz allem für die Anschaffung einer Gas- oder Ölheizung entscheiden. Ganz einfach deshalb, weil er die Kosten für das Gas oder das Heizöl sowie den Unterhalt auf seine Mieter überwälzen kann, während er selbst nur die geringen Investitionskosten zu tragen hat. Er kann die Kosten Jahr für Jahr abschieben, egal wie hoch die Preise für Öl und Gas noch steigen. Hausbesitzer rechnen anders: Weil sie sämtliche Kosten selbst tragen müssen, werden sie sich aus ökonomischen Gründen für eine Wärmepumpe entscheiden. Ökologisch zu heizen lohnt sich für sie finanziell schon heute – und längerfristig sowieso.

Wärmequellen ausnutzen
Nebst der Wärmepumpe sollten wir im Zuge der Energiewende unbedingt weitere Wärmequellen nutzen und beispielsweise zusätzliche Fernwärmenetze für ganze Quartiere bauen. Dem ökologischen Ideal am nächsten kommen thermische Kraftwerke, die Biogas verbrennen, damit Strom erzeugen und die entstehende Abwärme für das Fernwärmenetz nutzen. Auch Kehrichtverbrennungsanlagen, die Strom produzieren und Heizenergie liefern, sind äusserst effizient: Sie lösen das Abfallproblem und holen aus einem einzigen 35-Liter-Müllsack den Energiewert von 1,5 Litern Erdöl heraus. In solchen Anlagen beträgt der kombinierte Wirkungsgrad bis zu 90 Prozent, was schlicht phantastisch ist.
Es gibt noch eine ganze Reihe weiterer idealer Energiequellen für die Gebäudeheizung, etwa das Holz. Laut Holzenergie Schweiz (getragen vom Bundesamt für Energie) beträgt der jährliche Zuwachs an Holz in den Schweizer Wäldern 9 bis 10 Millionen Kubikmeter. Davon liessen sich 6,2 Millionen m^3 als Energieholz nutzen. Ausgeschöpft werden derzeit aber nur 4,1 Millionen; hier schlummern also noch grosse Reserven. Einen hervorragenden Wirkungsgrad von 70 bis 80 Prozent hat sodann die Photothermie, bei der Wasser aufgeheizt wird, indem man es durch Sonnenkollektoren auf dem Dach leitet und dann in einem grossen Boiler speichert. Bereits existieren auch Prototypen von «umgekehrten Wärmepumpen», mit denen man im Sommer überschüssige Sonnenenergie tief in der Erde speichern kann, um sie im Winter zu nutzen. Hansjürg Leibundgut, Professor für Gebäudetechnik an der Zürcher ETH, ist überzeugt, dass diese saisonale Energiespeicherung dank ihrem hohen Wirkungsgrad Zukunft hat. Im CO_2-freien neuen Reka-Feriendorf Blatten-Belalp im Oberwallis ist kürzlich eine solche Anlage installiert und in Betrieb genommen worden.

Ein lukratives Geschäftsmodell

Vor einiger Zeit habe ich einen Vortrag von Johannes Milde gehört. Er ist seit 2008 Geschäftsführer von Siemens Building Technologies mit Sitz in Zug. Milde behauptete, man könne in Geschäftsliegenschaften nur schon mit einer feineren Regulierung der Heiztechnik bis zu 40 Prozent Energie sparen – durch Absenken der Raumtemperatur über Nacht und an Wochenenden sowie durch ein besseres Beleuchtungsmanagement. Zuerst tat ich seine Ausführungen als Marketinggag ab, musste mich aber bald eines Besseren belehren lassen: Ein Kollege, Nationalrat Jürg Grossen aus Frutigen, konnte in seiner Firma Elektroplan Buchs & Grossen AG mit diesen Massnahmen tatsächlich 30 Prozent Energie einsparen – bei höherem Komfort. Solche Einstellungen kann man meist mit geringem finanziellem Aufwand vornehmen, man spricht deshalb auch von «low hanging fruit»; die Früchte fallen einem direkt in den Mund, man braucht ihn bloss aufzusperren.

Leider sind heute viele Heizungssysteme nicht korrekt eingestellt. Oft mangelt es an der nötigen Instruktion der Bewohner, die mit der Programmierung der Heizkurven von Öl- oder Gasbrennern überfordert sind. Hausbesuche von Energieexperten könnten hilfreich sein. Wenn wir davon ausgehen, dass sich mit der korrekten Einstellung der Heizung durchschnittlich 10 Prozent der Heizenergie aus Öl und Gas einsparen lassen, wären das in der Schweiz jährlich 8.6 Terawattstunden. Ein Energieexperte könnte pro Tag 4 bis 5 Hauseigentümer beraten, das wären rund 1000 pro Jahr. Bei einem Aufwand von 200 000 Franken pro Experte und Jahr würde eine Beratung 200 Franken kosten. Da eine Visite alle 5 Jahre reichen würde, wären bei rund 2 Millionen Liegenschaften 400 Berater nötig, um diese Dienstleistung übers ganze Jahr anbieten zu können. 400 Berater würden zusammen jährlich 80 Millionen Franken kosten. Diesen 80 Millionen stünde die Einsparung von 8.6 TWh Energie im Wert von 860 Millionen Franken gegenüber. Was für eine Traumrendite! Ein lukrativeres Geschäftsmodell kann man sich kaum mehr ausdenken.

Wachstum erfordert nicht zwingend mehr Energie

Fassen wir zusammen: Durch zeitgemässe Isolation liesse sich der Energieverbrauch von 80 Prozent der Gebäude auf einen Viertel reduzieren, womit der

Gesamtbedarf für Heizenergie nur noch bei 40 Prozent des heutigen Verbrauchs läge. Mit dem flächendeckenden Einsatz von Wärmepumpen könnte man diesen Wert noch einmal vierteln, was zu einer gesamthaften Einsparung von gut und gern 90 Prozent führen würde. Diese Zahlen belegen, dass eine radikale Reduktion des Energieverbrauchs bei gleichzeitiger Verbesserung des Komforts möglich ist. Wir können auf annähernd 100 Prozent erneuerbare Energie umsteigen – wenn wir es wollen. Verzögernd wirkt sich aus, dass Vermieter die Energiekosten noch immer vollumfänglich auf die Mieter abschieben dürfen. Sie haben deshalb wenig Interesse, auf nichtfossile Heizsysteme umzusteigen. Hier besteht politischer Handlungsbedarf. Ist dieser Fehlanreiz einmal behoben, gehe ich davon aus, dass die meisten Hausbesitzer Wärmepumpen anschaffen werden; Neubauten werden inzwischen als Nullenergie- oder Plusenergie-Häuser konzipiert, um energieautark zu werden. Der Konflikt in der Ukraine, nicht zuletzt ein Streit um Öl und Gas, hat uns deutlich gezeigt, wie problematisch die Abhängigkeit von diesen Rohstoffen sein kann.

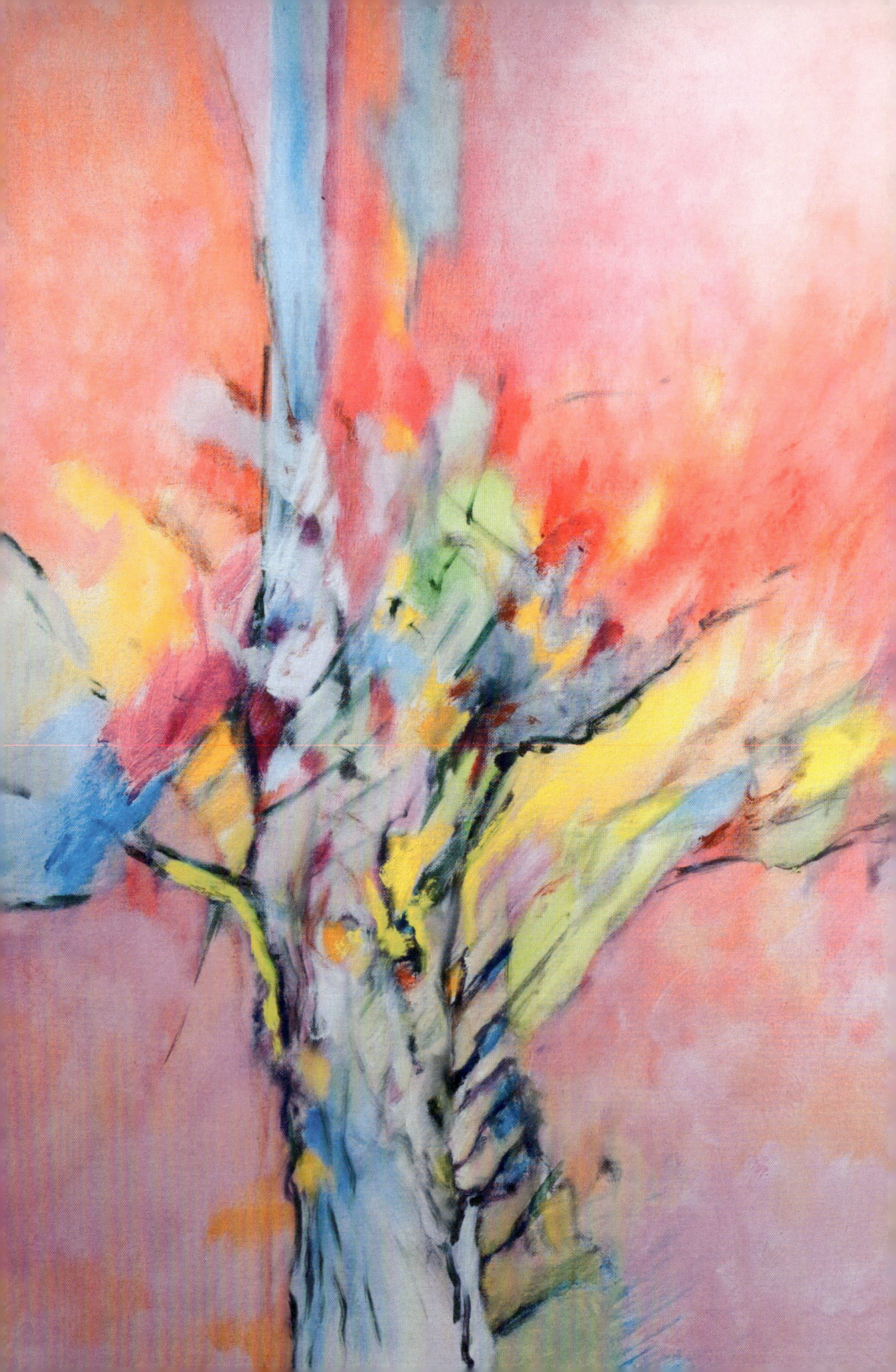

25. Unser Treibstoffverbrauch – ein energetischer Unsinn

In der Diskussion über die Endlichkeit der weltweiten Ölreserven kommt es oft zu folgendem Disput: Der eine Experte sagt, das Erdöl reiche nur noch für 20 Jahre, der andere behauptet, dank neuer Fördermethoden wie Fracking sei die Versorgung mindestens für die nächsten 50 oder gar 100 Jahre gesichert. Spielt das eine Rolle? Ich glaube nicht. Das Öl ist vor 100 bis 200 Millionen Jahren entstanden. Ab Beginn unserer Zeitrechnung, also ab Christi Geburt, dauerte es 1856 Jahre, ehe in Deutschland die weltweit ersten Ölbohrungen vorgenommen wurden. Bereits 150 Jahre später (2006) war der «Peak Oil» überschritten, die Menge des konventionell geförderten Erdöls ging zurück. Das sogenannte Erdölzeitalter ist nichts weiter als ein Wimpernschlag in der Geschichte unseres Planeten (Abb. 52). So gesehen scheint es mir unerheblich, ob diese Epoche in 20, 50 oder erst in 100 Jahren zu Ende geht. Tatsache ist, dass wir innert kürzester Zeit weitgehend verbraucht haben, was die Natur in Jahrmillionen an fossilen Energievorräten angelegt hat.

Mich ärgert, wie verschwenderisch, kurzsichtig und egoistisch wir in den Industriestaaten mit der knappen, nicht erneuerbaren Ressource Erdöl umgehen. In der Schweiz verbrauchen wir jedes Jahr mehr als 7 Milliarden Liter Benzin

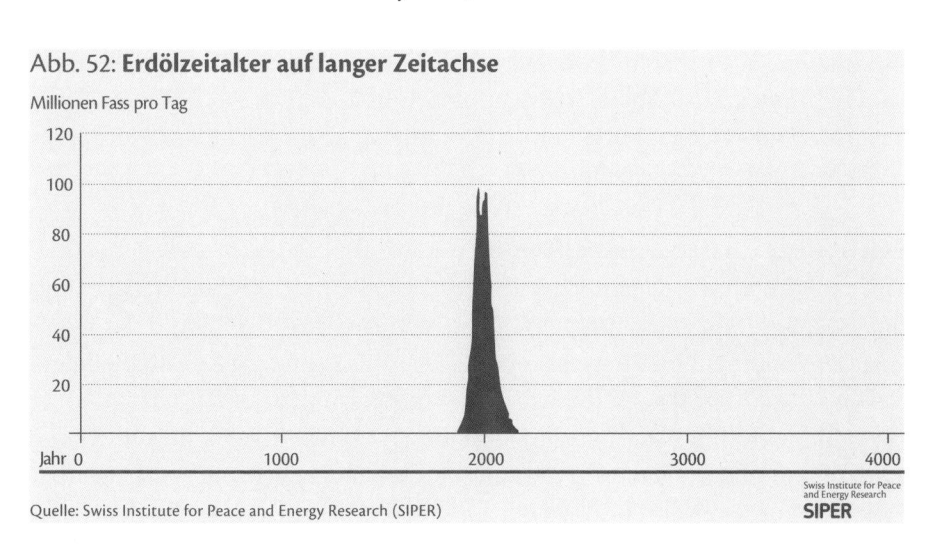

Abb. 52: **Erdölzeitalter auf langer Zeitachse**

Quelle: Swiss Institute for Peace and Energy Research (SIPER)

SIPER

und Diesel. Von Sparanstrengungen ist wenig zu spüren: Um 1960 wogen die Autos durchschnittlich 700 Kilogramm; pro Fahrt beförderten sie 2,4 Personen, was einer Nutzlast von 200 kg entspricht. Heute wiegt das Durchschnittsauto doppelt so viel wie damals, befördert pro Fahrt durchschnittlich aber nur noch 100 Kilo Nutzlast. Ganz zu schweigen vom Offroader, der 2500 Kilo in Bewegung setzen muss, um diese 100 Kilo zu transportieren – welch ein energetischer Unsinn. All die beachtlichen Fortschritte, die man mit dem Bau von effizienteren Benzin- und Dieselmotoren über die Jahre erzielt hat, sind durch das höhere Gewicht der Fahrzeuge aufgefressen worden.

Wie unwirtschaftlich die ölgetriebenen Autos inzwischen unterwegs sind, belegt ein Vergleich der Kosten für die Energie, die die Benzin-, Diesel- und Solarstromelektroautos tatsächlich auf die Strasse bringen, also in Vorwärtsbewegung umsetzen. Benzin- und Dieselmotoren haben, wie im Kapitel 8 dargelegt, im realen Verkehr einen geringen Nettowirkungsgrad von 13 bis 17 Prozent, während Elektromotoren mehr als 90 Prozent erreichen. Die Abbildung 53 zeigt, dass 2010 eine Ära zu Ende gegangen ist. Damals haben sich der stetig steigende Benzin-/Diesel- und der ebenso stetig sinkende Solarpreis gekreuzt. Der Betrieb fossil betriebener Fahrzeuge wird sich langfristig weiter verteuern, weil das Erdöl immer knapper wird, während Solarenergie unbegrenzt zur Verfügung steht. Weil der alltagstaugliche «E-Volkswagen» noch auf sich warten lässt, kaufen die meisten Leute lieber noch einmal einen günstigen Benziner und nehmen dafür höhere Treibstoffkosten in Kauf. Das neue Model 3 von Tesla für 35 000 Dollar mit einer Reichweite von knapp 500 Kilometern zeigt jedoch, wohin die Reise geht.

Elektromotoren sind leistungsfähiger
Elektromotoren vereinigen eine Reihe von Vorteilen auf sich: Sie verfügen über ein grösseres Beschleunigungsvermögen, erreichen aus dem Stand das maximale Drehmoment und müssen nicht Gang für Gang hochgeschaltet werden. Sie sind sogar in der Lage, die Energie zurückzugewinnen, die bei andern Autos beim Bremsen und bei Talfahrten verpufft. Der Motor wird dann zum Generator und produziert Strom für die Batterie, diesen Vorgang nennt man Rekuperation. Mit unserem Firmen-Tesla bin ich einmal von Falera nach Chur hinunter-

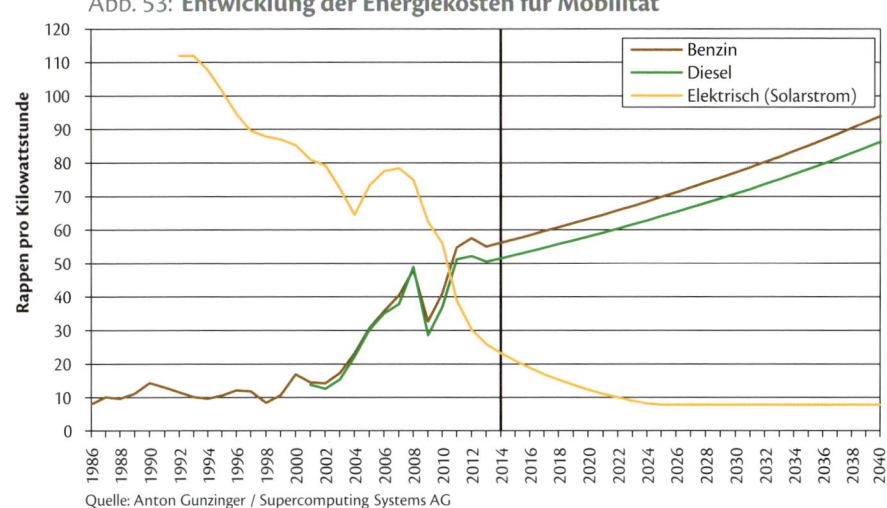

Abb. 53: **Entwicklung der Energiekosten für Mobilität**

Rappen pro Kilowattstunde

— Benzin
— Diesel
— Elektrisch (Solarstrom)

Quelle: Anton Gunzinger / Supercomputing Systems AG

gefahren; das sind ungefähr 26 Kilometer. Der Energieverbrauch entsprach jenem von 5 Kilometern Fahrt auf ebener Strasse, was zeigt, wie gross das Rekuperationsvermögen von Elektroautos ist.

Die Entwicklung der Batterien verläuft rasant. Als dieses Buch in der ersten Auflage erschien, kostete ein 450 Kilogramm schwerer Akku mit einer Kapazität von 53 Kilowattstunden (kWh) und einer Reichweite von 400 Kilometern ungefähr 40 000 US-Dollar. Seither ist der Preis auf weniger als 10 000 Dollar gesunken. In China sind offenbar bereits Batterien mit vergleichbarer Energiespeicherung für 5000 Dollar zu haben – bei einer Gewichtsreduktion von mehr als 50 Prozent.

2014 hatte Tesla-Chef Elon Musk den Bau einer riesigen Batteriefabrik mit 6500 Arbeitsplätzen im Staat Nevada bis zum Jahr 2020 mit folgenden Worten angekündigt: «Die Gigafactory wird die Massenproduktion elektrischer Fahrzeuge für Jahrzehnte ermöglichen.» Im März 2016 war rund ein Siebtel der Anlage fertiggestellt, Anfang 2017 rollte die Produktion an. Das Investitionsvolumen für die Gigafactory soll bis zu 5 Milliarden Dollar betragen. Musk will künftig sowohl die Hersteller von andern Elektrofahrzeugen beliefern als auch Batterien für die Speicherung von Solarenergie in Häusern und Quartieren produzieren.

Auch Hybridfahrzeuge schonen die Umwelt
Zwischen den reinen Elektroautos und den herkömmlichen Benzin- und Dieselfahrzeugen sind die Hybride angesiedelt, bei denen man zwei Antriebsarten unterscheidet. Beim *parallelen Hybrid* wird die eine Achse für tiefe Geschwindigkeiten von einem Elektromotor angetrieben, die andere für höhere Tempi von einem Benzinmotor. Das bringt zwei Vorteile: Die Batterie ist kleiner und leichter als bei einem reinen Elektroauto. Und der Wirkungsgrad des Verbrennungsmotors ist höher als bei einem reinen Benzinauto, weil er nur die hohen Tourenbereiche abdecken muss. Allerdings ist der Wagen schwerer und teurer als vergleichbare Benzinmodelle. In diese Kategorie gehört beispielsweise der Toyota Prius.

Beim *seriellen Hybrid* wird das Auto ausschliesslich von einem Elektromotor angetrieben; es hat folglich dieselben Eigenschaften wie ein reines Elektrofahrzeug. Der eingebaute Verbrennungsmotor hat lediglich die Aufgabe, über einen Generator die Batterie nachzuladen, sodass das Auto unterwegs nicht stehenbleibt. Weil dieser Motor in einem eng definierten Arbeitsbereich läuft, erzielt er einen überdurchschnittlichen Wirkungsgrad von 34 Prozent, mit Turboverdichter und Dieselmotor sogar bis zu 48 Prozent, womit er deutlich besser abschneidet als normale Benzinaggregate. Die Batterie ist so bemessen, dass der Stromvorrat für Strecken bis zu 70 Kilometer ausreicht. Damit sind 90 Prozent aller Fahrten abgedeckt. In diese Kategorie gehört beispielsweise der Opel Ampera. Als reines Benzinauto würde er 15 Liter pro 100 Kilometer verbrennen, in der seriellen Hybridversion sind es 4,8 Liter, während er im reinen Elektrobetrieb einen Energieverbrauch von umgerechnet 1,6 Litern hat.

Rasanter als ein Porsche
Auch was die Leistung angeht, brauchen sich reine Elektrofahrzeuge nicht mehr zu verstecken, wie ein Vergleich zwischen dem Tesla Roadster und dem Porsche 911 zeigt. Zwar hat der Porsche mehr Pferdestärken als sein US-Konkurrent, doch braucht er 0,8 Sekunden länger, um von 0 auf 100 zu beschleunigen. Zudem sind die reinen Energiekosten beim Tesla fast viermal tiefer als beim Porsche. Beide Sportwagen sind für rund 120 000 Franken zu haben (Abb. 54). Wie sparsam die E-Mobilität heute ist, zeigt folgendes Beispiel: Ich habe auf dem Scheunendach meines Elternhauses im Kanton Solothurn 133 Quadrat-

meter Solarzellen mit einer Spitzenleistung von 21 Kilowatt installieren lassen. In Welschenrohr kann man mit 1100 Stunden Sonnenschein pro Jahr rechnen, was zu einer Produktion von 23 100 Kilowattstunden führt. Damit könnten 10 Tesla Roadster Sport ein ganzes Jahr lang unterwegs sein und pro Fahrzeug 16 500 Kilometer zurücklegen.

In diesem Zusammenhang gibt es eine lustige Anekdote: Mein Kollege Emanuel Probst ist Chef der Firma Jura, die Kaffeemaschinen herstellt. Er liebt Autos und sammelt schöne Fahrzeuge. Als ich vor längerer Zeit die provozierende Meinung vertrat, 1 Liter Benzin müsste um der Kostenwahrheit willen mindestens 10 Franken kosten, verwarf er die Hände und nannte mich einen Spinner. Als ich ihn einige Zeit später wieder traf, erzählte er mir voller Begeisterung, er habe sich einen Chevrolet Volt gekauft, das amerikanische Schwestermodell des Opel Ampera. Das sei eine Supersache. Sein Arbeitsweg betrage 70 Kilometer. Er lade die Batterie zu Hause und im Geschäft an einer gewöhnlichen Steckdose auf – und müsse nur noch zweimal im Jahr tanken. «Das kostet ja

Abb. 54: **Strom-Tesla schlägt Benzin-Porsche**

Typ		Tesla Roadster Sport	Porsche 911 Carrera S
Leistung	PS	300	394
	kW	225	294
0 auf 100 km/h	s	3,7	4,5
Gewicht	kg	1400	1500
Verbrauch	kWh / 100 km	14	115
	l / 100 km	1,4*	11,5
Jahrskosten Energie für 16 000 km**	CHF	**448**	**1672**
Reichweite Ladung/Tank	km	394	556
Ladezeit		24 Std. (2 kW) 3 Std (16 kW)	5 Min.

* Äquivalenter Benzinverbrauch (der Tesla fährt rein elektrisch).
** Beim Tesla: Strompreis ab Steckdose.
  Beim Porsche: Einkaufspreis für Benzin am Markt vor Steuern und Abgaben.
  Quelle: Anton Gunzinger / Supercomputing Systems AG / Tesla / Porsche

nichts mehr», sagte er, worauf ich zurückgab, dass er sich unter diesen Umständen ja auch einen Benzinpreis von 10 Franken leisten könnte.

Geringere Energiekosten, wenig Umweltbelastung
Der Unterschied zwischen den Energiekosten von benzin- und stromgetriebenen Fahrzeugen ist markant. Wir vergleichen diese Werte anhand des durchschnittlichen Schweizer Autos, das 1400 Kilogramm wiegt und pro Jahr 16 000 Kilometer zurücklegt. Die schwarzen Säulen 1 bis 4 in der Abbildung 55 zeigen die Kosten für ein Benzinfahrzeug vor Steuern und Abgaben gemäss den Verbrauchsangaben im Prospekt des Herstellers, im realen Alltagsverkehr, mit Treibstoff aus Fracking und mit seriellem Hybridantrieb. Die Säulen 5 bis 8 zeigen die Kosten für ein reines Elektrofahrzeug, das mit Strom aus einem alten Kohlekraftwerk, einem modernen, effizienteren Kohlekraftwerk, einem Gaskraftwerk oder mit Solarstrom betrieben wird. Analog dazu zeigen die grünen Säulen die entsprechenden CO_2-Emissionen *(detaillierte Berechnung im Anhang A 27a)*.
Die Grafik verdeutlicht, dass Erdöl als Energiequelle kostenmässig nur als Ergänzung in hybriden Autos konkurrenzfähig ist (Säule 4). Der Betrieb von Elektrofahrzeugen mit Strom aus Kohle ist am preisgünstigsten (Säulen 5 und 6). Wenn man allerdings die CO_2-Emissionen mit einbezieht, verliert die Kohlevariante deutlich an Attraktivität. Der Solarstrom (letzte Säule) belastet die Umwelt wesentlich weniger stark als der schmutzige Strom aus Kohlekraftwerken, ganz zu schweigen von Benzin aus Fracking. Noch düsterer sähe die CO_2-Bilanz bei der Verwendung von Benzin aus Ölsand aus, weil die Förderung enorm viel Energie verschlingt.

Modellrechnung inklusive «grauer» Energie
Kritische Leser von «Kraftwerk Schweiz» haben mir vorgeworfen, meine Berechnungen des CO_2-Ausstosses griffen zu kurz. Man müsse auch die «graue» Energie mit einbeziehen, die für die Produktion und Entsorgung der Autos und Batterien aufzuwenden sei. Dann sehe die Bilanz der Elektroautos deutlich schlechter aus. Wirklich?
Froh um den Hinweis, habe ich die entsprechenden Berechnungen unter Verwendung der Daten der Eidg. Materialprüfungs- und Forschungsanstalt (Empa)

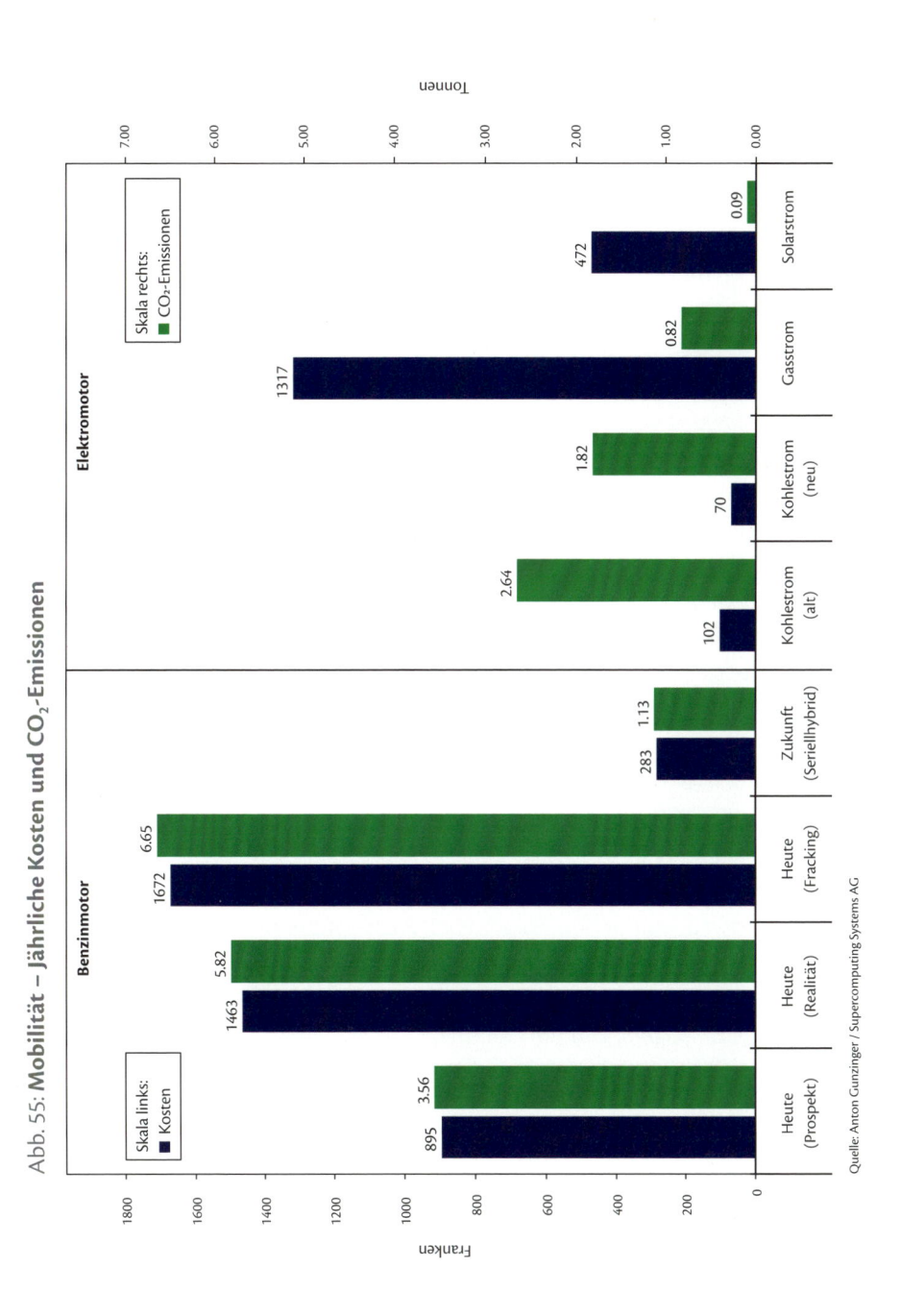

Abb. 55: **Mobilität – jährliche Kosten und CO_2-Emissionen**

Benzinmotor				Elektromotor			
Heute (Prospekt)	Heute (Realität)	Heute (Fracking)	Zukunft (Seriellhybrid)	Kohlestrom (alt)	Kohlestrom (neu)	Gasstrom	Solarstrom
895 / 3.56	1463 / 5.82	1672 / 6.65	283 / 1.13	102 / 2.64	70 / 1.82	1317 / 0.82	472 / 0.09

Skala links: Kosten (Franken)
Skala rechts: CO_2-Emissionen (Tonnen)

Quelle: Anton Gunzinger / Supercomputing Systems AG

angestellt, die von folgenden Belastungen ausgeht: 4,3 Kilo CO_2 pro Kilo Fahrzeug und 6 Kilo CO_2 pro Kilo Batterie. Um die Elektroautos nicht zu bevorzugen, habe ich das Gewicht alter Batterien (mit 10 kg/kWh) eingesetzt (die neuen sind mit 4 kg/kWh bereits viel leichter) und – analog zu den Benzinmotoren – einen Lebenszyklus von nur 200 000 Kilometern angenommen (man darf bei Elektromotoren locker von einer Million Kilometer ausgehen, bei den Batterien von 200 000 km). Ausserdem habe ich für die Benzinmotoren einen hohen Wirkungsgrad von 27 Prozent angenommen, der vielleicht auf dem Prüfstand, aber kaum je auf der Strasse erreicht wird (*Resultate im Anhang A 27b, detaillierte Herleitung auf www.kraftwerkschweiz.ch*).

Das Ergebnis ist frappierend: Selbst Elektroautos, die mit dreckigem Strom aus alten Kohlekraftwerken betrieben werden, haben inklusive «grauer» Energie eine bessere CO_2-Bilanz als jedes Benzinauto, das auf unseren Strassen verkehrt (Abb. 56).

Das ist allerdings noch nicht die ganze Wahrheit, denn in der Infrastruktur (Strasse) steckt ja auch CO_2. Am Swiss Energy and Climate Summit 2017 in Bern präsentierte der Innerschweizer Bauunternehmer und mehrfache Solarpreisgewinner Markus Affentranger zu diesem Thema brisante Zahlen: Die Bauindustrie erarbeite mit 7% der Beschäftigten 5% des Schweizer Bruttoinlandprodukts (BIP), produziere dabei aber nicht weniger als 30% des CO_2-Ausstosses. Das bedeutet, dass sie pro Kilometer Strasse bis zu 171 Gramm CO_2 freisetzt (*Berechnung im Anhang A 27 c*). Damit belastet der Strassenbau die Umwelt um ein Fünf- bis Sechsfaches stärker als die Herstellung der Autos und Batterien. Daraus lässt sich nur eine Schlussfolgerung ziehen: Immer mehr Strassen zu bauen, um die Verkehrszunahme zu bewältigen, ist klimatisch gesehen ein Irrweg – selbst dann, wenn die benzingetriebenen Autos vollständig durch Elektromobile ersetzt werden. Um die CO_2-Belastung zu senken, muss der Verkehr so weit reduziert werden, dass er mit dem heutigen Strassennetz auskommt.

Es führt aber auch kein Weg daran vorbei, die «Benzinfresser» auszumerzen, denn sie haben eine miserable Energiebilanz, wie folgender Vergleich zeigt: Mit 1 Liter Benzin kommt der Hummer, ein dreieinhalb Tonnen schweres amerikanisches Offroader-Ungetüm, gerade mal 6,8 Kilometer weit, der Porsche Cayenne 9 Kilometer und der Ford Focus 17 Kilometer. Der Toyota Prius Hybrid

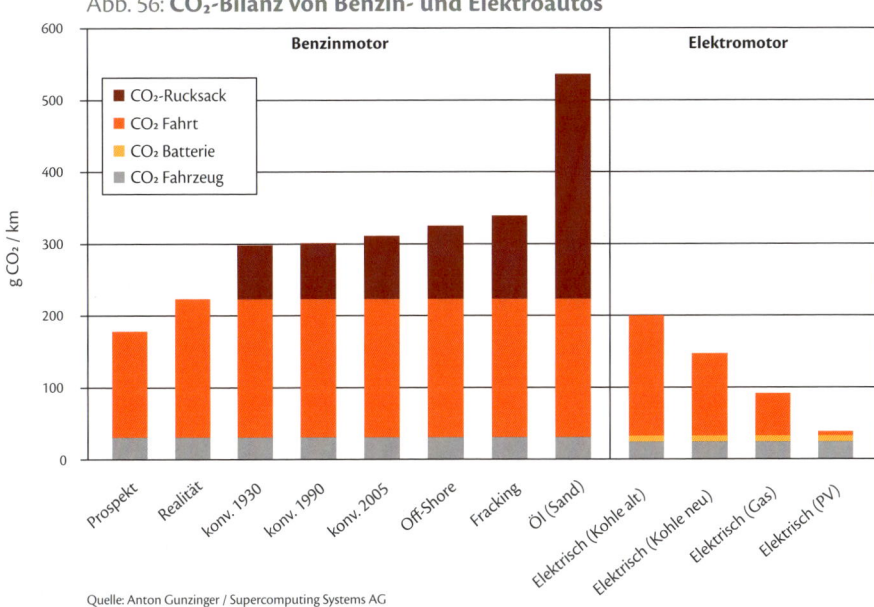

Abb. 56: CO_2-Bilanz von Benzin- und Elektroautos

Legende:
- CO_2-Rucksack
- CO_2 Fahrt
- CO_2 Batterie
- CO_2 Fahrzeug

Y-Achse: g CO_2 / km

Benzinmotor: Prospekt, Realität, konv. 1930, konv. 1990, konv. 2005, Off-Shore, Fracking, Öl (Sand)

Elektromotor: Elektrisch (Kohle alt), Elektrisch (Kohle neu), Elektrisch (Gas), Elektrisch (PV)

Quelle: Anton Gunzinger / Supercomputing Systems AG

steht mit der entsprechenden Energie in Form von Benzin und Strom erst nach 26,2 Kilometern still, das reine Elektrofahrzeug Opel Ampera nach 48,6 Kilometern und der Tesla Roadster nach 73,3 Kilometern. Wer sich auf einen Elektroscooter (Motorrad) setzt, fährt 226,6 Kilometer weit – und mit dem E-Bike brächte man es auf mehr als 2000 Kilometer.

Das bringt uns zur Frage, aus welchen Gründen bei den erstgenannten Fahrzeugen so viel Energie verloren geht. Je breiter und gröber die Reifen und je schwerer das Fahrzeug, desto grösser sind die Reibungsverluste – verlorene Energie. Der Luftwiderstand, der mit dem Quadrat der Geschwindigkeit zunimmt, ist ein weiterer Faktor. Ein Fahrzeug, das mit 200 km/h über eine deutsche Autobahn brettert, verbraucht viel mehr Benzin als eines auf unseren Nationalstrassen, wo die Geschwindigkeit auf 120 km/h begrenzt ist. Überdies benötigen schwere Fahrzeuge für den Stop-and-go-Betrieb im Alltagsverkehr deutlich mehr Energie als leichte: Die gesamte Masse muss dauernd beschleunigt und wieder abgebremst werden.

Es ist Zeit für einen Wechsel
Was können wir aus dem Gesagten schliessen? Heute sind die Energiekosten für Elektro- und Hybridfahrzeuge bereits deutlich tiefer als für herkömmliche Autos. Der CO_2-Ausstoss von Elektrofahrzeugen ist geringer, ebenso die Lärmentwicklung. Das Fahrverhalten von Elektrofahrzeugen ist besser, der Unterhalt wesentlich kostengünstiger. Kurzum: Es ist Zeit für einen Wechsel.
Der grösste Vorbehalt gegenüber Elektrofahrzeugen betrifft das Auftanken bzw. Aufladen. Hier ist das Ölfahrzeug auf langen Strecken sicherlich noch im Vorteil. Tesla hat allerdings angekündigt, Europa mit einem dichten Netz von Servicestationen zu überziehen, an denen die Batterie in einer halbstündigen Kaffeepause kostenlos so weit aufgeladen werden kann, dass die Energie mindestens für die nächsten 300 Kilometer reicht. Was den Alltagsgebrauch angeht, so hilft die Tatsache, dass ein Auto in aller Regel kein Fahrzeug, sondern ein «Stehzeug» ist. Die meisten Leute brauchen ihren Wagen nur, um zur Arbeit zu fahren oder einzukaufen. Am Tag wie in der Nacht lässt sich die Batterie problemlos an einer gewöhnlichen Steckdose aufladen, ob zu Hause oder auf dem Firmenparkplatz.
Wird also die E-Mobilität die Öl-Mobilität verdrängen? Gemäss Abbildung 55 lassen sich mit einem solarstromgetriebenen Auto etwa 1000 Franken pro Jahr sparen, was beachtlich ist, aber noch keine grossen Kaufanreize auslöst. Entscheidend wird die Preisentwicklung bei den Batterien sein. Ich bin überzeugt, dass sich das Elektrofahrzeug auch in der Mittelklasse innert weniger Jahre durchsetzen wird. Der bekannte Duisburger Verkehrsexperte Ferdinand Dudenhöffer sagte in einem Interview mit dem «Tages-Anzeiger» kürzlich: «In China wird man schon zwischen 2025 und 2030 auf 100 Prozent Elektroautos kommen. Und China bestimmt die Regeln im Spiel.»

Vom Traktor bis zur Formel E – alles elektrisch
Die Tatsache, dass am 13. September 2014 in Peking das erste Formel-E-Rennen der Welt stattgefunden hat, unterstreicht die zunehmende Popularität des

Elektroantriebs. Die Rennautos sehen aus wie jene der Formel 1, produzieren aber lediglich so viele Dezibel wie Rasenmäher und beschleunigen in 2,9 Sekunden von 0 auf 100; die Höchstgeschwindigkeit ist auf 225 km/h begrenzt. Der Lithium-Ionen-Akku mit einer Kapazität von 28 kWh und 200 kW Leistung (272 PS) hält (vorderhand) nur bis zur halben Renndistanz, dann müssen die Fahrer auf frisch geladene Autos umsteigen.

Im Gegensatz zur benzingetriebenen Formel 1 geht die Formel E ausschliesslich mitten in die Grossstädte: Peking, Buenos Aires, Miami, Long Beach, Monte Carlo, Berlin und London. «Wir sind grün und passen hervorragend zum Zeitgeist der Metropolen, in denen wir fahren», sagt Alejandro Agag, der spanische Chef der Formel E. Der Sieger des Rennens in Peking erreichte eine Durchschnittsgeschwindigkeit von 127,5 km/h, der Gewinner des Formel-1-GP von Monte Carlo im selben Jahr eine solche von 142,8 km/h.

Auch in der Wirtschaft kommen die Elektrofahrzeuge immer besser voran. Selbst schwere Kraftfahrzeuge lassen sich mit Hybridmotoren deutlich kostengünstiger betreiben als mit reinen Verbrennungsmotoren; sie sind auch komfortabler zu steuern. Mittlerweile gibt es Traktoren mit separatem Elektroantrieb an allen vier Rädern, mit elektronischem ABS und elektronischem Differenzial. Markus Affentranger betreibt in seiner Baufirma seit geraumer Zeit den weltweit ersten 16-Tonnen-Solarbagger mit Elektroantrieb. Die Batteriekapazität von 190 kWh ermöglicht einen 9-Stunden-Tageseinsatz. Im Vergleich zu einem Dieselbagger stösst der Solarbagger jährlich 40 Tonnen CO_2 weniger aus und spart erst noch 21 000 Franken Treibstoffkosten. Laut Website strebt die Affentranger Bau AG die komplette Umrüstung ihres Fuhr- und Maschinenparks auf Elektroantrieb an.

Milliardeneinsparung durch Verhaltensänderung
Meiner Meinung nach würde ein deutlich höherer Benzinpreis zur dringend notwendigen, markanten Änderung des Mobilitätsverhaltens und damit zu einem sinkenden Energieverbrauch führen. Schon der Verzicht auf unnötige Fahrten brächte ein Einsparpotenzial von etwa 15 Prozent; Eltern könnten beispielsweise auf die Unsitte verzichten, ihre Kinder zur Schule zu chauffieren. Eine Reduktion um weitere 25 Prozent käme zustande, wenn die Menschen für

kurze Strecken das (Elektro-)Velo nehmen oder zu Fuss gehen würden; man weiss, dass rund ein Drittel aller Fahrten weniger als 1 Kilometer lang sind. Weitere 13 Prozent der Energie liessen sich mit einer Erhöhung der durchschnittlichen Fahrzeugbelegung von 1,3 auf 1,5 Personen einsparen. Apps für Smartphones könnten dazu beitragen, die Bildung von Fahrgemeinschaften zu erleichtern.

Allein diese drei Verhaltensänderungen würden den Verkehr auf unseren Strassen etwa um die Hälfte reduzieren und den heutigen Treibstoffverbrauch von etwas mehr als 64 Terawattstunden pro Jahr auf knapp 32 TWh senken. Das ist noch nicht alles: Mit dem seriellen Hybrid könnte man zwei Drittel aller Fahrten rein mit Strom ab Batterie zurücklegen, für das restliche Drittel würde nur wenig fossile Energie verbraucht, weil der kleine Benzinmotor im Hybridauto zwei- bis viermal effizienter arbeitet als ein Verbrennungsmotor in einem herkömmlichen Wagen. Alles in allem liesse sich der Treibstoffverbrauch von 64 TWh fossiler, nicht erneuerbarer Energie auf 2,7 TWh erneuerbaren Strom und 2,7 TWh fossile Brennstoffe reduzieren. Mit andern Worten: In dieser neuen, saubereren und effizienteren automobilen Welt würden wir statt 7 Milliarden Liter nur noch 300 Millionen Liter Benzin und Diesel pro Jahr verbrauchen – 23-mal weniger.

Moderner
Mobilitätstraum
    jederzeit komfortabel
    schnell günstig sicher
    vorwärts

versus

Altmodisch
begrenzte Gemeingüter
    Platz
    saubere Luft
    Ruhe

26. Warum 1 Liter Benzin mehr als 10 Franken kosten sollte

Wann immer ich in Diskussionen einen Benzinpreis von mehr als 10 Franken fordere, kommt es zu einem Aufruhr. Viele Leute reagieren aufgebracht; es gibt sogar solche, die mich als «Spinner» oder gar «Dummkopf» bezeichnen; die Autofahrer würden schon genügend zur Kasse gebeten. Mein Eindruck geht dahin, dass der Benzinpreis ein Tabuthema ist, wohl das heisseste Eisen in der Diskussion um den Verbrauch nicht erneuerbarer Ressourcen.

In diesem Kapitel möchte ich darlegen, welche Überlegungen zu einem Literpreis von über 10 Franken führen und warum von Diskriminierung keine Rede sein kann. Ganz im Gegenteil: Das System, das ich vorschlage, ist im besten Sinne des Wortes liberal, weil es der Kostenwahrheit verpflichtet ist: Es bittet alle Verkehrsteilnehmer zur Kasse, die viel fahren, und belohnt jene – auch Autofahrer! –, die der Umwelt und den nicht erneuerbaren Ressourcen Sorge tragen. Machen wir uns nichts vor: Das Erdöl wird immer knapper und nach dem Gesetz von Angebot und Nachfrage immer teurer. Zur Erinnerung: Einst prognostizierte die Internationale Energieagentur (IEA) für das Jahr 2020 einen Ölpreis von 20 Dollar pro Fass. Zwischen 2011 und 2014 kostete ein Barrel (rund 159 Liter) bereits fast sechsmal so viel; nach dem wirtschaftspolitisch bedingten Rückgang in den letzten Jahren auf weniger als 60 Dollar wird der Ölpreis mittel- und langfristig mit Sicherheit weiter steigen. Mit der Anhebung des Benzinpreises auf mehr als 10 Franken pro Liter nehmen wir diese Entwicklung lediglich um einige Jahre vorweg – und nutzen den Vorsprung, um mit geeigneten Anreizen zukunftsfähige Entwicklungen einzuleiten.

Unser Ziel ist es, möglichst bald möglichst viele Benzin- und Dieselfahrzeuge durch Elektromobile zu ersetzen. Sobald ihr Anteil an der Schweizer Fahrzeugflotte über ein paar Prozent steigt, muss nach und nach das Mobility-Pricing eingeführt werden. Dabei wird die Kilometerleistung eines jeden Fahrzeugs – egal ob Diesel, Benziner, Elektromobil oder Hybrid – mit einem eingebauten Fahrtenschreiber gemessen. Auf diese Weise ist es möglich, zu einer gerechten Kostenverteilung für die Benutzung der Gemeingüter Raum, Ruhe und Luft zu kommen. Ende Monat erhält jeder Halter anhand der gefahrenen Kilometer eine Abrechnung. Mit diesem System könnte auch verhindert werden, dass

Schweizer Autofahrer billiger im Ausland tanken. Schauen wir uns zuerst an, in welchem Ausmass der motorisierte Verkehr die Gemeingüter Raum, Ruhe und Luft beansprucht.

Autofahrer sind die grössten «Bodenfresser»
Benzin- und Dieselfahrzeuge nutzen den öffentlichen Raum in Form von Strassen und Parkplätzen. Sie stören mit ihrem Lärm das Ruhebedürfnis der Bevölkerung und verbrauchen in hohem Masse nicht erneuerbare Ressourcen: 7 Milliarden Liter pro Jahr! Der motorisierte Verkehr verschmutzt die Luft, indem er Feinstaub und Millionen Tonnen Treibhausgase freisetzt. Ich bin der Meinung, dass die Autofahrer die Bevölkerung für die Nutzung der Gemeingüter Luft, Ruhe und Raum angemessen entschädigen sollten.

Was die Beanspruchung des öffentlichen Raums angeht, sind die Autofahrer die gefrässigsten Verkehrsteilnehmer. Ein Fussgänger benötigt laut ETH-Studien nur einen Quadratmeter Platz, um sich flüssig fortbewegen zu können, nämlich 50 Zentimeter in der Breite und 2 Meter in der Länge. Wird es enger, erlebt er das als Gedränge. Die Velofahrer brauchen wegen ihres höheren Tempos bereits 10 m^2, während Autos zwischen 67 m^2 (bei Tempo 30) und 267 m^2 (bei Tempo 120) beanspruchen *(Erklärung in Anhang A 28)*. Diese Relationen sind angesichts der Knappheit der Ressource Raum im dicht besiedelten Schweizer Mittelland wichtig, wie folgendes Beispiel verdeutlicht: Wären im Morgenverkehr die 238 Passagiere eines 36 Meter langen, vollgestopften Zürcher Cobra-Trams allesamt mit dem Auto unterwegs, hätten sie einen Strassenbedarf von mehr als 4 Kilometern Länge.

Wir alle haben ein Interesse daran, dass der öffentliche Raum effizient genutzt wird und sich die Autos nicht übermässig auf Kosten der übrigen Verkehrsteilnehmer breit machen. Dass sie es tun, belegen folgende Zahlen: In der Schweiz gibt es 1800 Kilometer Nationalstrassen, 18 000 Kilometer Kantonsstrassen und rund 52 000 Kilometer Gemeindestrassen. Bei durchschnittlichen Strassenbreiten von 25, 12 und 6 Metern ergibt das eine Fläche von 570 Quadratkilometern. Dazu kommen rund 160 km^2 Parkplätze sowie 300 km^2 nicht nutzbare Zusatzflächen entlang der Strassen, total etwa 1000 km^2. Die Automobilität, der grösste Bodenfresser der Schweiz, beansprucht eine rund dreimal grössere

Fläche als sämtliche Gebäude, in denen wir wohnen, arbeiten und unsere Freizeit verbringen, was auch damit zusammenhängt, dass Häuser mehrstöckig, Strassen aus Kostengründen aber nur einstöckig gebaut werden können. In dicht besiedelten Gebieten wie der Stadt Zürich transportiert das Auto lediglich 25 Prozent der Personen, die unterwegs sind, beansprucht aber 76 Prozent der gesamten Mobilitätsfläche, während sich die Bahn und der Strassen-ÖV, die zusammen 50 Prozent der Transporte besorgen, mit etwas mehr als 20 Prozent zufrieden geben. Für die Fussgänger und Velofahrer, das letzte Viertel, bleiben gerade noch 3,3 Prozent der Fläche übrig *(Erläuterung in Anhang A 29)*. Diese Zahlen sind die Folge der autofreundlichen 1960er-Jahre. Zürich zum Beispiel plante damals sein berühmtes Autobahn-Y mitten durch die Stadt, wollte die Limmat mit einer Strasse zudecken und Teile der Altstadt abreissen, um den Autos mehr Platz zu verschaffen, alles unter dem Motto «Freie Fahrt für freie Bürger». Die Idee, allen 400 000 Bewohnern und täglich 400 000 Pendlern zu ermöglichen, mit ihrem Auto stets Tempo 50 zu fahren, würde zu einem Platzbedarf für Strassen und Parkplätze von 90 km^2 führen, was ziemlich genau der Stadtfläche entspricht. Die automobile Freiheit stösst irgendwo an ihre Grenzen.

Inzwischen hat die Volksmeinung umgeschlagen. Die Bewohner dicht besiedelter Gebiete verlangen Tempo 30 und die Eindämmung des Individualverkehrs in den Quartieren. Die Politik diskutiert über Road-Pricing, um einen Teil des Verkehrs von der City fernzuhalten. Dies vor dem Hintergrund, dass in der Stadt Zürich die Erholungsflächen für die Bevölkerung nur gerade so gross sind wie die Parkplatzflächen für die Autos. Ein Kuriosum ist auch der Umstand, dass das Schweizer Strassennetz übers Jahr nur zu 2,84 Prozent ausgelastet ist *(Berechnung in Anhang A 30)*. Dass es trotzdem im ganzen Land an neuralgischen Punkten immer wieder zu Staus kommt, liegt in aller Regel daran, dass alle zur selben Zeit auf demselben Weg an denselben Ort wollen.

Geschönte Strassenrechnung
Wie viel lassen wir uns das Asphaltnetz kosten? In der offiziellen Strassenrechnung weist das Bundesamt für Statistik einen jährlichen Aufwand von 8,3 Milliarden Franken für National-, Kantons- und Gemeindestrassen aus. Diesen Betrag halte ich für deutlich zu tief. Es ist beispielsweise wenig wahrscheinlich, dass die

18 000 Kilometer Kantonsstrassen nur ungefähr gleich viel kosten sollen wie die 1800 Kilometer Nationalstrassen. Weil mir diese Zahlen nicht einleuchten, setze ich der offiziellen Darstellung der Behörden eigene Berechnungen entgegen. Der Bau eines Kilometers Autobahn, inklusive Planung, Anschlussarbeiten, Brücken und Signalisierung, kostete um 2010 gemäss Walter Thurnherr, Generalsekretär im Eidgenössischen Departement für Umwelt, Verkehr, Energie und Kommunikation, rund 40 Millionen Franken, ein Autobahntunnel etwa 100 Millionen. Den Bau eines Kilometers Kantonsstrasse setzen wir mit rund 10 Millionen Franken ein (tatsächlich dürften es eher 15 Millionen sein; der Kanton Zug hat kürzlich 6 km Kantonsstrasse für 90 Millionen gebaut). Den Bau eines Kilometers Gemeindestrasse veranschlagen wir auf etwa 2,5 Millionen (tatsächlich dürften es heute 5 bis 7,5 Millionen sein). Zurückhaltend geschätzt, beträgt der Neuwert des Schweizer Strassennetzes demnach 382 Milliarden Franken, wie die Tabelle «Kostenrechnung» zeigt.

Kostenrechnung	Länge in km	Neuwert Mio. CHF/km	Neuwert total Mio. CHF	Offizielle Kosten Mio. CHF	Kosten gemäss Gunzinger
Nationalstrassen	1 800	40,0	72 000	2 567	2 592
Kantonsstrassen	18 000	10,0	180 000	2 758	6 480
Gemeindestrassen	52 000	2,5	130 000	2 980	4 680
Total			382 000	8 305	13 752

Quellen: Strassenrechnung der Schweiz 2010 (Bundesamt für Statistik)/A. Gunzinger.

Unter der Voraussetzung, dass die Lebensdauer der Strassen 50 Jahre beträgt, ergibt sich folgende Investitionsrechnung: Selbst bei einem tief angesetzten jährlichen Aufwand von 3,6 Prozent des Neuwerts für Amortisation (1% Zins) und Unterhalt (1%) kosten die Schweizer Strassen jedes Jahr rund 13,75 Milliarden Franken, also 5,45 Milliarden mehr als die von den Behörden ausgewiesenen 8,3 Milliarden *(siehe Berechnung in Anhang A 5)*. Da wird in den Tiefbauämtern offenbar wacker quersubventioniert.

Aufschlussreich ist auch ein Kostenvergleich zwischen dem Strassen- und dem Stromnetz, dessen Neuwert ungefähr 60 Milliarden Franken beträgt. Die unabhängige staatliche Regulierungsbehörde ElCom beziffert die jährlichen

Amortisations- und Unterhaltskosten auf 4,5 Milliarden Franken, was 7,5 Prozent des Neuwerts entspricht. Weil Stromkabel weder gereinigt noch vom Schnee befreit, geteert oder dauernd repariert werden müssen, dürften die Unterhaltskosten deutlich tiefer sein als beim Strassennetz. Wenn man dort ebenfalls mit einem Unterhaltsfaktor von 7,5 Prozent rechnen würde, ergäben sich jährliche Kosten von 28,65 Milliarden Franken, drei Mal so viel wie offiziell ausgewiesen. Für die Fortführung unserer Modellrechnung wollen wir es aber bei den 13,752 Milliarden Franken belassen.

Was die Strassenrechnung völlig ausblendet, ist eine ganze Reihe von beträchtlichen Nebenkosten. So trägt die Allgemeinheit laut Bundesamt für Statistik jedes Jahr etwa 2 Milliarden Franken der ungedeckten Folgekosten von Unfällen, etwa durch die Subventionierung von Spitälern. Die Polizei, die sich während der Hälfte der Arbeitszeit mit dem Strassenverkehr beschäftigt, stellt ihre rund 2 Milliarden Franken Aufwand ebenfalls pauschal den Steuerzahlern in Rechnung. Von der Subventionierung der öffentlichen Parkplätze (jährlich 1,5 Milliarden) und der Ermässigung der Fahrkosten dank Steuererleichterungen ganz zu schweigen.

Im Sinne der Kostenwahrheit schaffe ich in meinem Modell sowohl die Motorfahrzeugsteuern, die Schwerverkehrsabgabe (LSVA) sowie die Zollerträge durch den Motorfahrzeugimport ab. Der Grund? Meiner Meinung nach sollten für die Strassen nicht jene Leute Steuern und Abgaben entrichten müssen, die zwar ein Fahrzeug besitzen, es aber meist in der Garage stehen lassen. Zahlen sollten vor allem diejenigen, die das Strassensystem intensiv benützen. Die wegfallenden Einnahmen aus den genannten Steuern, Abgaben und Erträgen müsste der Staat direkt über den Benzinpreis kompensieren, konkret über eine Erhöhung der Mineralölsteuer. Auf diese Weise ergibt sich ein Preis von 3,63 Franken pro Liter, wie die Tabelle «Benzinpreisrechnung» zeigt (S. 228).

Die Zahlen belegen: Heute subventionieren die Steuerzahler die individuelle Mobilität mit mindestens 9,45 Milliarden Franken pro Jahr, indem sie die Differenz zwischen den offiziell ausgewiesenen Kosten von 8,305 Milliarden und den wahrscheinlich deutlich zu tief geschätzten Ausgaben in Höhe von 17,752 Milliarden Franken tragen. Anders ausgedrückt: Für jeden Liter Benzin steuern auch die Nichtautofahrer mindestens 1,89 Franken für Strassenbau und -unterhalt sowie Unfall- und Polizeikosten der Automobilisten bei.

Benzinpreisrechnung	Bund 2010 Mio. CHF / Jahr	Gunzinger 2010 Mio. CHF / Jahr
Nationalstrassen, brutto	2 567	2 592
Kantonsstrassen, brutto	2 758	6 480
Gemeindestrassen, brutto	2 980	4 680
Unfallkosten	0	2 000
Polizeikosten	0	2 000
Ausgaben Total	**8 305**	**17 752**
Motorfahrzeugsteuern	2 177	0
Anteil Schwerverkehrsabgabe LSVA	369	0
Autobahnvignette	315	315
Zollertrag Motorfahrzeugimport	314	0
Mehrwertsteuer-Rückerstattung	129	129
Durch Mineralölsteuer aufzubringen	5 001	17 308
Einnahmen Total	**8 305**	**17 752**
Treibstoffverbrauch (Mio. Liter)	7 053	7 053
Mineralölsteuer (CHF/Liter)	0,71	2,45
Importkosten bei USD 120/Barrel (CHF/Liter)	0,91	0,91
Total	1,61	3,36
Benzinpreis (inkl. 8% MwSt)	**1,74**	**3,63**

Kosten des Gemeinguts öffentlicher Raum

Die Investitions- und Unterhaltskosten für die Strassen sind das eine, jene für die Beanspruchung des öffentlichen Raums kommen noch dazu. Wie bereits erwähnt, bedecken Strassen und Parkplätze eine Fläche von etwa 1000 km^2, oft an besten und somit teuren Lagen. Ein Teil der Kosten für die Gemeindestrassen wird über den sogenannten Perimeter von den Gebäudeeigentümern bezahlt. Das ist eine Abgeltung an den Staat, weil dieser den Wert eines Grundstücks durch die Erschliessung mit einer Strasse erhöht. Die allein durch die

Öffentlichkeit finanzierte Fläche beträgt ungefähr 900 km². Wenn wir von einem durchschnittlichen Quadratmeterpreis von 500 Franken ausgehen, ergibt sich ein Gesamtwert von 450 Milliarden. Würde der Staat den Autofahrern für die Benützung des öffentlichen Grunds einen Zins von 5 Prozent in Rechnung stellen, nähme er jedes Jahr etwa 22,5 Milliarden Franken ein.

Kosten des Gemeinguts Ruhe
Jeder Mensch hat dasselbe Recht auf Ruhe. Diese wird durch die Immissionen der Mobilität oft arg gestört, sei es durch startende und landende Flugzeuge, die Eisenbahn oder – in erster Linie – durch die vielen Motorfahrzeuge. Während bei den Flugzeugen und der Eisenbahn in Sachen Lärmreduktion grosse Fortschritte erzielt worden sind, hat die Autolobby bei den Fahrzeugen griffige Lärmvorschriften verhindert. Wir können diese Behauptung an jedem Wochenende in den Städten überprüfen, wenn insbesondere junge Männer ihre hochgetunten Autos aufheulen lassen.
Wie können wir den Preis von Ruhe bestimmen? In Diskussionen heisst es jeweils, wir seien doch alle mobil und störten die Ruhe, deshalb solle Lärm keinen Preis haben. Mit dieser faulen Ausrede kann ich nicht viel anfangen. Meiner Meinung nach sollten die Verursacher von grossem Verkehrslärm mehr bezahlen als stille Verkehrsteilnehmer wie Fussgänger oder Velofahrer. Denn die Erfahrungen zeigen, dass der Lärm der Automobilität den Wert von Liegenschaften an vielbefahrenen Strassen um 20 bis 50 Prozent reduziert. Umgekehrt klettern die Immobilienpreise markant, wenn eine zuvor dicht befahrene Strasse vom Verkehr befreit wird.
Der Wert aller Liegenschaften in der Schweiz beträgt rund 2500 Milliarden Franken. Wenn wir mit einer durchschnittlichen Einbusse von 10 Prozent rechnen, verursacht durch Verkehrslärm, ergibt sich eine Wertverminderung um 250 Milliarden Franken. Bei einer Verzinsung von 5 Prozent würde das zu einer Abgeltung von 12,5 Milliarden Franken pro Jahr zugunsten der Hauseigentümer führen – zu bezahlen von den lärmverursachenden Automobilisten über den Benzinpreis.

Kosten des Gemeinguts Luft
Die Luft gehört zu unseren Lebensgrundlagen. Ist sie von schlechter Qualität, sind wir alle betroffen. Die grössten Schadstoffquellen sind der motorisierte Verkehr und die Heizungen, wobei die Automobilisten für rund 40 Prozent der gesamten Emissionen verantwortlich sind. Ökonomen gehen davon aus, dass sich die Schäden durch CO_2-Immissionen auf mindestens 5 Prozent des Bruttoinlandprodukts belaufen. Auf die Automobilität entfallen folglich ungefähr 12 Milliarden Franken. Auch diese Summe müssten die Verursacher, die Automobilisten, in der ersten Umsetzungsphase über den Benzinpreis bezahlen.

Wenn wir die Abgeltung für die Gemeingüter Raum, Ruhe und Luft in unsere Benzinpreisrechnung einfliessen lassen, kostet der Liter an der Tanksäule laut der Tabelle rechts 10,29 Franken.

Der Staat würde die 47 Milliarden Franken, die er von den Autofahrern über den Benzinpreis als Abgeltung für die Gemeingüter Raum, Ruhe und Luft kassiert, aber nicht behalten. Dieses Geld gehört der Allgemeinheit. Nach einem auszuhandelnden Schlüssel würde die Summe in Form von Barauszahlungen und Steuerreduktionen an Privatpersonen und Firmen zurückerstattet. Das kann für den Einzelnen einige Tausend Franken pro Jahr ausmachen. Es profitieren jene, die den öffentlichen Raum am wenigsten beanspruchen und am wenigsten mit Lärm bzw. Abgasen belasten.

Trotz dieser Gutschriften höre ich schon den Protest: Das geht doch nicht! Wer kann es sich dann noch leisten, den 60-Liter-Tank seines Autos für rund 620 Franken zu füllen? Die Strecke Zürich–Bern retour (250 km) würde mit einem Fahrzeug, das auf 100 Kilometer 8 Liter Benzin verbraucht, 206 Franken statt wie heute 35 Franken kosten – sechsmal mehr, welch ein Irrsinn!

Überlegen wir in aller Ruhe, welche Folgen ein solcher Benzinpreis hätte und welche Effekte sich einstellen würden.

Wichtig ist, dass der Benzinpreis nicht über Nacht, sondern über einen planbaren Zeitraum von etwa 10 Jahren sukzessive erhöht wird – sagen wir, ab 2020 um 1 Franken pro Jahr, bis 2028 die 10 Franken erreicht sind. Und vergessen wir nicht, dass Private – auch die Autofahrer – und Firmen von einer jährlichen Rückerstattung profitieren würden, weil dank Kostenwahrheit beim Benzinpreis keine Quersubventionierung mehr notwendig wäre. Da der Mensch seinen

Benzinpreisrechnung	Bund 2010 Mio. CHF / Jahr	Gunzinger 2010 Mio. CHF / Jahr	Gunzinger 2010 Vollkosten
Nationalstrassen, brutto	2 567	2 592	2 592
Kantonsstrassen, brutto	2 758	6 480	6 480
Gemeindestrassen, brutto	2 980	4 680	4 680
Unfallkosten	0	2 000	2 000
Polizeikosten	0	2 000	2 000
Ausgaben Total	**8 305**	**17 752**	**17 752**
Motorfahrzeugsteuern	2 177	0	0
Anteil Schwerverkehrsabgabe LSVA	369	0	0
Autobahnvignette	315	315	315
Zollertrag Motorfahrzeugimport	314	0	0
Mehrwertsteuer-Rückerstattung	129	129	129
Durch Mineralölsteuer aufzubringen	5 001	17 308	17 308
Einnahmen Total	**8 305**	**17 752**	**17 752**
Treibstoffverbrauch (Mio. Liter)	7 053	7 053	7 053
Mineralölsteuer (CHF/Liter)	0,71	2,45	2,45
Importkosten bei USO 120/Barrel (CHF/Liter)	0,91	0,91	0,91
Total	1,61	3,36	3,36
Benzinpreis (inkl. 8% MwSt)	1,74	3,63	3,63
Abgeltung Gemeingut Raum	–	–	22 500
Abgeltung Gemeingut Ruhe	–	–	12 500
Abgeltung Gemeingut Luft	–	–	12 000
Benzinpreis, inkl. Gemeingüterabgeltung	**1,74**	**3,63**	**10.29**
Rückerstattung an Private und Firmen nach einem gerechten Schlüssel			47 000

persönlichen Nutzen stets maximieren will, wird er nach Sparmöglichkeiten suchen. Heute steht bereits eine ganze Reihe von energieeffizienten Autos zur Verfügung. Zur Erinnerung: Ein reines Benzinfahrzeug aus der gehobenen Klasse des Opel Ampera verbraucht im Stadtverkehr 15 Liter pro 100 Kilometer, in der seriellen Hybridversion nur 4,8 Liter. Eine Tankfüllung für rund 620 Franken (60 Liter) würde folglich nur für 400 Kilometer mit dem Benzinauto, aber für 1250 Kilometer mit dem seriellen Hybrid ausreichen. Anders gerechnet: Wer nach wie vor mit einer fossilen Energieschleuder fährt, muss einen hohen Kilometerpreis von 1,55 Franken in Kauf nehmen, wer sich einen sparsamen, seriellen Hybrid anschafft, zahlt nur 50 Rappen pro Kilometer.

Der finanzielle Anreiz wäre also gross, sich möglichst bald ein Auto anzuschaffen, das wenig fossile Energie verbrennt. Die Schweizer Fahrzeugflotte wäre innert 10 bis 15 Jahren auf Elektromobilität umgebaut. Ebenso gross wäre der Anreiz zur Verhaltensänderung: Die Benzinkosten liessen sich, wie im vorhergehenden Kapitel beschrieben, mit einem Verzicht auf unnötige Fahrten halbieren. Was können wir uns mit Blick auf die Verknappung des Erdöls Besseres wünschen als eine solche Entwicklung? Wenn die Benzin- und Dieselautos grösstenteils durch Elektrofahrzeuge ersetzt wären, müsste der Staat zwar immer noch die volle Entschädigung für die Benutzung des öffentlichen Raums zurückerstatten (22,5 Milliarden Franken), aber nur noch die Hälfte für das Gemeingut Ruhe (6,25 Milliarden) und nichts mehr für das Gemeingut Luft, denn die Elektrofahrzeuge sind 50 Prozent leiser und stossen kein CO_2 aus. So würde die gesamte Abgeltung von 47 Milliarden Franken mit den Jahren auf 28,75 Milliarden sinken. Die sukzessiv abnehmende Rückvergütung pro Kopf würde wohl auch die letzten Inhaber von Fahrzeugen mit Verbrennungsmotor dazu animieren, auf ein Hybrid- oder Elektrofahrzeug umzusteigen.

Unsinniger Mechanismus

Heute wird die Mobilität vom Staat in unterschiedlichem Ausmass finanziell unterstützt. Fussgänger und Fahrradfahrer erhalten fast nichts, der öffentliche Verkehr profitiert in mittlerem Ausmass. Dem Autoverkehr werden die geschuldeten Abgaben weitgehend erlassen – es profitiert also ausgerechnet jenes Verkehrssegment, das am meisten nicht erneuerbare Ressourcen verbraucht. Im

Grunde genommen ist es pervers: Je mehr Benzin ein Fahrzeug verbrennt, desto höher sind die staatlichen Zuwendungen an den Besitzer. Wenn Politiker behaupten, die Autofahrer seien die Milchkühe der Nation, liegen sie falsch. Es ist genau umgekehrt: Die wahren Milchkühe sind die Steuerzahler, während die Autofahrer von viel zu tiefen Benzin- und Dieselpreisen profitieren. Das muss sich ändern.

Entscheidend scheint mir, dass eine transparente, allseits akzeptierte Rechnung zu den Strassenkosten und der Gemeingüterabgeltung erstellt wird. Wie gesagt: Was ich hier darlege, ist ein Vorschlag. Meiner Meinung nach müssten die realen Kosten der Mobilität an einem runden Tisch ausgehandelt werden – von Vertretern des Bundes (Bundesamt für Strassen, Bundesamt für Statistik), der Automobilverbände (TCS, ACS, Autoimport) und von Nichtregierungsorganisationen (VCS, WWF, Greenpeace).

Alle Menschen haben ein Recht auf Mobilität. Es steht ihnen jederzeit frei, ihr bevorzugtes Transportmittel zu wählen. Wer dabei nicht erneuerbare Ressourcen verbraucht und die Umwelt belastet, sollte das aber am eigenen Portemonnaie spüren. Das ist für mich ein liberaler Ansatz.

**Wie
würden Sie
entscheiden?**

27. Land unter Strom

Stellen Sie sich vor, Sie sässen im Verwaltungsrat der «Schweiz AG» und wären dafür verantwortlich, dass es dieser «Firma» langfristig gut geht. In dieser Position sind Sie ausschliesslich dem Land verpflichtet. Sie müssen beim Umbau des Energiesystems weder politische noch wirtschaftliche Rücksichten nehmen und schon gar nicht Hand bieten zu faulen Kompromissen. Sie entscheiden rein sachlich. Ihnen ist klar, dass es bei jedem Systemumbau Gewinner und Verlierer gibt, und dass die Erdöllobby oder einige Stromkonzerne keine Freude an Ihnen haben werden. Dessen ungeachtet streben Sie die Versorgung der Schweiz mit erneuerbaren Energien zu möglichst tiefen volkswirtschaftlichen Kosten an, weil dies dem Land als Ganzem zugutekommt. Sie wollen umsetzen, was technisch machbar, volkswirtschaftlich vorteilhaft und ökologisch sinnvoll ist.

Natürlich kommen Sie im Verwaltungsrat der «Schweiz AG» nicht darum herum, einige Annahmen zu künftigen Entwicklungen zu machen. Die erste betrifft den Ölpreis. Wir erinnern uns an die Grafik der Internationalen Energieagentur IEA *(Anhang A 2)*: Sie zeigt, dass die Förderung auf den derzeit aktiven Feldern deutlich zurückgeht: Obwohl auch neue Vorkommen entdeckt werden, wird die Versorgungslücke in den nächsten Jahren immer grösser. Die IEA nennt das Defizit, das sich immer deutlicher abzeichnet, reichlich optimistisch «noch zu entdeckende Felder». Wir müssen nach heutigem Wissensstand aber davon ausgehen, dass im Jahr 2035 die weltweite Nachfrage nach Erdöl nur noch zu 70 Prozent gedeckt werden kann, zumal sich die Frackingeuphorie spürbar gelegt hat. Die Fördermenge soll bei dieser umstrittenen Abbaumethode nach einem Jahr bereits um 30 Prozent zurückgehen, nach dem zweiten Jahr um happige 60 Prozent. Bereits ziehen sich offenbar Investoren enttäuscht zurück. In meinen Augen ist Fracking ein Strohfeuer. Wir müssen also davon ausgehen, dass der Ölpreis mittel- und längerfristig wieder massiv steigen wird. Die zweite Annahme betrifft die Kernkraftwerke. Wir gehen davon aus, dass 2035 in der Schweiz keine KKW mehr in Betrieb sein werden. Die alten Meiler müssen aus Sicherheitsgründen stillgelegt werden, der Bau neuer Reaktoren rentiert schlicht nicht mehr. Folglich wird die Elektrizität unseres Landes im Jahr 2035 zu 100 Prozent aus erneuerbaren Quellen stammen, also aus

Wasserkraft, Kehrichtverbrennungsanlagen, Photovoltaik, Windkraft und Biomasse. Die Schweiz wird zu einem Land unter Strom, weil wir nicht nur die Wärmeversorgung, sondern auch die Mobilität auf der Strasse so weit wie möglich elektrifizieren wollen. Geht das überhaupt?

Vergegenwärtigen wir uns, wie das «Energiesystem Schweiz» heute funktioniert (Abb. 57). Als Basis nehmen wir die Zahlen von 2010. Wir benötigen 66.3 Terawattstunden Elektrizität pro Jahr. Diesen Strom liefern uns die Wasserkraftwerke, KKW und die thermischen Kraftwerke (Kehrichtverbrennung). Fürs Heizen verbrauchen wir 101.3 TWh, indem wir Erdgas, Heizöl und Holz verbrennen sowie Fernwärme einsetzen. Der Strassenverkehr schluckt 64.8 TWh in Form von Erdöl. Auf den Flugverkehr entfallen 17.1 TWh Energie, ebenfalls aus Erdöl. Insgesamt beträgt der Verbrauch 300.7 TWh pro Jahr.

Beim Umbau des Energieystems wollen wir alle zur Verfügung stehenden Technologien, Energiequellen und Sparmöglichkeiten nutzen, die wir vorgängig beschrieben haben. Hier noch einmal die wichtigsten Punkte:

1. Dank erhöhter Effizienz können wir unseren Stromverbrauch selbst bei einem Bevölkerungswachstum von 10 Prozent massiv reduzieren, beispielsweise mit folgenden Massnahmen: Lüftungen werden so eingestellt, dass sie nicht permanent laufen. Elektroheizungen werden überflüssig dank besserer Isolation und/oder Wärmepumpen. Alte Umwälzpumpen in Heizungen mit 700 Watt Leistung können ersetzt werden durch neue mit 200 Watt, die sich nur bei Bedarf einschalten. Die Boilertemperatur könnte unter der Woche von 60 auf 45 Grad Celsius gesenkt werden, denn um die Bakterien abzutöten, reicht es, den Kessel einmal pro Woche auf 60 Grad aufzuheizen. LED-Leuchten anstelle von Glühlampen sparen 80 Prozent Strom. Die teilweise zu gross dimensionierten Antriebsmotoren in der Industrie könnten durch kleinere, geregelte Motoren ersetzt werden – sie wurden gebaut, als noch niemand ans Stromsparen dachte. Der Föhn im Hallenbad muss nicht 5 Minuten laufen, ehe er automatisch abstellt, auch nicht das Wasser in der Dusche. Bewegungssensoren in den Büros löschen das Licht, wenn niemand arbeitet. In grossen Gebäuden können Sonnenstoren innen und aussen angebracht werden: Im Sommer halten die äusseren Storen die Wärme fern, im Winter machen die inneren Storen die Sonneneinstrahlung für die Gebäudeheizung nutzbar.

Abb. 57: **Energiesystem Schweiz 2010**

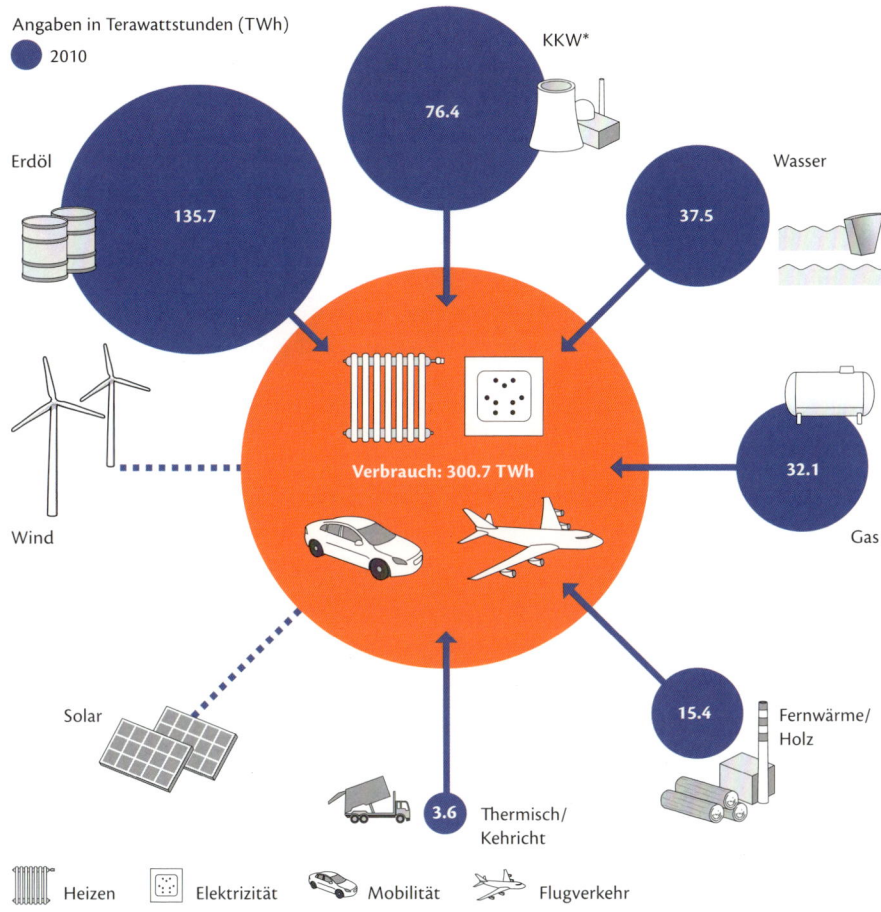

Angaben in Terawattstunden (TWh)
● 2010

KKW* 76.4
Erdöl 135.7
Wasser 37.5
Wind
Verbrauch: 300.7 TWh
Gas 32.1
Solar
Fernwärme/Holz 15.4
Thermisch/Kehricht 3.6

▥ Heizen   ▦ Elektrizität   🚗 Mobilität   ✈ Flugverkehr

*Eingesetzte Primärenergie in Form von Uran (daraus werden 25.2 TWh Strom erzeugt).
Quelle: Anton Gunzinger / Supercomputing Systems AG

2. Wenn wir es schaffen, jedes Jahr 4 von 100 sanierungsbedürftigen Gebäuden zu isolieren und mit einer Wärmepumpe zu versehen, können wir 90 Prozent der Heizenergie einsparen.

3. Wegen der sukzessiven Preissteigerung bei Benzin und Diesel und der zu erwartenden Preissenkungen bei den Batterien dürfte sich die Schweizer Fahr-

zeugflotte innerhalb von 10 bis 15 Jahren mehrheitlich erneuern: Wer ein neues Auto kauft, will und kann mit der Anschaffung eines Elektro- oder eines Hybridfahrzeugs Kosten sparen. Wer beim Benzinauto bleibt, wird wegen des hohen Benzinpreises auf unnötige Fahrten verzichten. Daraus resultieren im Strassenverkehr massive Einsparungen nicht erneuerbarer Energie.

Die Auswirkungen auf das «Energiesystem Schweiz» sind in der Abbildung 58 auf den ersten Blick ersichtlich: Nach der Energiewende benötigen wir weder Kernkraft noch Erdgas, um die Nachfrage zu decken. Die Wasserkraftwerke, thermischen Kraftwerke, Solaranlagen, Windparks und Biomassekraftwerke bedienen mit ihrer Energie nicht nur das Stromnetz (Elektrizität), sondern massgeblich auch die Bereiche Heizung (elektrische Wärmepumpen) und Mobilität (Elektrofahrzeuge). Der Ölverbrauch sinkt von heute 135.7 Terawattstunden auf 21.3 TWh, obwohl in dieser Betrachtung beim Flugverkehr nichts eingespart wurde. Insgesamt verbrauchen wir in diesem integrierten System nur noch 102.7 TWh statt 300.7 TWh. Das entspricht einer Einsparung von 65 Prozent *(ausführliche Berechnung mit Tabelle in Anhang A 31)*. Dass in unserem Zukunftsmodell weniger Energie aus Wasserkraft verbraucht wird, liegt daran, dass die Speicherseekraftwerke dynamischer gefahren werden: Im Winter produzieren sie mehr als heute, während der Bedarf im Sommer dank Solarenergie und Windkraft deutlich geringer ist. Nicht benötigtes Wasser läuft dann über.

Die Zahlen zeigen, dass die Gesamtenergieversorgung der Schweiz weitgehend mit erneuerbaren Ressourcen bestritten werden kann. Zurück bleibt lediglich ein kleiner Rest fossiler Energien für Mobilität, im Heizbereich und beim Flugverkehr. Dies ist nur möglich, weil wir fast die Hälfte unseres Strombedarfs mit Wasserkraft decken und unsere Speicherseen dynamisch bewirtschaften können. Es gibt nur wenige Länder, die in einer ähnlich komfortablen Situation sind, etwa Österreich, Schweden und Norwegen.

Der Umstieg auf erneuerbare Energien ist volkswirtschaftlich, betriebswirtschaftlich, ökologisch und sicherheitspolitisch sinnvoll, und zwar aus folgenden Gründen:

Volkswirtschaftlich: Statt jährlich um die 15 Milliarden Franken für importierte, nicht erneuerbare Energie auszugeben – in 20 Jahren wären das 300 Milliarden Franken – investieren wir das Geld besser in neue Technologien.

Abb. 58: **Energiesystem Schweiz 2035**

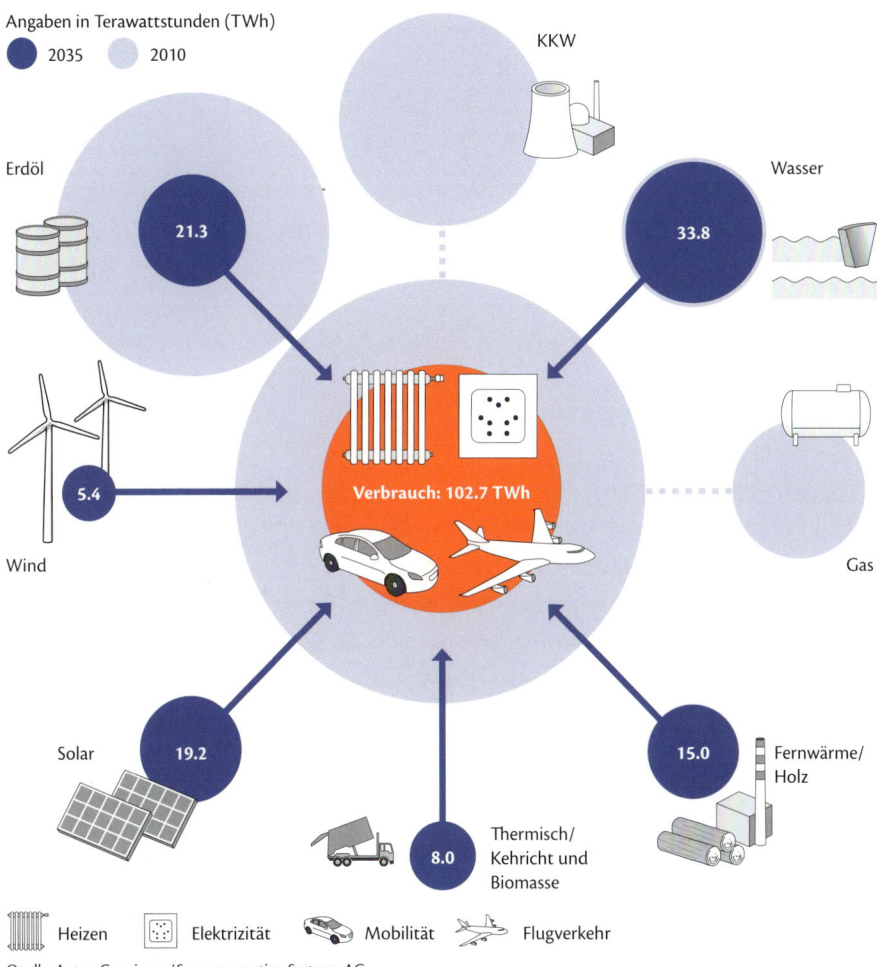

Angaben in Terawattstunden (TWh)
● 2035   ○ 2010

- Erdöl: 21.3
- KKW
- Wasser: 33.8
- Wind: 5.4
- **Verbrauch: 102.7 TWh**
- Solar: 19.2
- Thermisch/Kehricht und Biomasse: 8.0
- Fernwärme/Holz: 15.0
- Gas

Heizen · Elektrizität · Mobilität · Flugverkehr

Quelle: Anton Gunzinger / Supercomputing Systems AG

Betriebswirtschaftlich: Wir schaffen im eigenen Land hochwertige Arbeitsplätze.
Ökologisch: Wir reduzieren unseren CO_2-Ausstoss markant. Weil wir die wertvollen fossilen Ressourcen nicht rücksichtslos verbrennen, stehen sie unseren Nachfahren zumindest teilweise noch zur Verfügung.

Sicherheitspolitisch: Wir sind nicht erpressbar von Staaten, die uns den Gas- oder Benzinhahn zudrehen wollen.
Kurzum: Die Energiewende wäre gut für die Erde, gut für uns und gut für unsere Kinder.

Positive Bilanz
Im ersten Teil dieses Buches habe ich äusserst ehrgeizige Ziele formuliert, die ich mit der Energiewende erreichen möchte. Wenn wir sie hier rekapitulieren, zeigt sich: Mein Vorschlag ist nicht perfekt, doch die Bilanz sieht sehr positiv aus.

- *Reduktion des Verbrauchs an nicht erneuerbaren, fossilen Energien auf 10 Prozent des heutigen Werts (Faktor 10).* Fazit: Wir werden dieses Ziel mit der Reduktion auf rund 15 Prozent nicht ganz erreichen, aber enorme Fortschritte machen.
- *Reduktion des CO_2-Ausstosses auf 10 Prozent (Faktor 10).* Fazit: Auch dieses Ziel verpassen wir mit der Reduktion auf rund 15 Prozent knapp, können aber gleichwohl stolz auf das Erreichte sein.
- *Keine verdeckten Subventionen mehr bei der Mobilität und der Energie, sondern faire Preise, die die realen Kosten widerspiegeln.* Fazit: Wir können das Ziel dank hohem Benzinpreis und Abgeltung der Gemeingüter Raum, Luft und Ruhe weitgehend erreichen. Weitgehend deshalb, weil wir für die erneuerbaren Energien (konkret: Photovoltaikanlagen, dezentrale Batterien) limitierte Subventionen vorsehen, aber nur als Starthilfe für einen beschränkten Zeitraum.
- *Verzicht auf Atomkraftwerke, weil sie volkswirtschaftlich gesehen nicht rentieren und viel zu risikobehaftet sind.* Fazit: Wir werden das Ziel erreichen, weil die Energieversorgung des Landes auch ohne Kernkraft gewährleistet ist.
- *Keine Kostenabwälzung auf die nächste Generation.* Fazit: Das Ziel wird erreicht, weil wir mit dem hohen Benzinpreis die tatsächlichen Kosten der Mobilität tragen und unseren Nachkommen keine unbezahlbare CO_2-Hypothek hinterlassen (allerdings dürfen sie die Endlagerung der radioaktiven Abfälle wacker mitfinanzieren).

- *Höhere Autonomie für die Schweiz, indem sie den Anteil der erneuerbaren Energien (Wasser, Solar, Wind, Biomasse) an ihrem gesamten Energieverbrauch von heute 20 auf 90 Prozent steigert.* Fazit: Mit einem Anteil von 80,9 Prozent werden wir das Ziel knapp verfehlen, aber einen grossen Schritt vorwärts machen.
- *Beibehaltung unseres heutigen Lebensstandards.* Fazit: Das Ziel wird dank besserer Luft, weniger Lärm, besserer Isolation der Häuser und der Schaffung hochwertiger Arbeitsplätze erreicht.
- *Alle Massnahmen müssen ökologisch sinnvoll und ökonomisch rentabel sein.* Fazit: Unsere Berechnungen zeigen, dass dies der Fall ist.
- *Keine visionären Schwärmereien, sondern ausschliesslicher Einsatz von Systemen und Technologien, die aktuell verfügbar sind.* Fazit: Diese Vorgaben können wir erfüllen.
- *Vorreiterrolle der Schweiz dank hoher Technologiekompetenz und Finanzkraft.* Fazit: Wir können die Energiewende mit unseren Mitteln und unserem Know-how schaffen – und würden gleichzeitig zu einem globalen Vorbild.
- *Umsetzung innert 20 Jahren (weil ich den Wandel noch selbst erleben möchte).* Vorläufiges Fazit: Ich bin und bleibe Optimist.
- *Die Energiewende muss Spass machen.* Fazit: Ich zweifle keine Sekunde daran.

Das Potenzial der Technologie

Wir haben beschlossen, uns bei der Energiewende keinen visionären Schwärmereien hinzugeben, sondern ausschliesslich Systeme und Technologien einzusetzen, die aktuell verfügbar sind. Trotzdem möchte ich einen Blick auf das werfen, was uns die nahe Zukunft bringt, denn ich glaube, dass die in Entwicklung begriffenen Technologien das Potenzial haben, grosse Bereiche des privaten und öffentlichen Verkehrs zu revolutionieren. Persönlich gehe ich beispielsweise davon aus, dass autonomes Fahren in 10 bis 20 Jahren Realität sein wird. Das Auto der Zukunft wird keinen Lenker mehr brauchen, sondern seinen Weg selbst finden. Wir arbeiten mit einem grossen deutschen Autokonzern seit 10 Jahren an der Entwicklung von kameragesteuerten Systemen, dank denen ein Fahrzeug Hindernissen automatisch ausweicht. Erst kürzlich fuhr ein Testwagen in Deutschland eine 100 Kilometer lange Strecke im Alltags- und Berufsverkehr, über Land und durch Dörfer und Städte, ohne dass der Fahrer das Auto steuerte, bremste, beschleunigte oder auf andere Weise eingriff. Es war die Technik, die das Fahrzeug zuverlässig von A nach B brachte. Heute gibt es bereits eine ganze Reihe von elektronischen Assistenten: das Antiblockiersystem ABS und das Elektronische Stabilitätsprogramm ESP, die die Bremskraft regulieren. Der Spurhalteassistent rüttelt am Sitz des Chauffeurs, wenn dieser einnickt und der Lastwagen ausschert. Viele Autos verfügen über Sensoren, mit denen auf Autobahnen die Distanz zum vorderen Fahrzeug automatisch eingehalten wird. Einparkhilfen gehören bei vielen Fahrzeugen schon zur Standardausrüstung. Fast jede Bewegung eines modernen Autos kann mit Sensoren, Messgeräten, Videosystemen, Radar, Laser oder GPS automatisch überwacht und gesteuert werden. Das Ziel der Entwickler ist der «No Crash Car», ein defensives Fahrzeug, das dank moderner Elektronik 90 Prozent der Unfälle verhindert. Der Bordcomputer ist mit einer Reaktionszeit von 0,2 Sekunden jener des Menschen mit 0,5 bis 1 Sekunde deutlich überlegen.

Es ist absehbar, dass die Entwicklung des vollautomatisierten Autos auch den öffentlichen Verkehr tiefgreifend verändern wird. Autonome Sammeltaxis könnten sich zu einer kostengünstigen und energiesparenden Alternative zum Privatverkehr entwickeln. Ich stelle mir ein mögliches Szenario so vor: Man tippt per Smartphone Ziel und Ankunftszeit für eine gewünschte Fahrt ins System ein. Dieses bestätigt den Auftrag und gibt die Anweisung, ab wann man sich bereit halten soll. Kurz vor dem Eintreffen sendet das autonome Fahrzeug eine SMS. Man steigt ein, unterhält sich mit den andern Passagieren, lässt sich ans Ziel chauffieren – und erhält Ende Monat eine Abrechnung.

Revolutionäres Hybridflugzeug
Selbst im Flugverkehr bewegt sich einiges, obwohl die technischen Hürden höher sind. Siemens, EADS und Diamond Aircraft haben den Motorsegler «DA 36 E-Star» mit seriell-hybridem Antrieb entwickelt. Der Elektromotor, nur 13 Kilo schwer, liefert beim Start eine Leistung von 80 Kilowatt und eine Dauerleistung im Reiseflug von 65 kW. Beim Start und im Steigflug entnimmt der Motor zusätzliche Energie aus der Batterie, die von einem kleinen Benzin-

aggregat über einen Generator aufgeladen wird. Bei Siemens heisst es, die Technologie werde «schon bald bei kleinen Luftfahrzeugen und künftig auch bei Verkehrsflugzeugen mit 50 bis 100 Passagieren Einzug halten und die Luftfahrt grüner machen».

Die deutsche Lufthansa hat kürzlich einen Airbus A320 für den Betrieb am Boden mit Elektromotoren an beiden Hauptfahrwerken ausgestattet. Probefahrten verliefen erfolgreich; das Flugzeug bewegte sich ohne Hilfe der kerosinfressenden Turbinen. Würde diese Technologie Einzug halten, könnten am Boden bis zu 80 Prozent der CO_2-Emissionen eingespart werden, bei massiv reduziertem Lärm.

Mit seinem Solarflugzeug «Solar Impulse 2» will Bertrand Piccard zeigen, was mit erneuerbaren Energien und Energieeffizienz möglich ist. Er sagt: «Wenn alle Technologien, die in diesem Flugzeug stecken, überall auf der Erde angewendet würden, könnten wir schon heute den Verbrauch von fossiler Energie um die Hälfte reduzieren.»

Ich zweifle nicht daran, dass neue technologische Errungenschaften dazu führen werden, dass wir in der Schweiz den Verbrauch der fossilen Brennstoffe und den CO_2-Ausstoss so weit drosseln können, dass wir den angestrebten Spareffekt (Faktor 10) mittelfristig erreichen. Technisch scheint das machbar – und politisch?

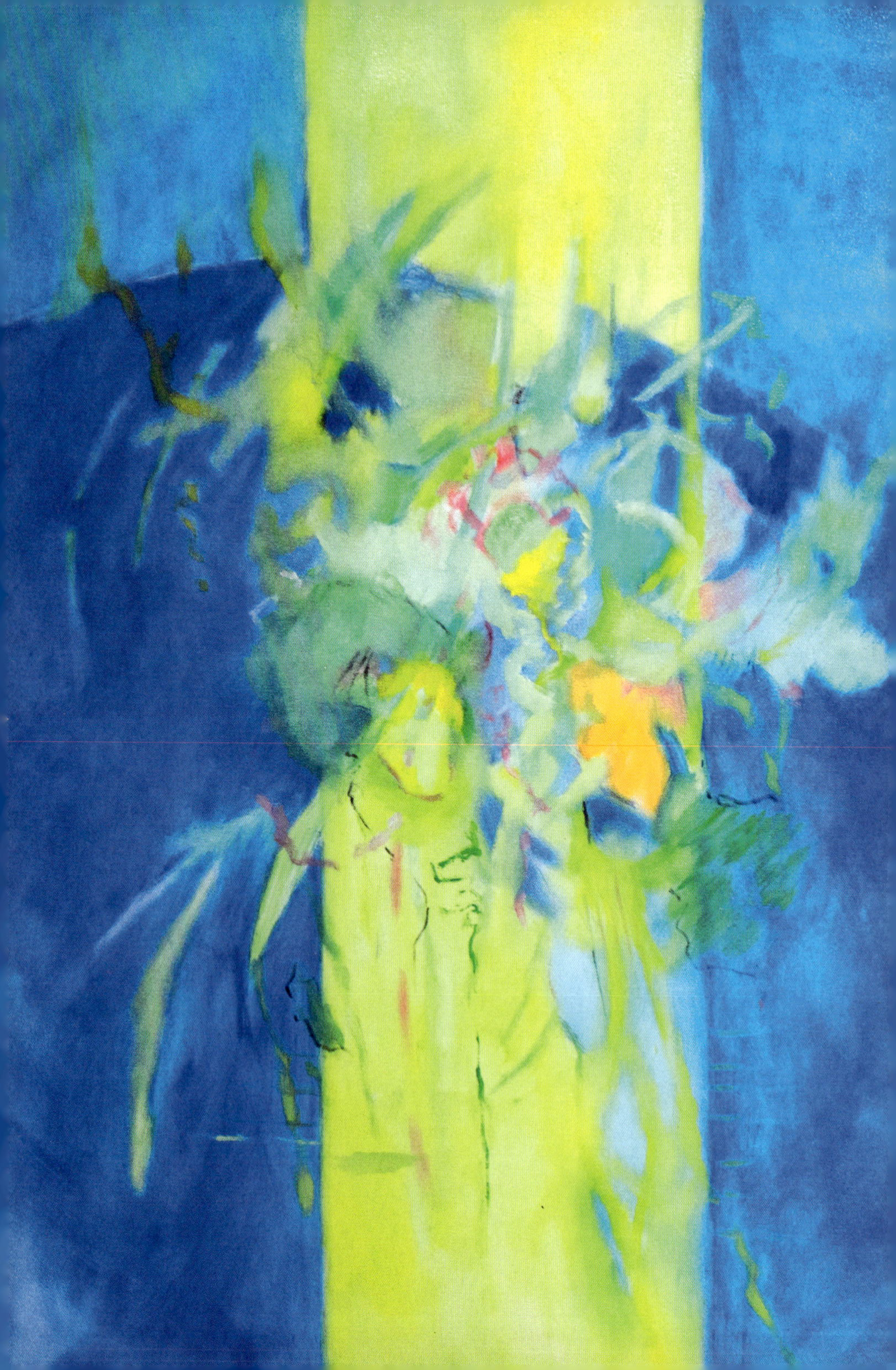

28. Vergleich mit EU und USA: Musterland Schweiz

Die Schweiz kann sich sehen lassen. Während die Amerikaner und die Europäer nach wie vor auf eine Kombination von «schmutziger» Kohle, Gas und Kernenergie setzen, um ihren Strombedarf zu decken, ist die Schweiz vergleichsweise «grün»: Unser Strom wird zu rund 60 Prozent mittels Wasserkraft und Kehrichtverbrennung produziert (es ist intelligenter und umweltschonender, Abfälle zu verbrennen, statt sie auf Halden zu deponieren). Die restlichen 40 Prozent liefern die Kernkraftwerke, die nicht erneuerbares Uran verheizen. In den USA stammt die Elektrizität zu annähernd 90 Prozent aus nicht erneuerbaren Quellen, in der EU zu beinahe 80 Prozent (Abb. 59). Die Schweiz hat weder Kohle- noch Gaskraftwerke. Es liegt auf der Hand, dass der CO_2-Ausstoss in Europa und den USA viel höher ist. Man kann von eigentlichen «CO_2-Schleudern» sprechen.

Abb. 59: **2010: CO_2-Schleudern EU und USA**

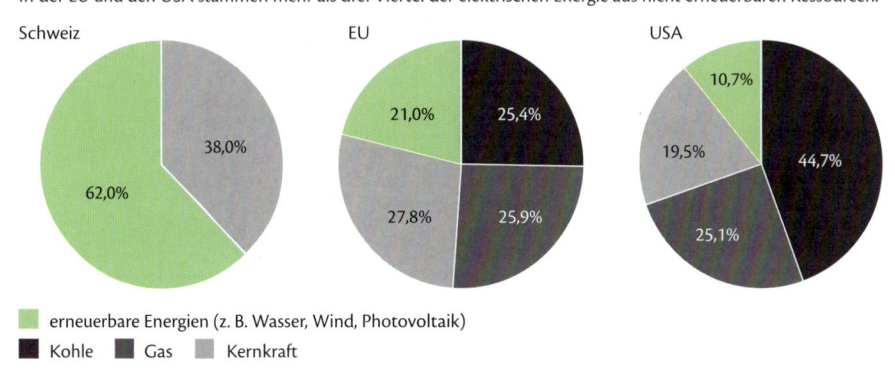

In der EU und den USA stammen mehr als drei Viertel der elektrischen Energie aus nicht erneuerbaren Ressourcen.

Schweiz: 62,0%, 38,0%
EU: 21,0%, 25,4%, 25,9%, 27,8%
USA: 10,7%, 44,7%, 25,1%, 19,5%

- erneuerbare Energien (z. B. Wasser, Wind, Photovoltaik)
- Kohle
- Gas
- Kernkraft

Quelle: Bundesamt für Energie, Eurelectric, U.S. Energy Information Agency

Was würde sich ändern, wenn man die Stromproduktion in der EU und den USA analog zur Schweizer Energiewende umbauen würde, wie ich sie in diesem Buch beschreibe? Wir haben in unserem Simulationsprogramm einige Szenarien unter folgenden Prämissen durchgerechnet: Alle Kernkraftwerke werden bis 2035 abgeschaltet. Aus Kosten- und Sicherheitsgründen werden keine neuen KKW mehr gebaut.

Die Kohlekraftwerke werden stillgelegt, weil sie zu viel CO_2 produzieren und der Umwelt schaden. Erneuerbare Quellen werden ausgebaut, hauptsächlich Solar- und Windkraftanlagen. Für den kurzfristigen Ausgleich der volatilen Energiequellen Sonne und Wind werden Pumpspeicher- und Gaskraftwerke eingesetzt, weil sie gut regulierbar sind. Unser Ziel war es, abzuklären, ob die USA und die EU ihren Strombedarf wie die Schweiz ohne Kern- und Kohlekraftwerke decken könnten.

Wie die Schweiz müssten auch Europa und die USA die benötigten Photovoltaikanlagen sowohl in Städten (auf Dächern) als auch freistehend (als Solarparks) aufbauen. Beide können mit guten Erträgen rechnen: Die südlichsten Gebiete der USA liegen auf der Höhe von Nordafrika und haben eine entsprechend hohe Sonneneinstrahlung. Auch EU-Länder wie Spanien, Italien oder Griechenland eigenen sich gut für die Produktion von Solarstrom. Die Windkraftanlagen würden selbstredend in möglichst windreichen Gegenden platziert.

Die Schweiz wäre, wie schon früher erwähnt, nach der Energiewende in der Lage, ihren Strombedarf zu 100 Prozent aus erneuerbaren Quellen zu decken. Europa und die USA können da nicht ganz mithalten, weil sie über weniger Speicherseen verfügen, um ihre Systeme auszutarieren; an deren Stelle benötigen sie Gaskraftwerke. Dennoch würden sie mit einer Energiewende «à la Suisse» enorme Fortschritte erzielen wie die Abbildung 60 zeigt: Die EU könnte den Anteil auf mehr als 84 Prozent steigern, die USA auf beinahe 80 Prozent.

Abb. 60: **2035: Musterland Schweiz**
In der Schweiz kommt die Elektrizität nach der Energiewende ganz aus erneuerbaren Quellen. Auch die EU und die USA machen grosse Fortschritte.

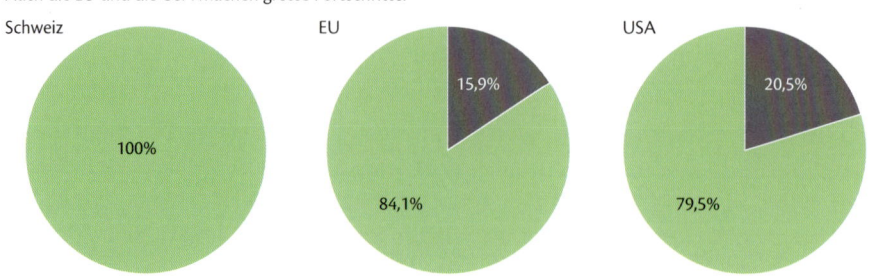

Schweiz: 100%
EU: 84,1% / 15,9%
USA: 79,5% / 20,5%

■ erneuerbare Energien (z. B. Wasser, Wind, Biomasse, Photovoltaik, unterstützt von Batteriespeichern)
■ nicht erneuerbare Energie (Erdgas)

Quelle: Bundesamt für Energie, Eurelectric, U.S. Energy Information Agency

Sowohl die EU als auch die USA könnten den benötigten Strom nach der Energiewende ohne Kohle- und Atomkraftwerke produzieren. Die vorhandenen Gaskraftwerke würden für den Ausgleich der volatilen Produktion von Wind und Sonne bei Weitem ausreichen.

Quantensprung in Sicht
Wir wollen in unserer Simulation aber nicht bei der Elektrizität stehenbleiben, sondern auch die Bereiche Heizung, Mobilität und Flugverkehr mit einbeziehen. Wie in der Schweiz führen wir auch in Europa und den USA alle technisch möglichen und ökologisch sinnvollen Effizienz- und Sparmassnahmen durch: Jedes Jahr 4 von 100 sanierungsbedürftigen Häusern isolieren und mit Wärmepumpen ausstatten. Reduktion des Stromverbrauchs um ein Viertel dank sparsameren Industriemotoren, Bewegungsmeldern in Gebäuden, energieeffizienten Steuerungen von elektrischen Geräten und ähnlichen Verbesserungen. Erneuerung der Fahrzeugflotte in 10 bis 15 Jahren dank hohen Benzin- und sinkenden Batteriepreisen. Verzicht auf unnötige Fahrten, was die Energiekosten um 50 Prozent reduziert. Grosse Teile der Gebäudeheizung und des Strassenverkehrs würden von Erdöl und Gas auf elektrische Energie umgestellt.

Wenn man alle Bereiche zusammenrechnet, zeigt sich, dass die Schweiz ihren Energiebedarf zu rund 81 Prozent mit erneuerbaren Energien decken könnte (Abb. 61). Die EU würde einen Deckungsgrad von 66 Prozent erreichen, die USA stünden immerhin bei knapp 58 Prozent. Dies wäre ein bedeutender Fortschritt gegenüber heute, fast schon ein Quantensprung. Derzeit steht die Schweiz bei 19 Prozent und die EU bei knapp 10 Prozent, die USA folgen mit weniger als 4 Prozent weit abgeschlagen (*Zusammenstellung der Daten in Anhang A 32*).

Finanzielle Konsequenzen in Milliardenhöhe
Ob die Energiewende umgesetzt wird oder nicht, hat auch gravierende finanzielle Konsequenzen: Wer die Hände in den Schoss legt und untätig bleibt, muss wegen des mittel- und längerfristig stetig steigenden Ölpreises Jahr für Jahr deutlich höhere Gesamtkosten für die Energie in Kauf nehmen. In der Schweiz ist der Ölpreis über die letzten 50 Jahre durchschnittlich um jährlich 2 Prozent gestiegen – dank dem starken Franken. In Europa und den USA mit ihren schwä-

Abb. 61: **2035: Eine bessere Welt**
Für Elektrizität, Heizung, Mobilität und Flugverkehr werden deutlich mehr erneuerbare als nicht erneuerbare Ressourcen verbraucht.

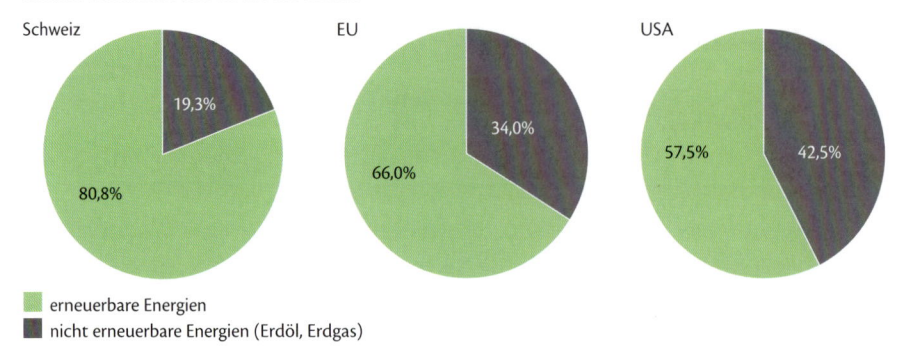

Schweiz: 19,3% / 80,8%
EU: 34,0% / 66,0%
USA: 57,5% / 42,5%

■ erneuerbare Energien
■ nicht erneuerbare Energien (Erdöl, Erdgas)
Quelle: Bundesamt für Energie, Eurelectric, U.S. Energy Information Agency

cheren Währungen waren es 6 Prozent. Statt 1267 Milliarden Dollar wie heute müssten die USA im Jahr 2035 nicht weniger als 2027 Milliarden für ihren Energiehaushalt aufwenden. Auch die Europäer und wir Schweizer müssten tiefer in die Taschen greifen, wie die Tabelle zeigt. Machen die USA bei der Energiewende mit, könnten sie im Vergleich zur Untätigkeit 1476 Milliarden Dollar sparen – pro Jahr! Das Sparpotenzial der EU liegt bei 933 Milliarden Euro pro Jahr, jenes der Schweiz bei jährlich 22,7 Milliarden Franken. Volkswirtschaftlich gesehen wäre es also sinnvoll, die Energiesysteme überall umzustellen.

Gesamte Energiekosten pro Jahr	Schweiz	EU	USA
	Mia. CHF	Mia. €	Mia. $
Heute (2010)	25,14	845,58	1 266,68
Bei Untätigkeit (2035)	37,73	1 396,23	2 027,07
Nach vollzogener Energiewende (2035)	15,04	463,14	550,75
Sparpotenzial	22,69	933,09	1 476,32

Auch auf den CO_2-Ausstoss hätte die Energiewende massive Auswirkungen. Wer mitmacht, kann die Umweltbelastung durch Kohlendioxid um 84 Prozent reduzieren. Die Amerikaner belasten die Atmosphäre heute mit jährlich

15,13 Tonnen pro Kopf, dreimal stärker als die Schweizer, mehr als doppelt so stark wie die Europäer. Mit der Energiewende könnten sie ihren Schadstoffausstoss auf 2,29 Tonnen pro Kopf senken. In der Schweiz würden pro Kopf statt 5,64 Tonnen nur noch knapp 0,88 Tonnen freigesetzt.

CO_2-Ausstoss pro Jahr	Schweiz	EU	USA
	Tonnen pro Kopf	Tonnen pro Kopf	Tonnen pro Kopf
Heute (2010)	5,64	6,79	15,13
Bei Untätigkeit (2035)	5,64	6,79	15,13
Nach vollzogener Energiewende (2035)	0,88	1,14	2,29
Reduktionspotenzial	4,76	5,65	12,84

Mitte 2014 war ich Mitglied einer Schweizer Delegation, die unter der Leitung von Energieministerin Doris Leuthard in die USA reiste. Es ging um die Zusammenarbeit der beiden Länder im Energiesektor. In Boston präsentierte ich amerikanischen Experten unsere Simulationen und legte ihnen dar, welche Chancen mit einer Energiewende in den USA verbunden wären. Von der Reaktion war ich gelinde gesagt enttäuscht. Die Amerikaner denken nur an das Hier und Heute. Drängende Probleme lösen sie zwar sofort, auf weitere Sicht zu planen, liegt ihnen aber nicht. Sie liessen mich spüren: So lange noch genug Erdöl vorhanden ist, sehen wir wenig Handlungsbedarf. Als bremsende Kraft tritt nebst anderen Interessengruppierungen die Automobilindustrie auf, die an ihrem alten Geschäftsmodell festhält, so lange es geht. Es kommt nicht von ungefähr, dass das Elektroauto Tesla nicht in der Automobilhauptstadt Detroit entwickelt worden ist, sondern im Silicon Valley von einem Team um den Internetunternehmer Elon Musk, der sein Geld mit dem Bezahldienst Paypal verdient hat.

Die EU steht dem unumgänglichen Wandel positiver gegenüber. Anders als die Amerikaner verfügt sie über keine nennenswerten eigenen Öl- und Gasvorkommen. Sie ist auf Importe aus Staaten wie Russland, Saudi-Arabien oder Nigeria angewiesen und möchte sich aus dieser Abhängigkeit befreien. Aber auch in der europäischen Autoindustrie setzt sich die Einsicht nur langsam durch, dass das Erdölzeitalter zu Ende geht und neue Geschäftsmodelle gefragt sind.

Hoffnung hat mir eine Nachricht von Ende September 2014 gemacht. Die einflussreiche US-Familie Rockefeller gab bekannt, sie werde keine Geschäfte mehr mit Erdöl, Kohle und Ölsand machen, sondern ihre finanziellen Mittel vollumfänglich in klimafreundliche Technologien umschichten. Mittlerweile haben in den USA rund 800 Investoren angekündigt, in den nächsten Jahren mehr als 50 Milliarden Dollar umlenken zu wollen. Um 1870 war John D. Rockefeller, Gründer von Standard Oil, ein Pionier der Erdölindustrie. 150 Jahre später wollen seine Nachkommen zu Pionieren im Bereich der erneuerbaren Energien werden.

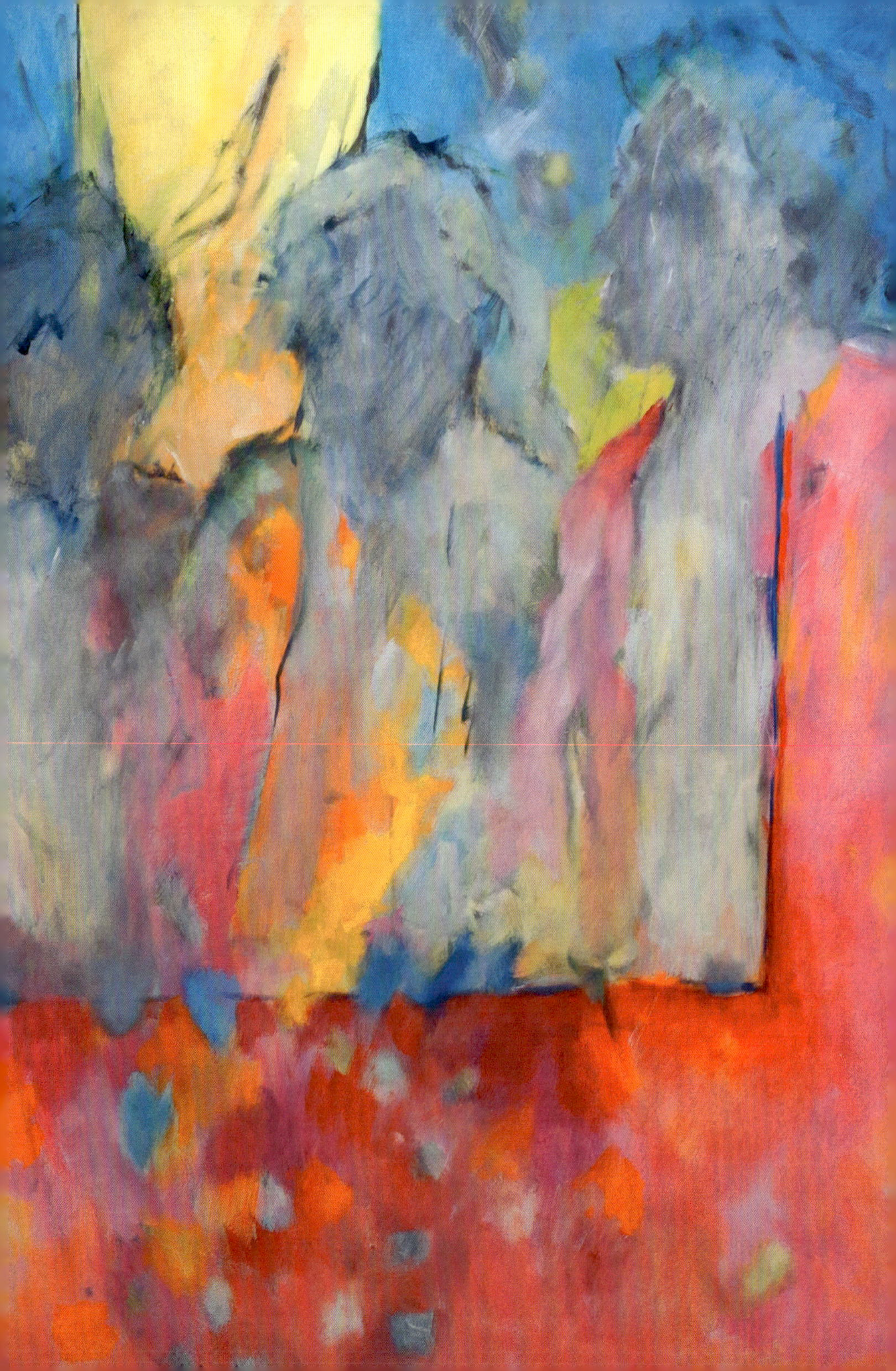

29. Wenn ich Politiker wäre ...

Das Ja zum revidierten Energiegesetz war zweifellos ein Schritt in die richtige Richtung, aber eben nur ein erster Schritt. Ich bin kein Politiker, und ich weiss auch, wie heikel Politiker manchmal reagieren, wenn man ihnen Ratschläge erteilt. Weil ich aber immer wieder gefragt werde, mit welchen Massnahmen die Vision einer Schweiz zu verwirklichen wäre, die sich mehrheitlich mit erneuerbarer Energie versorgt, versuche ich in diesem Kapitel eine Antwort zu geben. Die Abbildung 61b zeigt auf einen Blick, welche Entwicklung ich mir für die Schweiz bis ins Jahr 2035 erhoffe. Sie soll sich bei gleichbleibendem Wohlstand von einer «grauen» zu einer «grünen» Nation mit einem möglichst geringen ökologischen Fussabdruck entwickeln. Die Grafik ist einfach zu verstehen: Je weiter rechts ein Land positioniert ist, desto grösser ist seine Wirtschaftsleistung pro Kopf; je weiter links es liegt, desto ärmer ist die Bevölkerung. Die senkrechte Skala misst die «Biokapazitätsreserven» der Länder: Sind sie positiv,

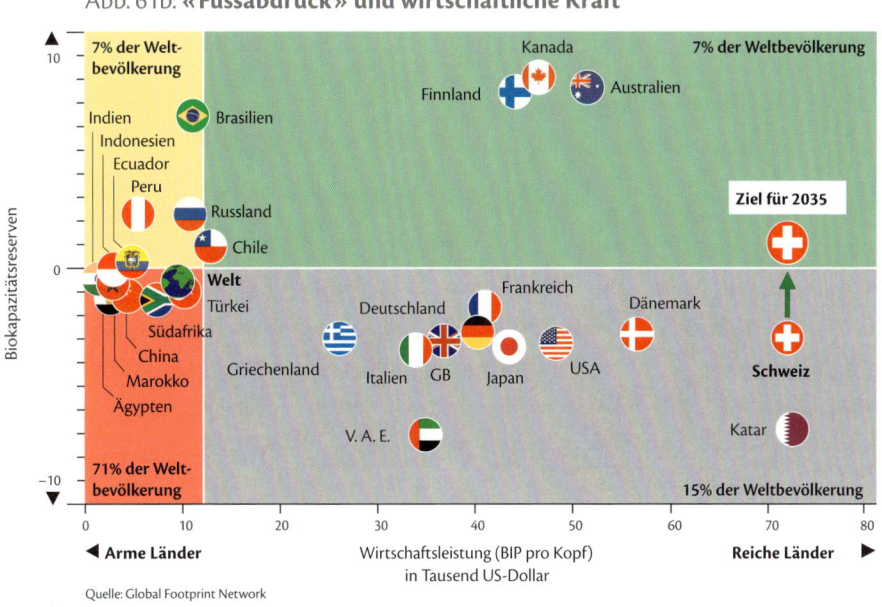

Abb. 61b: **«Fussabdruck» und wirtschaftliche Kraft**

Quelle: Global Footprint Network

könnten auf der vorhandenen Fläche mehr Menschen mit dem landesüblichen Lebensstil existieren; sind sie negativ, reicht die Fläche nicht aus, um die Bedürfnisse der Bevölkerung zu befriedigen. Ressourcenschonend funktionieren Länder wie Peru oder Brasilien, denn sie kommen – gemessen an ihrer Grösse – mit den natürlichen Bodenschätzen einer Erde aus, während China oder Südafrika Raubbau am Planeten betreiben.

Nur 7 Prozent aller Menschen leben in Ländern, die zugleich wohlhabend sind und nur so viel Biokapazität verbrauchen, wie nachwächst (grüner Bereich). 71 Prozent der Menschen leben in armen Ländern, die die Natur ausbeuten (roter Bereich). Die wichtigsten Industriestaaten (USA, Deutschland, Frankreich, Grossbritannien, Japan, Italien) leben auf Kosten der übrigen Weltbevölkerung – auch die Schweiz tut es. Vorbildlich sind Kanada, Finnland und Australien – natürlich auch deshalb, weil dort verhältnismässig wenig Menschen auf einer riesigen Fläche leben.

Die Schautafel verdeutlicht auch, warum es so wichtig ist, dass bevölkerungsreiche Nationen wie China oder Indien ihr Wachstum auf erneuerbare Energieträger abstützen. Wenn sie es schaffen, ihre zunehmende Mobilität und ihren Wärmebedarf weitgehend elektrisch zu befriedigen, bleiben dem Weltklima Milliarden Tonnen CO_2 erspart.

Wir hinken dem Ausland hinterher

Derzeit nimmt die Produktion von erneuerbarer Energie weltweit um ungefähr 250 Terawattstunden (TWh) pro Jahr zu. Dies entspricht der Leistung von 30 grossen Kernkraftwerken. Das bedeutet, dass global gesehen alle zwei Wochen ein «erneuerbares KKW Gösgen» ans Netz geht. Je ein Drittel dieser zusätzlichen erneuerbaren Energie wird in den USA, China und Europa produziert. Die Schweiz kann da nicht mithalten. Gemessen an der wirtschaftlichen Stärke unseres Landes, das mit einem Promille der Weltbevölkerung 1 Prozent des weltweiten BIP erarbeitet, müssten wir jährlich 2,5 TWh an erneuerbarer Energie hinzubauen. Im Moment stehen wir bei 0,3 TWh, mit der Energiestrategie des Bundes werden es 0,6 TWh pro Jahr sein, was immer noch wenig ist. 2015 haben wir ungefähr 167 Kilowattstunden (kWh) Solarstrom pro Einwohner produziert, was bescheidene 2 Prozent des Gesamtverbrauchs ausmacht. Das bringt uns in Europa nur auf den 25. von 27 Rängen. Wollen wir uns wirklich damit zufrieden geben, dass wir in diesem wichtigen Sektor viermal weniger stark wachsen als der Durchschnitt der restlichen Welt? Wenn wir international mithalten und 2,5 TWh Wachstum pro Jahr schaffen würden, könnten wir in zehn Jahren alle KKW abschalten.

Was würde ich als Politiker also tun, um meine Ziele zu erreichen? Ich nähme sechs Handlungsfelder ins Visier: die Mobilitätspreise, die CO_2-Abgabe, die Heizsysteme, die KKW-Abfälle, das Problem der Stromversorgungs-Engpässe und die Finanzierung des Stromnetzes.

1. Faire Mobilitätspreise
Im Bereich der Mobilität sollte jeder Nutzer die vollen Kosten tragen, die er verursacht. Es muss endlich Schluss sein mit der einseitigen Bevorzugung der Autofahrer, aber auch mit der Subventionierung des öffentlichen Verkehrs. Ich würde sämtliche Steuerprivilegien für Mobilität streichen. Unter dem Titel «Berufsauslagen» gäbe es keine Abzugsmöglichkeiten mehr für Autofahrten und ÖV-Abos. Und ich würde die Vorschrift abschaffen, beim Bau von Wohnungen auch Parkplätze zu erstellen, weil sie von allen Bewohnern, auch den Nichtautomobilisten, bezahlt werden müssen.

Weiter würde ich veranlassen, dass sämtliche Parkplätze im öffentlichen und privaten Raum den Benutzern zu Realkosten in Rechnung gestellt werden. Will heissen: Keine Gratisparkplätze mehr in Städten und Dörfern, in Tiefgaragen von Firmen und in Einkaufszentren. Wer Parkplätze unentgeltlich zur Verfügung stellen will, muss die nicht erhobenen Gebühren als fiktive Einnahmen verbuchen und dafür Steuern zahlen.

Dann würde ich die Motorfahrzeugsteuern abschaffen und vollumfänglich auf den Benzinpreis überwälzen, um Vielfahrern und den Besitzern von schweren, benzinschluckenden Fahrzeugen einen Grossteil der Infrastrukturkosten aufzubürden. Den Preis für die Autobahnvignette würde ich von 40 auf 100 Franken erhöhen. Die Schweizer haben noch nicht realisiert, dass das für sie unter dem Strich von Vorteil wäre: Je mehr die Ausländer an den Strassenunterhalt zahlen, desto geringer ist die steuerliche Belastung der Einheimischen.

Ich höre die Kritiker: «Hohe Benzinpreise sind ungerecht, da können die Armen gar nicht mehr fahren. Die Erhöhung der ÖV-Tarife ist ein Affront gegenüber jenen, die umgestiegen sind und auf ihr Auto verzichten. Die Wirtschaft wird leiden, Tausende von Jobs werden gekillt.»

Aus meiner Sicht ist es viel ungerechter, wenn die gesamte Bevölkerung jeden Liter Benzin mit bis zu 4 Franken subventionieren muss, wie es heute der Fall ist – und wenn Pendler für ihre täglichen Zugfahrten so viel weniger zahlen müssen als sporadisch Reisende. Höhere ÖV-Tarife würden längerfristig dazu führen, dass es sich nicht mehr lohnt, weitab vom Arbeitsplatz zu wohnen. Der Berufsverkehr würde abnehmen, die Zersiedelung des Landes verlangsamt. Schon heute entstehen neue Quartiere, in denen zugleich gewohnt und gearbeitet wird, was zu besserer Lebensqualität und zur Einsparung von Energie führt. All diese Massnahmen spülen Gelder in die Staatskasse, die in Form von Steuerermässigungen oder einer Art Grundeinkommen grösstenteils wieder an die Bevölkerung zurückfliessen. Das können mehrere 100 Franken pro Monat sein. Die Empfänger können dann selbst entscheiden, ob sie mit diesem Geld einmal im Monat mit der Stretchlimousine zur Arbeit fahren wollen und an den übrigen Tagen mit dem Fahrrad. Unter dem Strich wird die Kostenwahrheit im individuellen und öffentlichen Verkehr zu einem reduzierten Energieverbrauch führen. Wichtig ist, dass die Preise fürs Benzin und die Tarife für den ÖV in einem demokratischen Prozess festgelegt werden. Ein Gremium aus Vertretern des Bundes, der Automobilverbände und von Nichtregierungsorganisationen müsste zuhanden des Parlaments ein faires Berechnungsmodell erstellen. Die Bevölkerung müsste etwa 10 Jahre Zeit haben, um ihr Mobilitätsverhalten unter Einbezug der Energiekosten zu verändern.

2. CO_2-Abgabe auch auf Treibstoffen

Die CO_2-Abgabe liegt heute fix bei 84 Franken pro Tonne. Rund zwei Drittel der Einnahmen werden der Bevölkerung und der Wirtschaft über die Krankenversicherer und die AHV-Ausgleichskassen zurückerstattet. Die CO_2-Abgabe ist ein Erfolgsmodell, doch leider wird sie nur auf fossilen Brennstoffen wie Heizöl oder Erdgas erhoben, nicht aber auf Treibstoffen. Ich würde eine CO_2-Abgabe auf sämtliche Energieträger und auf die gesamte CO_2-Produktion inklusive Raffinerie und Transport erheben. Das würde bedeuten, dass der Preis für Strom aus alten Kohlekraftwerken von 2 bis 3 Rappen pro KWh auf 11,4 Rap-

pen steigen würde, was der Kostenwahrheit entspricht. Die Wasserkraft, die viel weniger CO_2 freisetzt, würde nur marginal belastet und damit gegenüber dem dreckigen Kohlestrom wieder konkurrenzfähig, was erwünscht ist. Der Liter Benzin würde 40 Rappen mehr kosten.
Natürlich muss diese Massnahme WTO-kompatibel sein. Die Gegner werden einwenden, dass in Europa ja schon Zertifikate mit 2 Euro pro Tonne CO_2 gehandelt werden, was aber lächerlich wenig ist im Vergleich zu den 84 Franken in der Schweiz. Ich würde die im Ausland geleisteten Zahlungen ganz einfach anrechnen, um die In- und Ausländer gleich zu behandeln.

3. Erlaubt sind nur noch günstige fossile Heizsysteme
Ich würde fossile Heizsysteme beim Bau oder der Erneuerung nur noch bewilligen, wenn die Vollkosten mindestens zehn Prozent tiefer liegen als bei einem System, das mit erneuerbarer Energie arbeitet. De facto würde das dazu führen, dass in 15 Jahren praktisch alle Heizsysteme in der Schweiz auf erneuerbare Energie umgestellt sind. Dies müsste auf kantonaler Ebene beschlossen werden.

4. Das Abfallproblem der KKW lösen
Im Entsorgungsfonds der Kernkraftwerke lagen 2016 laut Bundesamt für Energie (BFE) 6 Milliarden Franken. Das BFE hat die Kosten für den Abbruch der KKW und die Entsorgung der radioaktiven Abfälle dauernd nach oben angepasst. 2006 war die Rede von 18 Milliarden Franken, 2014 von 25 Milliarden und 2016 bereits von 27 Milliarden. Ich gehe von bis zu 50 Milliarden aus. So oder so handelt es sich um das grösste finanzielle Desaster in der Geschichte der Schweiz. Als Politiker würde ich alle nuklearen Anlagen – KKW, Zwischenlager und Endlager – in eine «bad bank» namens swiss nuclear ag überführen. So könnte man die Gefahr bannen, dass Stromkonzerne wegen der unabsehbaren Entsorgungsrisiken in Konkurs gehen. Man würde es ihnen mit dieser Sanierung ermöglichen, ihr Geschäft auf einer berechenbaren Basis neu aufzubauen. Ich würde sie aber keineswegs ungeschoren davonkommen lassen, sondern sie dazu verpflichten, der unabhängigen swiss nuclear ag über zehn Jahre hinweg pro KKW einen Betrag von vielleicht 100 Millionen Franken abzuliefern und von ihr Strom zu beziehen, solange die Meiler in Betrieb sind. Den Preis würde ich so fixieren,

dass die Stromkonzerne einen zumutbaren Teil der Entsorgungskosten selber übernehmen müssen. Auf diese Weise könnte der Kassabestand des Fonds von heute 6 Milliarden wesentlich aufgestockt werden. Den ungedeckten Rest müssten die Steuerzahler über die nächsten hundert Jahre übernehmen.

5. Kapazitätsmarkt zum Ausgleich von Stromversorgungs-Engpässen
Die Gegner der Energiestrategie 2050 beschworen immer wieder die Gefahr von Versorgungsengpässen. Sie behaupteten, ohne Atomstrom gingen in der Schweiz die Lichter aus, wenn im März die Stauseen leer seien, die Schneeschmelze noch nicht eingesetzt habe, es zwei Wochen nicht regne, Hochnebel die Produktion von Sonnenenergie verhindere und es windstill sei. Ich entgegnete dann jeweils, dass ein solcher Notfall mit einer zentralen Verwaltung und intelligenten Steuerung des Energiesystems problemlos zu bewältigen sei. Es gibt aber einen Lösungsansatz, der mir fast besser gefällt: jenen des sogenannten Kapazitätsmarkts. Darauf hat mich Urs Meister, Leiter Regulierungsmanagement bei den Berner Kraftwerken BKW, hingewiesen.

Der Kapazitätsmarkt funktioniert ähnlich wie eine Versicherung: Die Netzbetreiberin Swissgrid gibt bekannt, dass sie im März ungefähr 1 TWh Energie als Sicherheitsreserve benötige. Die Stromkonzerne können sich in einem Bieterverfahren um den Auftrag bemühen. Tritt der Notfall nicht ein, hat sich der Stromkonzern die Versicherungsprämie ohne Gegenleistung verdient. Muss er den Strom liefern, bekommt er zusätzlich zur Prämie den normalen Strompreis. Wie und wo er sich die Energie beschafft, ist ihm überlassen. Dieses Prinzip wendet Swissgrid bereits heute erfolgreich an: für die primäre Leistungsregelung des Netzes. Damit werden Leistungsdifferenzen des elektrischen Netzes zwischen Angebot und Nachfrage ausgeregelt.

6. Neues Tarifsystem zur Finanzierung des Stromnetzes
Die Kosten für das Schweizer Stromnetz betragen heute etwa 4,5 Milliarden Franken pro Jahr. Dieser Betrag muss auch künftig erwirtschaftet werden, um die Netzqualität zu gewährleisten. In der komplexeren neuen Welt der erneuerbaren Energien, in der manche Verbraucher ihren Strom zu bestimmten Zeiten selber mittels Photovoltaik produzieren, ins Netz einspeisen oder in Batterien spei-

chern, dazwischen aber wieder vom Netzstrom abhängig sind, muss ein neues Tarifmodell geschaffen werden, um die Einnahmen weiterhin zu erwirtschaften. Ich würde als Politiker ein flexibles, dreistufiges Verrechnungsmodell einführen. Alle Verbraucher müssten eine Gebühr für den Anschluss ans Stromnetz bezahlen (Anschlusstarif). Dazu käme der Preis für den bezogenen Strom (Energietarif) sowie eine Entschädigung für die maximale Belastung, die sie dem Netz bei Strombezügen zumuten (Leistungstarif).

Auf diese Weise kann sichergestellt werden, dass auch jene Stromkunden einen angemessenen Beitrag an den Netzunterhalt zahlen, die sich weitgehend selber mit Strom versorgen und nur sporadisch auf Lieferungen angewiesen sind, dann aber möglicherweise grosse Leistungen aus dem Netz beziehen. Die drei Tarife würde ich so justieren, dass unter dem Strich immer die erforderlichen 4,5 Milliarden Franken zusammenkommen.

Schluss mit dem Diebstahl
Wir Menschen der 1. Welt bestehlen mit dem rücksichtslosen Verbrauch der nicht erneuerbaren Rohstoffe – dem Vermögen der Erde – unsere Kinder, Enkel und die Menschen der 2. und 3. Welt, denn diese Ressourcen sind für immer verloren. Es muss unser Ziel sein, sobald als möglich von diesem zerstörerischen Verhalten abzukommen. Wir sollten nur noch von den Erträgen der Erde leben und nicht mehr von ihrer Substanz, sonst liquidieren wir unseren Planeten über kurz oder lang. Wenn wir nachhaltig leben wollen, müssen wir vier Grundsätze beachten:
1. Wir sollten den Verbrauch von nicht erneuerbaren Energien minimieren.
2. Wenn wir sie schon verbrauchen, dann möglichst effizient, beispielsweise mit seriell-hybriden Antrieben bei Autos.
3. Bodenschätze wie Eisen, Kupfer, Aluminium, Gold, Silber oder seltene Erden müssen wir sorgsam behandeln und einem geschlossenen Kreislauf zuführen (Recycling).
4. Wir dürfen die Erde nicht länger vergiften und zumüllen.

Für die Umsetzung der Energiewende braucht es vor allem zwei Dinge: Wissen – und politischen Willen.

Sportlich ans Werk gehen

30. Rosen statt Dornen

Ich lerne ständig dazu. Im Rahmen des sogenannten Energietrialogs, einer vom Kanton Aargau initiierten Debatte unter Beteiligung von Wissenschaft, Wirtschaft und Gesellschaft, verlangten die Umweltverbände, die Schweiz solle bei der künftigen Stromversorgung nicht nur auf Atom-, sondern auch auf Gaskraftwerke verzichten. Ich wollte den Verbänden beweisen, dass das nicht möglich sei. Zu meiner Überraschung haben wir in unseren Simulationen dann aber festgestellt, dass die Schweizer Speichersee- und Pumpspeicherkraftwerke die Produktionsschwankungen von Sonnen- und Windanlagen durchaus auffangen können, wenn man sie intelligent steuert.

Ebenso überrascht bin ich von den Fortschritten, die bei der Isolation von Häusern erzielt worden sind. Von der Öffentlichkeit kaum beachtet, hat die Schweizer Baubranche in den vergangenen Jahren eine bemerkenswerte Erfolgsgeschichte geschrieben: Vor 50 Jahren mussten durchschnittlich 22 Liter Heizöl pro Quadratmeter und Jahr verfeuert werden, um ein Haus zu heizen. Ein moderner Bau nach Minergie-Standard verschlingt nur noch 3,8 Liter. Bis vor Kurzem bin ich zudem davon ausgegangen, dass Heizen mit Wärmepumpen und Photovoltaik erst in einigen Jahren günstiger sein wird als das Heizen mit Öl, und dass der Solarstrom für Elektroautos erst in fünf bis zehn Jahren billiger sein wird als Benzin oder Diesel. Als ich realisierte, dass beides bereits heute der Fall ist, staunte ich.

Was können wir Einwohnerinnen und Einwohner der Schweiz ab heute zu einer Energiewende mit Zukunft beitragen? Diese Frage sollten wir uns zuerst stellen. Hier stichwortartig einige praktische, relativ leicht umsetzbare Empfehlungen:

- Die eigene Heizungsanlagen optimal einstellen lassen. Die Wohnung nicht über 20 Grad Celsius heizen. Auf Elektroöfen verzichten. Im Winter nur kurz, dafür intensiv lüften. Fenster und Türen isolieren. Das neue Haus mit einer Wärmepumpe ausstatten und diese mit Solarstrom betreiben. Das Dach statt mit Ziegeln gleich mit Solarpanels decken.
- LED-Leuchten statt Glühlampen verwenden. Geräte reparieren statt wegwerfen. Rohstoffe wie Aluminium, Kupfer oder seltene Metalle recyceln.

- Kurze Strecken zu Fuss oder mit dem E-Bike zurücklegen. Den Zweitwagen durch ein Elektrofahrzeug ersetzen. Wenn es ein Auto mit Verbrennungsmotor sein muss, dann ein möglichst leichtes mit geringem Energieverbrauch. Als Stadtbewohner auf ein eigenes Auto verzichten. Zusammen mit andern Autopendlern Fahrgemeinschaften bilden. Für Städtereisen möglichst den Zug benützen. Wieder mehr Ferien in der Schweiz verbringen. Nur noch alle drei bis fünf Jahre mit dem Flugzeug in den Urlaub verreisen.
- Einen fleischfreien Tag pro Woche einschalten (die Fleischproduktion benötigt rund zehnmal mehr Flächen-, Wasser- und Energieressourcen als die Gemüseproduktion).

Natürlich fällt auch mir auf, wie viele im Grunde vernünftige Leute sich nach wie vor jeden Morgen in ihr Benzinfahrzeug setzen, um im Stau erste Telefonate zu erledigen oder gemütlich Musik zu hören – unbelästigt von schwitzenden Mitreisenden, dazu mit einem garantierten Sitzplatz und der Aussicht auf einen bequemem Firmenparkplatz. Warum verhalten sich derart viele Menschen aus energetischer Sicht so unvernünftig? Der Komfort ist sicher ein wichtiger Faktor: Im eigenen Auto kann man rauchen, ist ungestört und fährt von zu Hause weg, wann es einem passt. Das ist aber nur ein Teil der Wahrheit. Der andere ist der niedrige Benzinpreis, der zu exzessiver Nutzung des Autos verleitet. Die Energie ist auf der ganzen Welt zu billig. Dass es sich lohnt, in Deutschland Kartoffeln anzupflanzen, sie in Italien zu Pommes frites zu verarbeiten und in Holland auf den Markt zu bringen, ist die Folge davon, dass Mobilität und Energie praktisch umsonst zu haben sind. Das Öl, das wir dabei verbrauchen, stehlen wir den Ärmsten, unseren Kindern und Enkeln.

Gleichwohl habe ich den Eindruck, dass sich die positiven Zeichen mehren. Die E-Limousine von Tesla ist in den USA dank überlegener Wirtschaftlichkeit und Technologie bereits der meistverkaufte Luxuswagen. Bundesrätin Doris Leuthard benützt seit Kurzem als erste Energieministerin der Welt einen Tesla S 85 als Dienstwagen – und ist begeistert. Nirgends wird so intensiv an der Entwicklung von Batterien gearbeitet wie in China. Aufgrund der zunehmenden Plage des Smogs in den grossen Städten werden es vermutlich die Chinesen sein, die in den nächsten fünf Jahren den E-Volkswagen entwickeln. In Peking und

Shanghai werden schon bald Elektrofahrzeuge das Strassenbild prägen. Diese Entwicklung wird auf uns überschwappen. Ich gehe davon aus, dass in zehn Jahren auch bei uns die Benzinautos weitgehend durch Elektrofahrzeuge oder zumindest Hybride ersetzt sein werden – nicht zuletzt unter dem Druck der verschärften EU-Normen zum CO_2-Ausstoss.

Zugegeben: In andern Bereichen harzt es noch. Es ist eine leidige Tatsache, dass weltweit nach wie vor enorm viele neue Kohlekraftwerke ans Netz gehen und in den nächsten Jahrzehnten Milliarden Tonnen CO_2 freisetzen werden. Die Gründe dafür liegen auf der Hand: Die Kohle wird weltweit stark subventioniert. An den schmutzigen Kraftwerken hängen viele Arbeitsplätze. Wer in Deutschland als Politiker ein Kohlekraftwerk abstellen will, stösst auf erbitterten Widerstand und muss um seine Wiederwahl fürchten. So gesehen verwundert es nicht, dass Bundeswirtschaftsminister Sigmar Gabriel jüngst zum Unwillen seiner Umweltkabinettskollegin verkündet hat, der rasche Verzicht auf die Nutzung der Kohle sei «unrealistisch». Gabriel will die Entscheidung über das Abschalten einzelner Kraftwerke den Betreibern überlassen. Diese werden es damit nicht allzu eilig haben, denn günstigerer Strom lässt sich mit keiner anderen Technologie produzieren. Es sind mithin ökonomische Gründe und politische Zwänge, die dazu führen, dass so viele CO_2-Schleudern am Netz bleiben. Immerhin kann man Deutschland zubilligen, dass es gleichzeitig den Umstieg auf erneuerbare Energien vorantreibt und es mit dem Atomausstieg ernst meint.

Auch in der Schweizer Elektrizitätswirtschaft gibt es ambivalente Entwicklungen. Das Zürcher ewz zum Beispiel investiert zunehmend in Wind- und Sonnenenergie, aber hauptsächlich im Ausland, wo die Hürden für den Bau solcher Anlagen niedriger sind als bei uns. Es ist einfacher, in Frankreich oder Deutschland Standorte aufzubauen als in der Schweiz mit ihrem weit reichenden Natur- und Landschaftsschutz. Dazu kommt, dass die Windverhältnisse an der Nordsee besser sind, was den Ertrag erhöht. Unter dem Strich ist der Strom aus solchen Quellen nur halb so teuer. Hier beisst sich mein Wunsch nach Autarkie mit den Renditeüberlegungen der Investoren.

Der Wandel ist im Gange
In Zusammenhang mit der Energiewende kommt mir immer das Märchen von Dornröschen in den Sinn. Es schläft hinter dichtem Dornengestrüpp, und jeder Prinz, der zu ihm vordringen will, verhakt sich und verblutet elendiglich. Erst nach 100 Jahren ist der Bann gebrochen: Ein weiterer Prinz, zur richtigen Zeit am richtigen Ort, erlebt, wie sich die Dornen in Rosen verwandeln; er küsst Dornröschen wach, und sie heiraten. Die Frage ist, ob wir in Bezug auf die Energiewende heute bei 80, 90 oder schon bei 99 Jahren sind. Ich schätze, wir sind bei 90 Jahren. Um den Bann zu brechen, braucht es noch Überzeugungsarbeit und etwas Geduld.

Was mich optimistisch stimmt: Das Wissen über die ökonomischen und ökologischen Zusammenhänge in Sachen Energie nimmt in breiten Bevölkerungskreisen sprunghaft zu. Noch fehlt es Teilen der Gesellschaft, Wirtschaft und Politik am Willen, die nötigen Weichen zu stellen. Mächtigen Kräften gelingt es nach wie vor, unausweichliche Veränderungen zu verhindern. Doch letztlich wird das System kippen: So war es bei der Wiedervereinigung der DDR mit der Bundesrepublik Deutschland, an die 1985 noch kaum jemand glaubte, so war es beim Schweizer Bankgeheimnis, das trotz erbittertem Widerstand unter internationalem Druck in Rekordzeit zusammengebrochen ist, und so war es auch beim Rauchverbot in öffentlichen Gebäuden und Restaurants, das inzwischen zur Selbstverständlichkeit geworden ist. Schon in wenigen Jahren werden wir uns fragen, was wir damals für ein Problem mit der Energiewende hatten.

Fürs Erste wird sich die Realität vermutlich zwischen «Status quo erhalten» und meinem «Plan B» einpendeln. Meine Vision ist, dass wir Schweizer die Energiewende als sportliche Herausforderung annehmen. Ich möchte, dass der Fussabdruck der Schweiz mittelfristig kleiner ist als eine halbe Erde, dass die Schweiz zum Vorbild für andere Länder wird und mithilft, moderne Energietechnologie global zu implementieren. Das wiederum wäre gut für unsere Wirtschaft, und dann hätte auch dieses Buch seinen Zweck erfüllt.

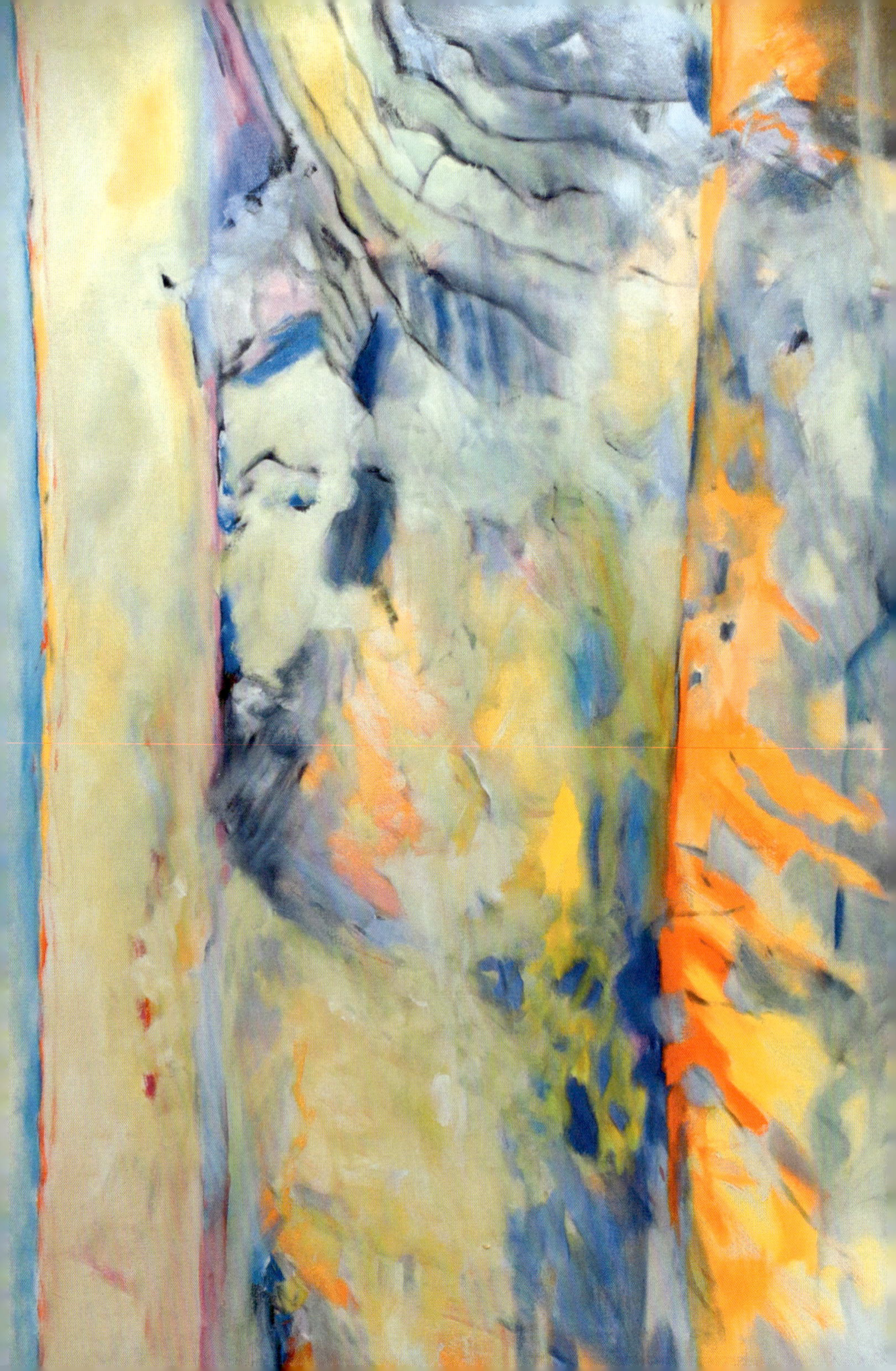

31. Brief einer Studentin an ihren Urgrossvater

Solothurn, 2. Februar 2097

Lieber Urgrossvater selig

Unser Geschichtsprofessor hat uns Studenten aufgefordert, eine Seminararbeit zum Thema «Die Schweiz im 21. Jahrhundert» in Form eines Briefs an den Urgrossvater zu schreiben. Ich habe wochenlang zum Thema recherchiert und auch nachgeschaut, ob es in den Fotobüchern meiner Eltern Aufnahmen von dir gibt. Und tatsächlich: Ich habe einen Schnappschuss aus dem Jahr 2015 gefunden; damals warst du 55 Jahre alt.

Nun sitze ich am Schreibtisch in meinem WG-Zimmer in Solothurn und betrachte das Bild, auf dem du lässig an einem Geländewagen lehnst. Du lachst übers ganze Gesicht, hast einen Laptop unter dem Arm und trägst einen schicken Anzug, der dir gut steht. Meine Eltern sagen, du seist ein erfolgreicher Geschäftsmann gewesen. Wenn ich sehe, welche Zufriedenheit du ausstrahlst, frage ich mich: Konntest du damals nicht wissen, was auf die Welt zukam – oder wolltest du es nicht wissen? Hast du deine Augen wie die meisten Menschen vor den Entwicklungen verschlossen, die sich immer deutlicher abzeichneten?

Du hast es noch selbst erlebt: 15 Jahre, nachdem dieses Foto entstanden war, kam es als Folge der Ressourcenknappheit zu einem globalen Zusammenbruch des Wirtschafts- und Finanzsystems. Religionskriege und erbitterte Kämpfe um die verbliebenen Ölreserven stürzten die Welt in ein Chaos. Millionen Menschen waren auf der Flucht, nicht nur wegen der Konflikte, sondern auch wegen des klimatisch bedingten Anstiegs der Meere, die ganze Landstriche, Inselgruppen und Küstenstädte überfluteten. Auch die Schweiz geriet in eine schwere Krise, vergleichbar nur mit jener zu Beginn des 19. Jahrhunderts, als 200 000 arbeitslose Weber und Sticker auswandern mussten und eine schwere Hungersnot Tausende von Toten forderte. Du erinnerst dich: 2030 war innert Kürze fast kein Öl mehr erhältlich, Autos blieben stehen, Fabriken standen still, Häuser blieben ungeheizt, es mangelte an Futter und in der Folge an Fleisch. Jeder dritte Erwerbstätige verlor seine Stelle.

Historiker, die jene leidvollen Jahre aufarbeiteten, kamen durchwegs zum selben Schluss: Ins Verderben hatten letztlich die fast schon fanatischen Überzeugungen geführt, die ihr damals hattet. Für dich und deine Generation galten unumstössliche, ja geradezu heilige Glaubenssätze: «Wachstum ist unabdingbar», «Wettkampf ist das Grundgesetz von Natur und Wirtschaft», «Der Markt hat immer Recht», «Dem Stärksten gehört die Welt», «Unter der Erdoberfläche schlummern noch Ölreserven für viele Generationen», «Die Welt ist wie eine grosse Maschine: Wenn etwas kaputt geht, kann man sie reparieren», «Wenn ich es nicht mache, tut es halt ein anderer». Für mich und meine Freunde ist es schwer zu begreifen, wie ihr euer ganzes Denken und Handeln diesen Leitsätzen untergeordnet, wie ihr alle Probleme verdrängt und keinen Gedanken an die Zukunft – unsere Zukunft – verschwendet habt. Vor allem: Wie konntet ihr so lange aufs Öl setzen, wo das Ende dieser Ressource doch absehbar war?

Was hast du getan, Urgrossvater, als die Erde jahrzehntelang so schamlos geplündert wurde? Hast du dich dafür eingesetzt, die fossilen Energien zu schonen und durch erneuerbare zu ersetzen? Das Foto aus dem Jahr 2015 deutet eher darauf hin, dass du zu jener Mehrheit gehört hast, die ganz unbesorgt mit tonnenschweren Autos Öl verschleudert hat. Den rücksichtslosen Umgang deiner Generation mit unseren Bodenschätzen kann ich nicht nachvollziehen. Ihr habt uns und die ganze Welt bestohlen.

Diesen Brief schreibe ich, um dir zu erzählen, wie die nachfolgenden Generationen die Wende doch noch geschafft haben. Wie sie das ganze wirtschaftliche und gesellschaftliche System von der Finanzeffizienz, dem Grundprinzip des 20. Jahrhunderts, umgebaut haben zur Ressourceneffizienz, dem Grundprinzip unserer heutigen, nachhaltigen Gesellschaft. Ich bin dankbar, dass das gelungen ist, und dass ich in einer solchen Welt leben darf.

Während der Krise, die von 2030 bis 2045 dauerte, waren die sozialen Einrichtungen völlig überfordert. Die erwerbstätige Bevölkerung konnte die vielen Arbeitslosen,

Alten und Bedürftigen nicht mehr aus eigener Kraft finanzieren. Deshalb erhob der Bundesrat auf allen elektronischen Finanztransaktionen eine Abgabe von einem Promille und erhöhte die Mehrwertsteuer. Im Gegenzug löste das Parlament die Arbeitslosenkasse, die Sozialhilfe sowie die Alters- und Hinterlassenenversicherung auf. Stattdessen zahlte der Staat fortan allen Menschen ein Grundeinkommen, das für ein bescheidenes Leben reichte. Überdies schuf er zwei grosse Arbeitslosenprogramme: Jedes Jahr wurden vier Prozent der Häuser wärmesaniert; zuvor war es nur ein Prozent gewesen – das half, in grossem Stil Energie zu sparen. Mit einem Recyclingprojekt stellte man sicher, dass alle wertvollen Materialien – Eisen, Kupfer, Aluminium, Gold, seltene Erden – einem geschlossenen Kreislauf zugeführt und wiederverwertet wurden. Es sollte nichts mehr verschwendet werden.

Weil das rare Öl enorm teuer wurde, blieben viele Autos in den Garagen, was dazu führte, dass aus purer Notwendigkeit Fahrgemeinschaften entstanden. Innerhalb weniger Jahre stellte die Schweiz komplett auf Elektroautos um. Weil sich die Fahrgemeinschaften fest etabliert hatten, halbierte sich die Zahl der Autos im Vergleich zum Benzinzeitalter. Heute werden Strecken unter fünf Kilometern ausschliesslich mit dem Fahrrad, E-Bike oder dem E-Scooter zurückgelegt. In den Städten stehen E-Trottinetts für zwei bis drei Personen zur freien Verfügung. Wenn jemand mit einem solchen Gefährt unterwegs ist, lädt er einfach andere Menschen auf, die mitfahren wollen (so habe ich meinen Freund kennengelernt). Nicht mehr benötigte Strassen wurden in Grünflächen zurückverwandelt; seither können die Kinder in den Quartieren wieder ungefährdet spielen. Im öffentlichen Nahverkehr gibt es fast nur noch automatisch gesteuerte Fahrzeuge. Der durchschnittliche Arbeitsweg hat sich auf weniger als 15 Minuten pro Tag reduziert, denn die meisten Menschen sind im Quartier tätig, in dem sie wohnen. Ich kann es kaum glauben, dass Leute wie du, lieber Urgrossvater, tägliche Arbeitswege von mehr als zwei Stunden Dauer in Kauf genommen haben – meist allein in einem umweltverpestenden Auto.

Um 2050 herum – da warst du schon 15 Jahre tot und ich noch lange nicht auf der Welt – haben die Menschen (endlich) erkannt, wie wichtig Allmenden sind. Aus der schieren Not wurden in der Schweiz Gemeingüter wie die Luft, das Wasser, nicht erneuerbare Energien, das Wissen, Strom- und Strassennetze sowie die Wasserversorgung zu Allmenden erklärt, also zu gemeinschaftlich genutztem Eigentum. Dieser mutige Entscheid hin zur Kostenwahrheit war der Grund, warum sich unser Land viel schneller als andere Nationen von der schlimmen Wirtschaftskrise erholte. Die Schweiz setzte sich in internationalen Gremien für die Idee der Allmendenwirtschaft ein und fand viele Nachahmer. Schliesslich wurden die Meere, die Atmosphäre, die Urwälder und die Bodenschätze weltweit zu Allmenden erklärt. Die «Organisation für globale Allmenden» (OGC) hat ihren Sitz bei der Uno in Genf, was uns stolz macht und dem Image unseres Landes dient.

Die Ressourceneffizienz ist zu einem wichtigen Motor unserer Gesellschaft geworden. Wir setzen kaum mehr nicht erneuerbare Energien wie Öl, Gas oder Kohle ein, und wenn, dann hocheffizient. Wir produzieren keine giftigen Abfälle mehr und haben eure radioaktive KKW-Hinterlassenschaft so endgelagert, dass künftigen Generationen keine zusätzlichen Kosten mehr erwachsen. Die Behörden bewilligen nur noch den Bau von Plusenergiehäusern, Photovoltaik ist zum Standard geworden, die Schweiz versorgt sich mit 100 Prozent erneuerbarer Energie. Wenn zu deiner Zeit alle Menschen auf unserem Planeten so viele Ressourcen verbraucht hätten wie die Schweizer, wären drei Erden nötig gewesen, um den globalen Bedarf zu decken. Wir haben unseren ökologischen Fussabdruck auf eine halbe Erde reduziert. Dazu trägt auch die ressourcenschonende Ernährung bei. In den meisten Familien gibt es nur noch einmal pro Woche Fleisch und einmal pro Monat Fisch – alles aus biologischer Produktion. Das hat uns ein Luxusproblem beschert: Weil sich die Menschen gesünder ernähren und mehr bewegen, benötigen sie weniger medizinische Hilfe, was den Hausärzten zunächst grosse Lohneinbussen beschert

hat. Inzwischen werden sie mehrheitlich für die Erhaltung der Gesundheit ihrer Kunden bezahlt statt wie früher für die Behandlung von Krankheiten.
Aber auch sonst würdest du die Welt kaum mehr erkennen, lieber Urgrossvater. Die Computer haben einen grossen Teil der Administration in Banken, Versicherungen und Behörden übernommen. Computer konstruieren, bauen und betreiben ganze Industrieanlagen. Alltägliche Dienstleistungen wie der Service in Restaurants oder Putzarbeiten werden von Robotern besorgt. Der Stellenwert des Geldes ist gesunken, nicht zuletzt deshalb, weil der Spekulation in der Finanzbranche ein Riegel geschoben wurde: Geldgeschäfte sind heute ebenso sicher geregelt wie bei euch damals der Bau von Brücken oder die Produktion und Erprobung neuer Medikamente. Die bezahlte Arbeit ist unserer Gesellschaft teilweise ausgegangen, doch unbezahlte, oftmals sehr befriedigende Tätigkeiten gibt es zur Genüge. In dieser Situation sind wir doppelt froh um das existenzsichernde Grundeinkommen.
Wenn ich vergleiche, wie ihr gelebt habt und wie wir heute leben, so muss ich zugeben: Wir sind materiell gesehen nicht mehr so reich, wie ihr es gewesen seid. Aber wir haben mehr Musse, mehr Zeit füreinander und nehmen mehr Rücksicht. Es gehört zu unseren wichtigsten Beschäftigungen, jeden Tag aufs Neue zu lernen, zu interpretieren, Zusammenhänge zu erarbeiten und erworbenes Wissen weiterzugeben. Wir sind neugierig wie kleine Kinder, lachen viel, können wieder staunen und haben alles, was es braucht, um ein erfülltes Leben zu führen. Wir fühlen uns wie im Paradies.

Deine Sofia

Anhang

A 1: Der Preis für Erdöl ist in den letzten 50 Jahren massiv gestiegen. Die Abbildung 62 zeigt die Durchschnittswerte pro Jahr seit 1987 mit Preisspitzen über der 120-Dollar-Grenze. Bei Drucklegung dieses Buches kostete das Fass (Barrel) weniger als 60 Dollar. Experten führen den massiven Preiszerfall auf den Kampf um Marktanteile zwischen den grossen Erdölproduzenten Saudi-Arabien, USA und Russland zurück. Nach dieser Baisse dürfte der Preis aber wieder deutlich steigen.

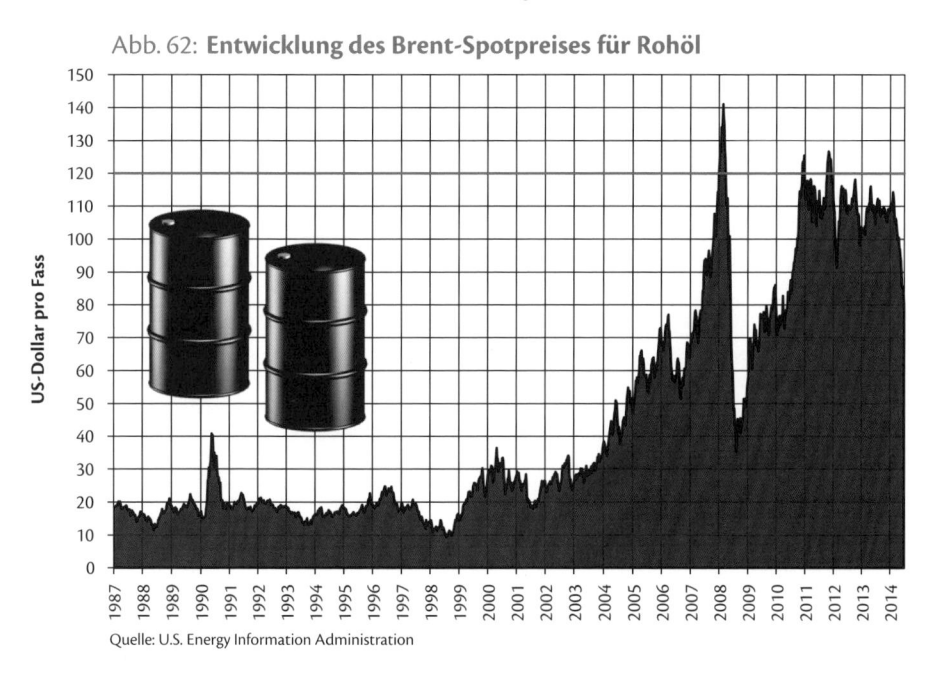

Abb. 62: **Entwicklung des Brent-Spotpreises für Rohöl**

Quelle: U.S. Energy Information Administration

A 2: Eine Grafik der Internationalen Energieagentur IEA zeigt die Versorgungslücke, die sich beim Erdöl auftut (Abb. 63). Benannt wird sie mit dem Begriff «Noch zu entdeckende Felder»:

Abb. 63: **Weltweite Ölgewinnung nach Typ im New-Policies-Szenario**

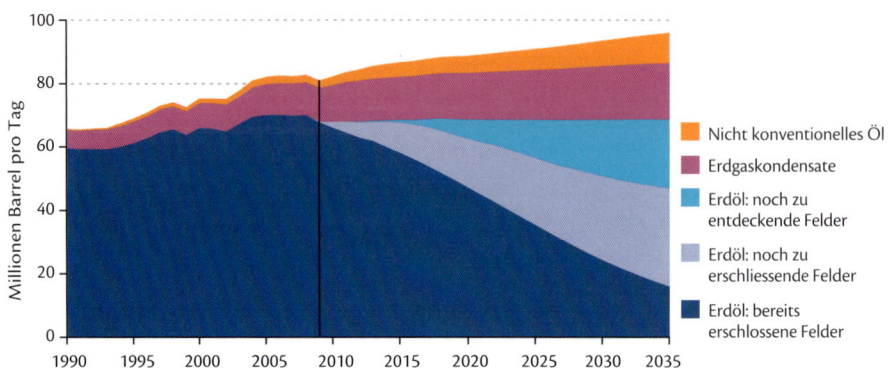

- Nicht konventionelles Öl
- Erdgaskondensate
- Erdöl: noch zu entdeckende Felder
- Erdöl: noch zu erschliessende Felder
- Erdöl: bereits erschlossene Felder

Basierend auf IEA-Daten aus dem World Energy Outlook New-Policies-Szenario, fig. 3.19, p. 122© OECD/IEA 2010, IEA Publishing
Modifiziert durch Prof. Dr. Anton Gunzinger / Supercomputing Systems AG. Lizenz: www.iea.org/t&c/termsandconditions
Quelle: International Energy Agency (IEA)

A 3: Die Schweizer Bevölkerung verbraucht pro Jahr rund 300 Terawattstunden Primärenergie aus Erdöl und Gas. Davon sind 244 TWh nicht erneuerbar, also mehr als 80 Prozent. Wir geben jährlich rund 15 Milliarden Franken für den Import von nicht erneuerbarer Energie aus und produzieren daraus 44,4 Millionen Tonnen CO_2.

Energieverbrauch, CO_2-Emissionen und Kosten (Stand 2010)

Energieträger	Bruttoverbrauch Terawattstunden/ Jahr	Nicht erneuerbar Terawattstunden/ Jahr	CO_2-Ausstoss Mio. Tonnen/ Jahr	Importkosten Mia. CHF/ Jahr
Öl (Heizen)	53.8	53.8	14,5	4,8
Gas (Heizen)	32.1	32.1	7,4	3,2
Fernwärme	4.8	–	0,5	–
Holz (Heizen)	10.6	–	0,0	–
Öl (Flugverkehr)	17.1	17.1	4,4	1,5
Öl (Strassenverkehr)	64.8	64.8	16,7	5,8
Kernenergie*	76.4	76.4	0,4	–
Kehrichtverbrennungen	3.6	–	0,1	–
Wasserkraft	37.6	–	0,4	–
Total	300.7	244.1	44,4	15,3

* Aus der eingesetzten Primärenergie von 76.4 TWh in Form von Uran entstehen 25.2 TWh Strom.
Quelle: Anton Gunzinger, diverse Quellen & Berechnungen

A 4: Bei der Entwicklung eines neuen Produkts erhöhen sich die Kosten nicht linear. Sobald das Produkt eine bestimmten Komplexität überschreitet, können die Kosten unvermittelt steil ansteigen, ja regelrecht explodieren (Abb. 64, rote Kurve). Die unternehmerische Kunst besteht darin, ein Produkt oder ein System so komplex wie nötig, aber so einfach wie möglich und damit kostengünstig zu konstruieren.

Abb. 64: **Die Kunst der Systemoptimierung**

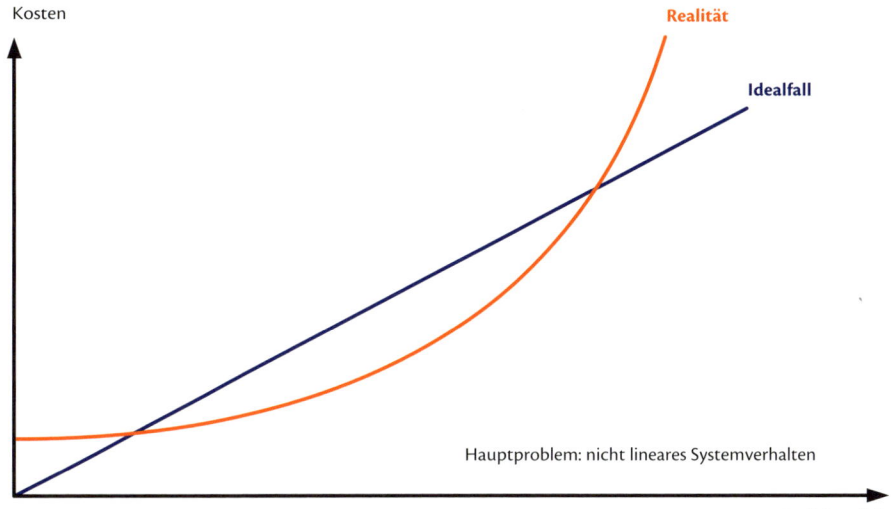

Quelle: Anton Gunzinger / Supercomputing Systems AG

A 5: Anlagen mit relativ kurzer Lebensdauer, zum Beispiel Autos, erzeugen kurzfristig hohe Amortisationskosten. Anlagen mit hoher Laufzeit, zum Beispiel Kraftwerke, haben langfristig hohe Zinsaufwendungen zur Folge. Hier zwei Lesebeispiele für die folgende Tabelle.

Lesebeispiel 1: Jemand kauft ein Auto für 20 000 Franken auf Kredit mit einem Zins von 5 Prozent pro Jahr. Das Auto hält 10 Jahre lang; in dieser Zeit wird es abgeschrieben (amortisiert). Der Besitzer muss dem Kreditgeber jedes Jahr 13 Prozent des Kaufpreises, also 2600 Franken, überweisen, damit der Kredit, inklusive Zinsen, nach 10 Jahren getilgt ist. Insgesamt zahlt er 26 000 Franken. Die Amortisation des Kaufpreises ist der dominierende Kostenfaktor.

Lesebeispiel 2: Ein Kraftwerk wird normalerweise über 50 Jahre betrieben und amortisiert. Es kostet 100 Millionen Franken. Bei einem Zins von 5 Prozent auf dem investierten Kapital muss der Betreiber jedes Jahr 5,5 Prozent des Kaufpreises aufwenden, also 5,5 Millionen Franken, damit nach 50 Jahren alle Schulden getilgt sind. Insgesamt zahlt er 275 Millionen. Der Zins ist der dominierende Kostenfaktor.

Die Kosten pro Jahr berechnen sich nach folgender Formel: $a = q / (1 - (1-q)^{-n})$. Dabei sind a = Kosten der Anlage/Infrastruktur, q = Zins und n = Anzahl Jahre (Lebenszeit, Amortisationszeit):

Lesebeispiel 3: Bei einer Strasse mit einer Lebensdauer von 50 Jahren, einer jährlichen Verzinsung des investierten Kapitals von 1 Prozent und jährlichen Unterhaltskosten von 1 Prozent ergibt sich eine jährliche Belastung von 2,6% + 1% = 3,6%.

Jahre/Zins	1%	2%	3%	4%	5%	6%
Auto: 10	10,6%	11,1%	11,7%	12,3%	13,0%	13,6%
20	5,5%	6,1%	6,7%	7,4%	8,0%	8,7%
25	4,5%	5,1%	5,7%	6,4%	7,1%	7,8%
30	3,9%	4,5%	5,1%	5,8%	6,5%	7,3%
40	3,0%	3,7%	4,3%	5,1%	5,8%	6,6%
Kraftwerk: 50	2,6%	3,2%	3,9%	4,7%	5,5%	6,3%

Quelle: Supercomputing Systems AG

A 6: Mittelfristig lohnt es sich, bei Projektarbeiten gemischte Innovationsteams zu bilden. Reine Expertenteams kommen am Anfang zwar schneller vorwärts, während sich heterogene Gruppen zuerst finden müssen. Dann aber erzielen Letztere gemäss unseren Erfahrungen oft bessere Ergebnisse (Abb. 65).

A 7: Wenn nur 10 Bauarbeiter in einen Graben passen, kann der Unternehmer nicht 50 hinunterschicken und meinen, die Arbeit werde dann fünfmal schneller fertig – die Bauarbeiter behindern sich gegenseitig in ihrer Produktivität. So ist es auch bei ultraschnellen Parallelrechnern: Immer mehr Prozessoren ergeben nicht immer mehr Leistung, sondern ab einem bestimmten Punkt immer weniger, wie die Abbildung 66 zeigt. Generell gilt: Die Skalierbarkeit (Steigerung der Leistungsfähigkeit) von Systemen stösst meist an natürliche Grenzen.

Abb. 65: **Die Leistung von gemischten Teams**

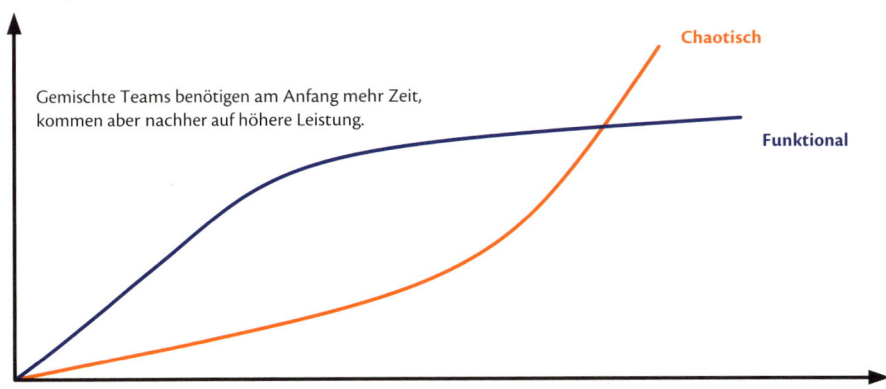

Leistung

Gemischte Teams benötigen am Anfang mehr Zeit, kommen aber nachher auf höhere Leistung.

Chaotisch

Funktional

Zeit

Quelle: Anton Gunzinger / Supercomputing Systems AG

Abb. 66: **Die Skalierbarkeit von Systemen**

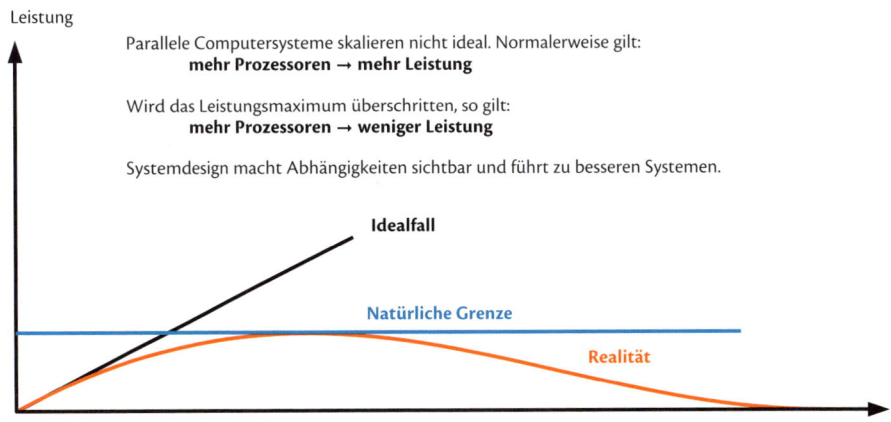

Leistung

Parallele Computersysteme skalieren nicht ideal. Normalerweise gilt:
mehr Prozessoren → mehr Leistung

Wird das Leistungsmaximum überschritten, so gilt:
mehr Prozessoren → weniger Leistung

Systemdesign macht Abhängigkeiten sichtbar und führt zu besseren Systemen.

Idealfall

Natürliche Grenze

Realität

Anzahl Prozessoren

Quelle: Anton Gunzinger / Supercomputing Systems AG

A 8: Die Schweizer Bevölkerung zahlt auf Einkommen und Vermögen unterschiedlich hohe Steuern, was zur Folge hat, dass die Reichen einen grösseren Beitrag an den Staatshaushalt zahlen als die weniger Begüterten. Eine Grafik von economiesuisse zeigt, dass die oberen 7,5 Prozent der Steuerpflichtigen mit Reineinkommen über 120 000 Franken fast 40 Prozent der Einkommenssteuern bezahlen (Abb. 67). Die unteren 29 Prozent mit reinen Einkommen bis zu 30 000 Franken finanzieren keine 2 Prozent des Steuerertrags von insgesamt 35,4 Milliarden Franken (Stand 2003).

Abb. 67: **Kantonale Einkommenssteuern:
Verteilung der Steuerlast (35,4 Mia. Franken)**

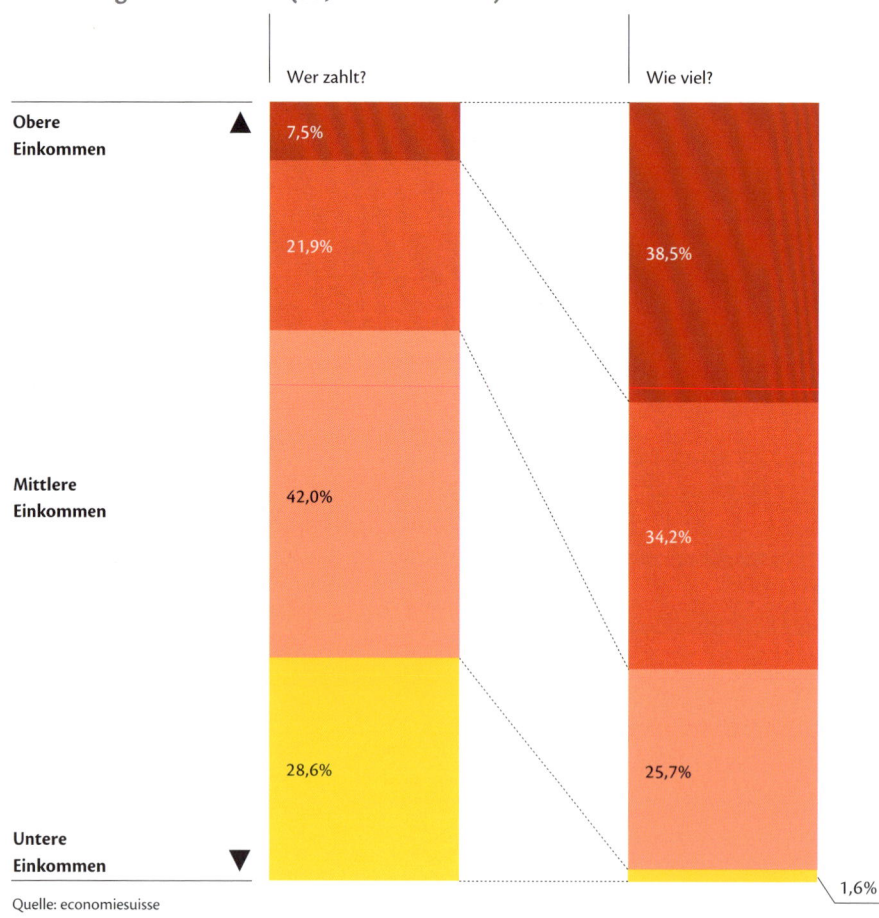

	Wer zahlt?	Wie viel?
Obere Einkommen ▲	7,5%	38,5%
	21,9%	
Mittlere Einkommen	42,0%	34,2%
Untere Einkommen ▼	28,6%	25,7%
		1,6%

Quelle: economiesuisse

A 9: Das kleine ABC der wichtigsten Begriffe aus dem Bereich der Elektrizität sowie eine Tabelle zur Umrechnung der Masseinheiten.

Spannung	Volt (V)
	Batteriegetriebene Geräte haben oft weniger als 10 V
	Der Netzanschluss zu Hause hat 230 V
	Hochspannungsleitungen haben bis zu 380 000 V
	oder 380 Kilovolt (kV)
Stromstärke	Ampere (A)
	Bedeutet, dass pro Sekunde 6,25 Trillionen Elektronen fliessen.
	Im elektrischen Netz fliessen Ströme bis etwa 1000 Ampere.
Leistung	Watt (W), früher «Pferdestärken» (PS)
	1 PS = 735,5 W, ein Auto mit 300 PS hat also 220 Kilowatt (kW) Leistung
	Wasserkraftwerke liefern 50–1000 Megawatt (MW)
	Das KKW Mühleberg leistet brutto 390 MW, das KKW Gösgen 1035 MW
Energie	Der Verbrauch während einer Zeiteinheit wird in Kilowattstunden (kWh) angegeben; Energie wird auch in Joule ausgedrückt:
	1 Wattsekunde (Ws) = 1 Joule (J)
	1 kWh = 3600 Ws = 3.6 Mega-Joule (MJ)
Energiekapazität	von Batterien wird oft in Amperestunden (Ah) angegeben.
	Die Kapazität einer 1,5-V-Batterie beträgt 0,6 Ah bis 2,8 Ah
	Eine normale Taschenlampe mit 3 Batteriezellen brennt etwa 3,5 Stunden
Gleichstrom	fliesst immer in dieselbe Richtung (Batterien, Photovoltaik)
Wechselstrom	wechselt fünfzigmal pro Sekunde die Richtung, Frequenz = 50 Hertz (Hz)
Drehstrom	fliesst in 3 Leitern mit um 120 Grad phasenverschobenen Strömen

Um grosse Zahlen zu schreiben, werden Abkürzungen gebraucht, zum Beispiel k (Kilo) für die Tausendereinheit wie bei kg (= 1000 Gramm). Oder kW (Kilowatt für 1000 Watt) bzw. MW (Megawatt) für eine Million Watt. Folglich entspricht 1 kWh (Kilowattstunde) der Leistung von 1000 Watt während einer Stunde.

Abkürzung	Bedeutung	Normale Zahlendarstellung	Exponentielle Schreibweise
f	Femto	0.000 000'000'000'001	10^{-15}
p	Piko	0.000'000'000'001	10^{-12}
n	Nano	0.000'000'001	10^{-9}
u	Mikro	0.000'001	10^{-6}
m	Milli	0.001	10^{-3}
–	–	1	10^{0}
k	Kilo	1'000	10^{3}
M	Mega	1'000'000	10^{6}
G	Giga	1'000'000'000	10^{9}
T	Tera	1'000'000'000'000	10^{12}
P	Peta	1'000'000'000'000'000	10^{15}
E	Exa	1'000'000'000'000'000'000	10^{18}

A 10: Wie sieht der effektive Wirkungsgrad eines Benzinmotors unter Berücksichtigung sämtlicher Faktoren aus, inklusive Förderung des Erdöls, der Raffinierung zu Benzin und der Verteilung mit Lastern an die Tankstellen? Bei der Produktion und Verteilung bleiben bereits 20 Prozent des Energiewerts auf der Strecke, was zu einer Reduktion des Wirkungsgrads auf 80 Prozent führt. Die Abwärme des Verbrennungsmotors sowie die Reibung in Getriebe und Differenzial verschlingen weitere 87 Prozent der Restenergie. Weil sich die Wirkungsgrade nachgeschalteter Prozesse multiplizieren, sieht die Rechnung wie folgt aus: 80% x 13% = 10,4%. Von der Gesamtenergie des geförderten Erdöls werden beim Benzinmotor also lediglich 10,4 Prozent für die Fortbewegung des Automobils genutzt. Der Rest bleibt (buchstäblich) auf der Strecke.

A 11: Die Tabelle listet die 51 Schweizer Stauseen mit mehr als 10 Millionen m³ Beckeninhalt auf.

Name	Kanton / Land	Mio. m³	Name der Talsperre	Baujahr
Lac des Dix	VS	401	Grande Dixence	1935, 1961
Lac d'Émosson	VS	227	Émosson Barberine	1925, 1974
Lac de la Gruyère	FR	220	Rossens	1947
Lac de Mauvoisin	VS	211	Lac de Mauvoisin	1957
Lago di Lei	Italien, GR	197	Valle di Lei	1961
Lago di Livigno	Italien, GR	165	Punt dal Gall	1968
Wägitalersee	SZ	150	Schräh	1924
Lac de Joux/Brenet	VD	149	Natursee	
Lago di Poschiavo	GR	111	Natursee	
Lago di Luzzone	TI	108	Luzzone	1963
Lago di Vogorno	TI	105	Contra	1965
Grimselsee	BE	103	Seeuferegg, Spitallamm	1932
Mattmarksee	VS	101	Mattmark	1967
Zervreilasee	GR	101	Zervreila	1957
Sihlsee	SZ	97	Hühnermatt, In den Schlagen	1937
Limmerensee	GL	93	Limmern	1963
Lac de Moiry	VS	78	Moiry	1958
Göscheneralpsee	UR	76	Göscheneralp	1960
Albignasee	GR	71	Albigna	1959
Lai da Sontga Maria	GR	67	Santa Maria	1968
Schiffenensee	FR	66	Schiffenen	1963
Lungerersee	OW	65	Natursee	
Lago del Sambuco	TI	63	Sambuco	1956
Oberaarsee	BE	61	Oberaar	1953
Lai da Marmorera	GR	60	Marmorera (Castiletto)	1954
Klöntalersee	GL	56	Rhodannenberg	1910
Lago Ritom	TI	54	Piora	1920
Lac de l'Hongrin	VD	53	Hongrin Nord, Hongrin Sud	1969
Lac de Tseuzier	VS	51	Proz-Riond, Zeuzier	1957
Lai da Nalps	GR	45	Nalps	1962
Lai da Curnera	GR	41	Curnera	1966
Lac de Salanfe	VS	40	Salanfe	1952
Gigerwaldsee	SG	36	Gigerwald	1976
Lago del Narèt	TI	32	Narèt I, Narèt II	1970
Lago dei Cavagnöö	TI	29	Cavagnoli	1968
Räterichsbodensee	BE	27	Räterichsboden	1950
Lago di Lucendro	TI	25	Lucendro	1947
Wohlensee	BE	25	Mühleberg	1920
Lac de Moron	NE, Frankreich	21	Châtelot	1953
Lac des Toules	VS	20	Les Toules	1963
Lac de Cleuson	VS	20	Cleuson	1950
Griessee	VS	19	Gries	1965
Lago Bianco	GR	19	Lago Bianco Nord und Süd	1912
Sufnersee	GR	18	Sufers	1962
Davosersee	GR	15	Natursee	
Gelmersee	BE	14	Gelmer	1929
Lac du Vieux Émosson	VS	14	Vieux-Émosson	1955
Lac de Montsalvens	FR	13	Montsalvens	1920
Lago Tremorgio	TI	13	Natursee	
Arnensee	BE	11	Arnensee	1942
Engstlensee	BE	11		

Quelle: Wikipedia

In der Schweiz gibt es 77 Stauseen mit einer Stauhöhe von mindestens 40 Metern beziehungsweise von mindestens 10 Metern, wenn das Stauvolumen mehr als 1 Million Kubikmeter beträgt. Diese Anlagen müssen so ausgelegt werden, dass sie ein Erdbeben von einer Stärke, wie es alle 10 000 Jahre auftritt, überstehen, ohne zu brechen. Wenn die Anlagen darauf ausgelegt sind, ein «10 000-Jahre-Beben» ohne Bruch zu überstehen, dann werden sie von einem «20 000-Jahre-Beben» dennoch in die Knie gezwungen. Durch einen Dammbruch würden gewaltige Wassermassen frei, die Siedlungs- und Landwirtschaftsgebiete weiträumig verwüsten können. Das Schadenausmass im Katastrophenfall beträgt geschätzte 100 Milliarden Franken. Eine einzelne Anlage müsste demnach 100 Milliarden Franken verteilt über 20 000 Jahre als Rückstellungen für eine solche Katastrophe einbezahlen. Das entspricht einer jährlichen Tranche von 5 Millionen Franken. Alle 77 Anlagen müssten zusammen folglich 385 Millionen Franken pro Jahr an Rückstellungen bezahlen. Dies ist jedoch nicht der Fall: Das Schadenrisiko wird nicht von den Betreibern, sondern von den Einwohnern getragen.

A 12: Im Folgenden wird die Funktionsweise von halbleiterbasierten Solarmodulen, die den Löwenanteil der kommerziell erhältlichen Produkte ausmachen, erläutert. Der Aufbau und die ablaufenden Prozesse werden exemplarisch anhand einer Solarzelle aus kristallinem Silizium diskutiert, wie sie in der Abbildung 68 gezeigt wird:
Die Solarzelle besteht aus dem Grundmaterial Silizium und ist mit zwei Elektroden aus Metall versehen. Silizium ist ein Halbleiter; Halbleiter zeichnen sich unter anderem dadurch aus, dass sich ihre Eigenschaften als Leiter durch gezieltes Einbringen geringer Mengen von Atomen anderer Materialien (man nennt dies *Dotieren*) verändern lassen. Im Falle unserer Beispielsolarzelle hat man genau das getan, um einen n-dotierten und einen p-dotierten Bereich zu schaffen. Im n-dotierten Bereich sind Elektronen, die sich relativ frei bewegen können, für die elektrische Leitfähigkeit verantwortlich. Im p-dotierten Bereich hingegen beruht die elektrische Leitfähigkeit auf sogenannten Löchern. Ein Loch ist im Grunde genommen eine «Leerstelle», die aber mit einem Elektron den Platz tauschen kann, wodurch auch ein Ladungstransport und somit ein Stromfluss ermöglicht wird. Am Übergang vom n-dotierten zum p-dotierten Bereich bildet sich eine Grenzschicht, in der ein elektrisches Feld herrscht.
Wenn man eine solche Solarzelle mit Sonnenlicht bestrahlt, fliesst ein elektrischer Strom, mit dem sich ein Verbraucher – im einfachsten Fall wie dargestellt eine Glühbirne – betreiben lässt. Wie aber kommt das?

Abb. 68: Funktionsprinzip einer Solarzelle

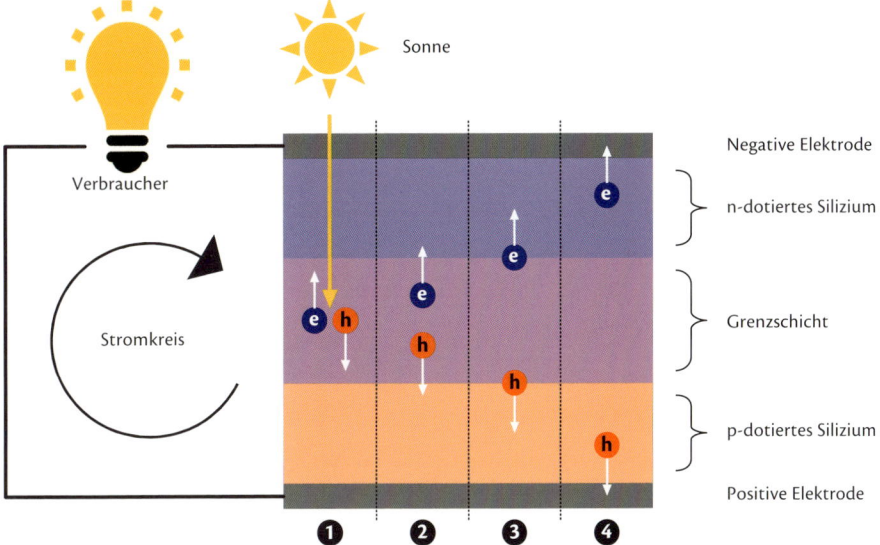

❶ Erzeugung eines Elektron-Loch-Paares durch ein Photon (Englisch: e = *electron*, h = *hole*)
❷ Auseinanderdriften von Elektron und Loch durch das elektrische Feld in der Grenzschicht
❸ Übertritt aus der Grenzschicht in die dotierten Zonen
❹ Bewegung innerhalb der dotierten Zonen, dann Übertritt in die Elektroden

Licht ist nichts anderes als ein Strom von immens vielen kleinen Energiepaketen, den sogenannten *Photonen*. Wenn Licht auf das Silizium auftrifft und es durchdringt, kann es passieren, dass ein Elektron im Silizium ein auftreffendes Photon absorbiert. Dadurch erhöht sich die Energie des Elektrons; in diesem angeregten Zustand kann es sich leichter im Silizium bewegen. Durch die Anregung entsteht am «angestammten» Platz des besagten Elektrons zudem eine Leerstelle, also ein Loch. Man sagt deshalb, die Absorption des Photons habe ein Elektron-Loch-Paar erzeugt (vgl. Ziffer 1). Entsteht ein solches Elektron-Loch-Paar in der Grenzschicht, so werden das Elektron und das Loch von dem dort herrschenden elektrischen Feld in unterschiedliche Richtungen gezerrt und somit räumlich voneinander getrennt (vgl. Ziffer 2); es fliesst ein elektrischer Strom. Elektron und Loch verlassen dann die Grenzschicht und treten in den n-dotierten bzw. den p-dotierten Bereich über, wo sie schliesslich die Elektroden erreichen. Via Verbraucher wird dann der Stromkreis als Ganzes geschlossen.

A 13: In der Schweiz gibt es fünf Kernkraftwerke. Im Dezember 2014 hat der Nationalrat ein sogenanntes «Langzeitbetriebskonzept mit Ablaufdatum» für die ersten KKW beschlossen. Danach gilt für die 1969 und 1971 in Betrieb genommenen ersten KKW (Beznau I+II) eine maximale Laufzeit von 60 Jahren, sofern die Sicherheit gewährleistet ist. Die Frist würde auch für Mühleberg gelten, doch hat die Betreiberin BKW die Abschaltung für 2019 beschlossen. Gösgen und Leibstadt können unbefristet weiterlaufen, wenn sie alle 10 Jahre ein Konzept für den sicheren Weiterbetrieb einreichen. Dieses muss erstmals nach 40 Betriebsjahren erstellt, aber zwei Jahre zuvor bei der Atomaufsichtsbehörde Ensi eingereicht werden: Bei Gösgen also im Jahr 2017, bei Leibstadt 2022. Gemessen an der produzierten Jahresenergie ist Leibstadt mit Abstand das grösste Schweizer KKW.

	Mühleberg	Gösgen	Leibstadt	Beznau I+II	Σ / Ø
Inbetriebnahme	1971	1979	1984	1969/1971	
Geplante Ausserbetriebsetzung	2019	unbefristet	unbefristet	2029/2031	
Bruttoleistung in Megawatt	390	1 035	1 245	760	3 430
Produzierte Jahresenergie in Gigawattstunden	2 799	7 766	9 185	5 755	25 505
Produzierte Energie während Betrieb in TWh	140	388	459	288	1 275
Produktion bis Ende Laufzeit in TWh	22	116	184	40	363
Stromherstellkosten in Rp./Kilowattstunde	7,0	5,0	5,5	5,5	5,5

Quelle: Wikipedia, NZZ, Anton Gunzinger

A 14: Die Tabelle zeigt, wie die Sicherheit des Kernkraftwerks Beznau seit der Inbetriebnahme im Jahr 1971 sukzessive verbessert wurde. Das Risiko einer Kernschmelze betrug im ersten Betriebsjahr 300 Jahre, das für einen Super-GAU 3000 Jahre. Durch immer neue, international vorgeschriebene Sicherheitsvorkehrungen wurden diese Risiken auf 100 000 bzw. 1 Million Jahre reduziert. Die Schweizer Bevölkerung war jahrzehntelang grossen Gefahren ausgesetzt – ohne dass sie darüber informiert wurde. Ein Super-GAU hätte Kosten in Höhe von 5000 Milliarden Franken verursacht und weite Teile des Mittellands für Jahre unbewohnbar gemacht. Weil die Betreiber von Beznau dieses hohe Risiko nicht selbst tragen mussten, wurde der Atomstrom von der Bevölkerung im Jahr 1971 de facto mit rund 57 Rappen pro Kilowattstunde subventioniert. 1988 waren es immer noch mehr als 17 Rappen. Nur dank dieser Anschubhilfe war und ist es möglich, den Atomstrom für konkurrenzlos billige 5,5 Rappen pro kWh abzugeben. Mit hoher Wahrscheinlichkeit stimmt auch der Unterschied von Faktor 10 zwischen Kernschmelze- und Super-GAU-Risiko nicht, denn in der Realität führt mindestens jede zweite Kernschmelze zu einem Super-GAU. Die Risiken sind fünfmal höher.

Jahr	Risiko Kernschmelze («alle X Jahre»)	Risiko Super-GAU («alle X Jahre»)	Risikoabgeltung (Rp./kWh)
1971	300	3 000	57,08
1988	1 000	10 000	17,12
1990	5 000	50 000	3,42
1993	20 000	200 000	0,86
1996	40 000	400 000	0,43
2000	60 000	600 000	0,29
2015	100 000	1 000 000	0,17

Quelle: Studie «Zukunft Stromversorgung Schweiz» der SATW (Risiko Kernschmelze), Supercomputing Systems AG

A 15: Die Abbildung 69 zeigt, welche Auswirkungen gravierende Unfälle in Schweizer Kernkraftwerken hätten. Wenn beispielsweise die Bevölkerung in einem 20-Kilometer-Umkreis um das KKW Mühleberg evakuiert werden müsste, wären mehr als eine halbe Million Einwohner betroffen.

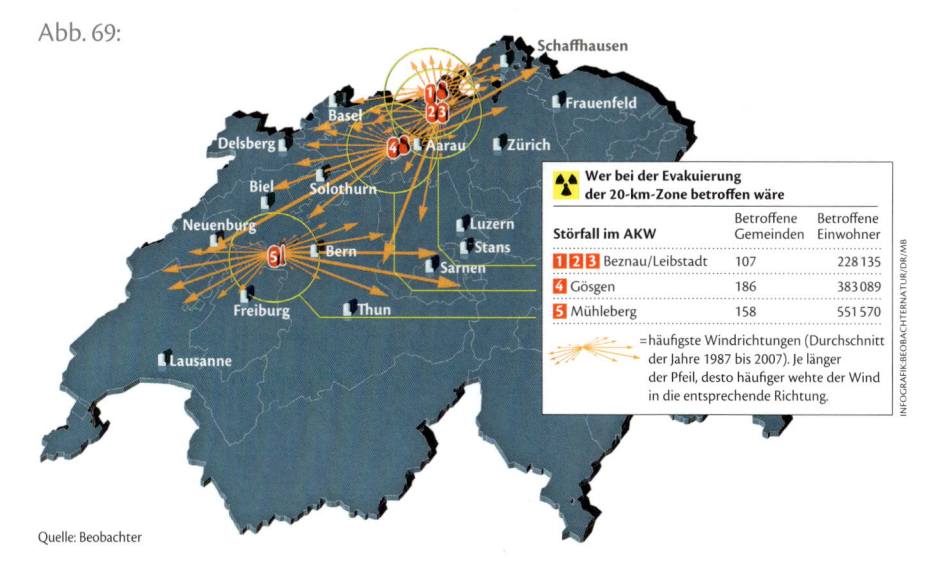

Abb. 69:

Wer bei der Evakuierung der 20-km-Zone betroffen wäre

Störfall im AKW	Betroffene Gemeinden	Betroffene Einwohner
1 2 3 Beznau/Leibstadt	107	228 135
4 Gösgen	186	383 089
5 Mühleberg	158	551 570

= häufigste Windrichtungen (Durchschnitt der Jahre 1987 bis 2007). Je länger der Pfeil, desto häufiger wehte der Wind in die entsprechende Richtung.

Quelle: Beobachter

A 16: Die Tabelle zeigt die Kostenberechnung für die drei AKW-Typen EPR (Finnland), Vogtle (USA) und einen zukünftigen Flüssigsalzreaktor. Diese drei kämen für die Schweiz in Frage, falls die KKW – entgegen den politischen Beschlüssen – doch ersetzt würden. Für die Berechnung gehen wir von folgenden Annahmen aus: Alle Reaktoren werden über eine Dauer von 50 Jahren betrieben und laufen während 8000 Stunden unter Volllast. Die Investitionen betragen 6250 Franken pro Kilowatt für Olkiluoto, 5000 Franken/kW für Vogtle und 4000 Franken/kW für einen Flüssigsalzreaktor. Die Investoren verlangen für ihr Kapital einen Zins von 6 Prozent, da KKW eine risikoreiche Investition sind. Die Unterhaltskosten hängen im Wesentlichen vom benötigten

		EPR Olkiluoto-3 Finnland	Vogtle 3&4 USA	Flüssigsalzreaktor Zukunft
Betriebsdauer	Jahre	50	50	50
Leistung	Megawatt	1600	2200	520
Jährliche Betriebsstunden	Stunden	8000	8000	8000
Jährliche Stromerzeugung	Gigawattstunden	12800	17600	4160
Investition	Mio. CHF	10000	11000	2080
Zins (Investition)	Prozent	6,0	6,0	6,0
Jährliche Amortisation	Prozent	6,3	6,3	6,3
Jährliche Amortisation	Mio. CHF	634	698	132
Unterhaltskosten	Mio. CHF	100	200	100
Erneuerungsfaktor		1	1	1
Erneuerungskosten	Mio. CHF / Jahr	200	220	42
Versicherungsprämie	% pro Jahr	1,0	1,0	0,2
Versicherungsprämie	Mio. CHF / Jahr	100	110	4
Rückbaukosten	Mio. CHF	1600	2200	520
Endlagerkostenbeitrag	Mio. CHF	6400	8800	208
Total Rückbau und Endlager	Mio. CHF	8000	11000	728
Zins (Rückbau und Endlager)	Prozent	3,0	3,0	3,0
Amortisation (Rückbau und Endlager)	Prozent	3,9	3,9	3,9
Amortisation (Rückbau und Endlager)	Mio. CHF	311	428	28
Jährliche Kosten Total	Mio. CHF	1345	1655	306
Kosten	Rp./kWh	10,5	9,4	7,4
Gewinn des KKW Betreibers	%	5,0	5,0	5,0
Verkaufspreis	**Rp./kWh**	**11,0**	**9,9**	**7,7**

Quelle: Anton Gunzinger, Supercomputing Systems AG

Personal ab, was pro Anlage zu jährlichen Kosten von 100 Millionen Franken führt (Vogtle besteht aus zwei Anlagen). Der Erneuerungsfaktor von 1 bedeutet, dass während der Betriebsdauer die ursprünglich investierte Summe noch einmal aufgebracht werden müsste, um Maschinen zu ersetzen und Sanierungen durchzuführen. Olkiluoto und Vogtle sind mit 1 Prozent marginal versichert, der Flüssigsalzreaktor nur mit 0,2 Prozent, weil der Betrieb dieses Typs weniger risikoreich ist – es kann aufgrund der Konstruktion nicht zu einem GAU kommen. Für jedes KKW fallen Rückbaukosten von 1000 Franken/kW an. Die konventionellen KKW bezahlen pro Gigawatt installierte Leistung 4 Milliarden an die Endlagerung (unter der Annahme, dass sich jeweils mehrere Anlagen am Endlager beteiligen). Der Flüssigsalzreaktor produziert deutlich weniger radioaktive Abfälle als herkömmliche KKW und braucht deshalb nur einen zehnmal tieferen Beitrag ans Endlager zu leisten. Schliesslich will jeder Betreiber noch einen Gewinn von 5 Prozent erwirtschaften.

A 17: Aus einer Studie der Universität Bochum geht hervor, wie gross der CO_2-Ausstoss der verschiedenen Energieträger über die gesamte Lebensdauer einer Anlage (inklusive Aufbau und Abbruch) ist (Abb. 70).

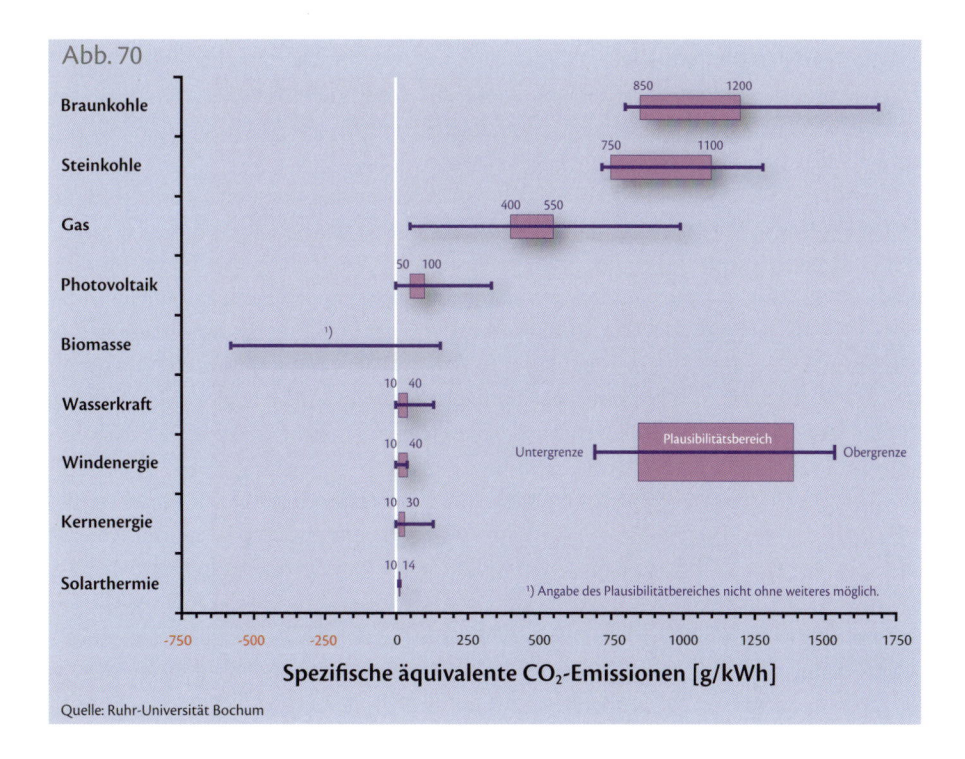

Abb. 70

Energieträger	Werte (g/kWh)
Braunkohle	850 – 1200
Steinkohle	750 – 1100
Gas	400 – 550
Photovoltaik	50 – 100
Biomasse	¹⁾
Wasserkraft	10 – 40
Windenergie	10 – 40
Kernenergie	10 – 30
Solarthermie	10 – 14

¹⁾ Angabe des Plausibilitätsbereiches nicht ohne weiteres möglich.

Spezifische äquivalente CO_2-Emissionen [g/kWh]

Quelle: Ruhr-Universität Bochum

A 18: Für die Berechnung der **Solarstromkosten** verwenden wir die Preise der IEA für die Jahre 2003 bis 2012. Für die darauf folgenden Jahre gehen wir von einem jährlichen Preiszerfall von 10 Prozent des Vorjahrespreises aus. Eine Solaranlage wird über 25 Jahre bei einer Verzinsung des Kapitals von 3 Prozent abgeschrieben. Für den Unterhalt ist pro Jahr 1 Prozent des Neuwerts zu investieren.

Für den **Atomstrom** berechnen wir die Gestehungskosten anhand einer neuen Kernkraftanlage vom Typ EPR (wie in Olkiluoto, Finnland), übertragen auf die Verhältnisse in der Schweiz. Für die Investition setzen wir die Kostenschätzungen ebendieser Anlage aus den Jahren 2005 (3 Milliarden Euro), 2008 (4,5 Milliarden Euro), 2009 (5,47 Milliarden Euro), 2011 (6,6 Milliarden Euro) und 2012 (8,5 Milliarden Euro) ein, wobei wir einen Wechselkurs von 1.20 Franken pro Euro annehmen. Die Anlage hat eine elektrische Nettoleistung von 1600 Megawatt und wird über 50 Jahre bei 8000 Betriebsstunden pro Jahr betrieben. Das Investitionskapital wird mit 6 Prozent verzinst und muss über die Betriebsdauer abgeschrieben werden. Die Unterhaltskosten ergeben sich im Wesentlichen aus den Personalkosten und betragen 100 Millionen Franken pro Jahr (500 Menschen à 200 000 Franken pro Jahr). Über die Betriebsdauer muss für Erneuerungs- und Nachrüstungsarbeiten noch einmal Geld in der Höhe der ursprünglichen Investition aufgewendet werden.

Die Höhe der Risikoabgeltung berechnet sich aus dem Schadensausmass und der Eintretenswahrscheinlichkeit. Für die Kosten eines Super-GAU setzen wir die bereits erwähnten 5000 Milliarden ein. Zudem gehen wir davon aus, dass der EPR aufgrund höherer Standards zumindest die heutigen Sicherheitsanforderungen erfüllt, sodass nur alle 100 000 Jahre mit einem Grossunfall zu rechnen ist. Pro Jahr sind somit 50 Millionen Franken als Risikoabgeltung zu bezahlen.

Schliesslich fallen noch Rückbaukosten von 1,6 Milliarden Franken und ein Beitrag an ein Endlager in der Höhe von 20 Milliarden Franken an.

Der Endlagerbeitrag berechnet sich folgendermassen: Wenn die bisherigen Kernkraftwerke durch neue Anlagen zu ersetzen wären, bräuchte die Schweiz zwei Anlagen von der Grösse derjenigen in Olkiluoto. Diese würden über ihre Betriebsdauer radioaktive Abfälle generieren, die danach in einem neuen Endlager entsorgt werden müssten. Da, wie in Kapitel 11 hergeleitet, ein Endlager etwa 40 Milliarden Franken kostet, müsste jedes der beiden neuen Kraftwerke einen Beitrag in der Höhe von 20 Milliarden Franken bezahlen.

Die Summe all dieser Beträge ergibt, abgewälzt auf die Erzeugung, die Gestehungskosten für den Atomstrom. Da der Anlagenbetreiber Profit erwirtschaften will, werden 5 Prozent Rendite draufgeschlagen. Unter dem Strich kommt man zum Ergebnis, dass der Atomstrom knapp 15,1 Rappen pro Kilowattstunde kostet. Mit der ursprünglichen Schätzung der Anlagenkosten aus dem Jahr 2005, die sich als viel zu tief erwiesen hat, wären es nur 10,6 Rappen pro Kilowattstunde gewesen.

		Olkiluoto Stand 2005	Olkiluoto Stand 2008	Olkiluoto Stand 2009	Olkiluoto Stand 2011	Olkiluoto Stand 2012
Betriebsdauer	Jahre	50	50	50	50	50
Leistung	Megawatt	1 600	1 600	1 600	1 600	1 600
Jährliche Betriebsstunden	Stunden	8 000	8 000	8 000	8 000	8 000
Jährliche Stromerzeugung	Gigawattstunden	12 800	12 800	12 800	12 800	12 800
Investition	Mio. EUR	3 000	4 500	5 470	6 600	8 500
Investition	Mio. CHF	3 600	5 400	6 564	7 920	10 200
Zins (Kapital)	Prozent/Jahr	6,0	6,0	6,0	6,0	6,0
Amortisation (Kapital)	Prozent/Jahr	6,3	6,3	6,3	6,3	6,3
Amortisation (Kapital)	Mio. CHF / Jahr	228	343	416	502	647
Unterhaltskosten	Mio. CHF / Jahr	100	100	100	100	100
Erneuerungsfaktor		1	1	1	1	1
Erneuerungskosten	Mio. CHF / Jahr	72	108	131	158	204
Schadensausmass Super-GAU	Mia. CHF	5 000	5 000	5 000	5 000	5 000
Unfallrisiko («alle X Jahre»)	Jahre	100 000	100 000	100 000	100 000	100 000
Risikoabgeltung	Mio. CHF / Jahr	50	50	50	50	50
Rückbaukosten	Mio. CHF	1 600	1 600	1 600	1 600	1 600
Endlagerkostenbeitrag	Mio. CHF	20 000	20 000	20 000	20 000	20 000
Total (Rückbau und Endlager)	Mio. CHF	21 600	21 600	21 600	21 600	21 600
Zins (Rückbau und Endlager)	Prozent	3,0	3,0	3,0	3,0	3,0
Amortisation (Rückbau und Endlager)	Prozent	3,9	3,9	3,9	3,9	3,9
Amortisation (Rückbau und Endlager)	Mio. CHF / Jahr	839	839	839	839	839
Gesamte Kosten	Mio. CHF / Jahr	1 290	1 440	1 537	1 650	1 841
Gestehungskosten	Rp./kWh	10,1	11,3	12,0	12,9	14,4
Gewinn des Betreibers	Prozent	5,0	5,0	5,0	5,0	5,0
Verkaufspreis des KKW-Stroms	**Rp./kWh**	**10,6**	**11,8**	**12,6**	**13,5**	**15,1**

A 19: Die derzeit verfügbaren Solarzellen haben einen unterschiedlichen Wirkungsgrad. Nachfolgend die maximal nachgewiesenen Wirkungsgrade (die derzeit auf dem Markt erhältlichen Zellen erreichen teils deutlich tiefere Werte):

- organische Dünnschichtzellen: 10,7%
- Dünnschichtmodule auf der Basis von amorphem Silizium: 10,1%
- Dünnschichtmodule auf der Basis von Cadmiumtellurid: 19,6%
- Solarzellen aus polykristallinem Silizium: 20,4%
- Solarzellen aus monokristallinem Silizium: 25,0%
- sogenannte Konzentratorzellen in Laborsituationen: 44,7%

Quellen: John Wiley & Sons, Progress in Photovoltaics, Solar Cell Efficiency Tables (Version 42), 2013, und Fraunhofer Ise, World Record Solar Cell, 23. September 2013

Die obigen Angaben führen zur Frage, wie viel Platz Photovoltaikanlagen beanspruchen. Mit hocheffizienten Solarzellen kann bei gleicher Sonneneinstrahlung mehr Strom gewonnen werden als mit weniger effizienten. Entsprechend kleiner ist die benötigte Fläche. Im Wesentlichen sind bei einer Solaranlage drei Faktoren von Bedeutung: die Sauberkeit der Glasabdeckung der Module, der Wirkungsgrad der eigentlichen Solarzelle sowie der Wirkungsgrad des Wechselrichters.
Transparente Abdeckungen sind bei sämtlichen gängigen Technologien notwendig, um die eigentlichen Solarzellen vor schädlichen Umwelteinflüssen wie Regen, Hagel und Schnee zu schützen. Darauf lagert sich aber im Laufe der Zeit Schmutz ab, sodass nicht die gesamte auftreffende Lichtmenge die darunterliegende Solarzelle erreicht. Wie Studien zeigen, gehen auf diese Weise etwa 15 Prozent der Lichtenergie verloren. Der Wirkungsgrad der eigentlichen Solarzellen hängt stark von der verwendeten Technologie ab (siehe oben). Wechselrichter sind notwendig, um den von den Solarzellen gelieferten Gleichstrom in Wechselstrom umzuwandeln, der ins Stromnetz eingespeist werden kann. Auch hier geht ein Teil der Energie verloren; typische Wirkungsgrade für Wechselrichter liegen um die 95 Prozent. Wenn man für eine Solaranlage hocheffiziente Solarzellen verwendet, erhält man alles in allem einen Wirkungsgrad von 16 Prozent (85% × 20% × 95%), wohingegen man mit weniger effizienten Solarzellen nur auf etwa 12 Prozent kommt (85% × 15% × 95%).
Die installierte Leistung einer Solaranlage ist definiert als die elektrische Leistung, die bei einer Bestrahlung mit Sonnenlicht mit einer Stärke 1000 Watt pro Quadratmeter

erreicht wird. Gemäss der obigen Berechnung liefert die effizientere Anlage demnach 160 Watt elektrische Leistung pro Quadratmeter Modulfläche, wohingegen die weniger effiziente nur 120 Watt pro Quadratmeter erbringt. Hochgerechnet ergibt das 160 Megawatt pro Quadratkilometer für den effizienteren und 120 Megawatt pro Quadratkilometer für den weniger effizienten Anlagentyp.

Im Szenario «Nur Solar», wo versucht wird, die wegfallende Produktion der Kernkraftwerke ausschliesslich mit Solarstrom zu ersetzen, wären 18 Gigawatt an installierter Leistung notwendig. Wenn man in effiziente Solaranlagen investiert, reichen 112 Quadratkilometer aus; verwendet man hingegen die weniger effiziente Technologie, muss man 150 Quadratkilometer Fläche bereitstellen.

Im Szenario «Solar, Wind und Biomasse», wo lediglich 13,2 Gigawatt erforderlich sind, braucht man je nach verwendeter Technologie 82 oder 110 Quadratkilometer Solarfläche.

Abb. 71: **Global Irradiation**
Annual Mean 1981–2000

1800 kWh/m^2
1600
1400
1200
1000
800

Quelle: meteonorm Software (www.meteonorm.com), METEOTEST

A 20: Die Abbildung 71 zeigt die natürliche Sonneneinstrahlung in der Schweiz. Je heller die Farbe, desto grösser die Einstrahlung in Kilowattstunden pro Quadratmeter. Auffällig: Die energiereichsten Gebiete befinden sich in den Bergen, was mit der Höhenlage zu erklären ist.

A 21: In dieser Versuchsanordnung sind in Städten und in den Bergen Solarpanels mit einer Spitzenleistung von 18 Gigawatt installiert. Die Analyse wurde mit simulierten Wetterdaten für die besagten Standorte gemacht. Sie basieren auf einem durchschnittlichen Jahr, bilden also keine Extreme wie permanenten Hochnebel oder eine durchgehende Schönwetterwoche ab. Die Stromproduktion schwankte in der Versuchswoche zwischen 6 und 12 GW (Abb. 72).

Abb. 72: **Solarerzeugung in der Schweiz bei 18 Gigawatt Anlagenleistung (70% auf Dachflächen, 30% an Berghängen)**

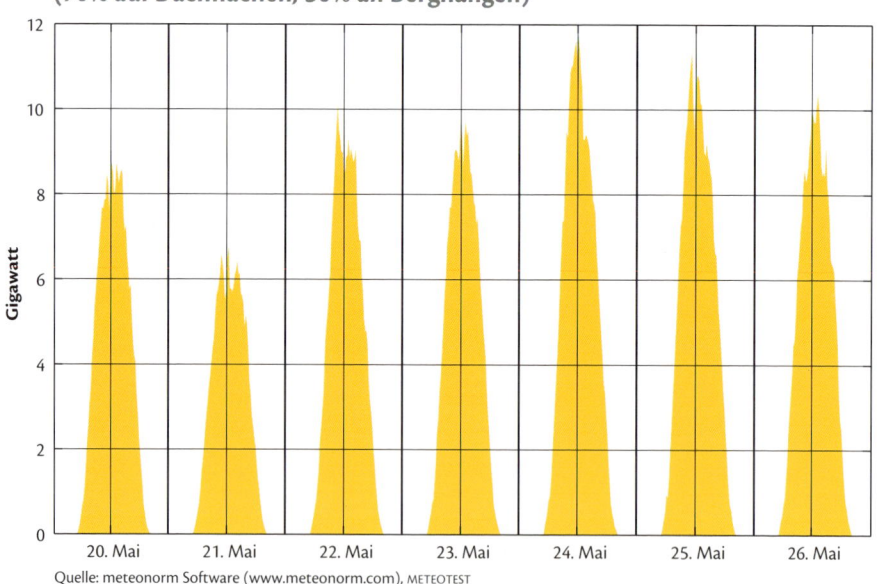

Quelle: meteonorm Software (www.meteonorm.com), METEOTEST

A 22: Auf der Website http://wind-data.ch sind umfassende Informationen zur Windenergie enthalten, unter anderem auch diese Karte (Abb. 73), die die Gebiete mit dem stärksten Windaufkommen zeigt: Je dunkler die rote Farbe, desto stärker der Wind.

Abb. 73: **Mittlere Windgeschwindigkeit**
100 m über Grund

- < 2,5 m/s
- 2,5–3,4
- 3,5–4,4
- 4,5–5,4
- 5,5–6,4
- 6,5–7,4
- 7,5–8,4
- ≥8,5

Windkarte © METEOTEST 2011
Quelle: suisse éole, METEOTEST

A 23: Die blaue Kurve in der Abbildung 74 zeigt den Füllstand der Speicherseen im Jahr 2010. Die grüne Kurve zeigt den Füllstand nach der Energiewende, wenn man keinen Strom exportieren würde (autark) – die Stauseen würden überlaufen. Die rote Kurve zeigt den Verlauf des Füllstands, wenn man im Sommer überschüssiges Wasser in Strom verwandeln und diesen exportieren würde. Positives Ergebnis: Die Stauseen trocknen deswegen nicht aus (der Füllstand per Ende Jahr ist nicht wesentlich tiefer als zu Beginn).

Abb. 74: **Füllstand der Speicherseen
Export des Sommerüberschusses zum Marktpreis 2012**

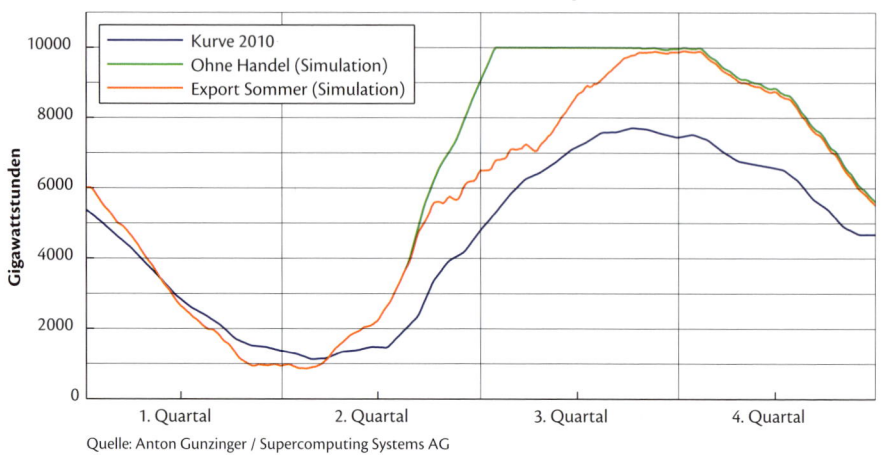

Quelle: Anton Gunzinger / Supercomputing Systems AG

Auf der Abbildung 75 fügen wir eine weitere Grösse hinzu: Arbitrage Winter. «Arbitrage» bedeutet Import/Export, also Einkauf und Verkauf von Strom über die Grenzen hinweg. Die Kurve zeigt die Füllstände, wenn man die Stauseen auch im Winter dynamisch zur Stromerzeugung einsetzen würde. Positives Ergebnis: Auch in diesem Fall trocknen sie nicht aus.

Abb. 75: **Füllstand der Speicherseen
Zusätzliche Arbitrage im Winter zum Marktpreis 2012**

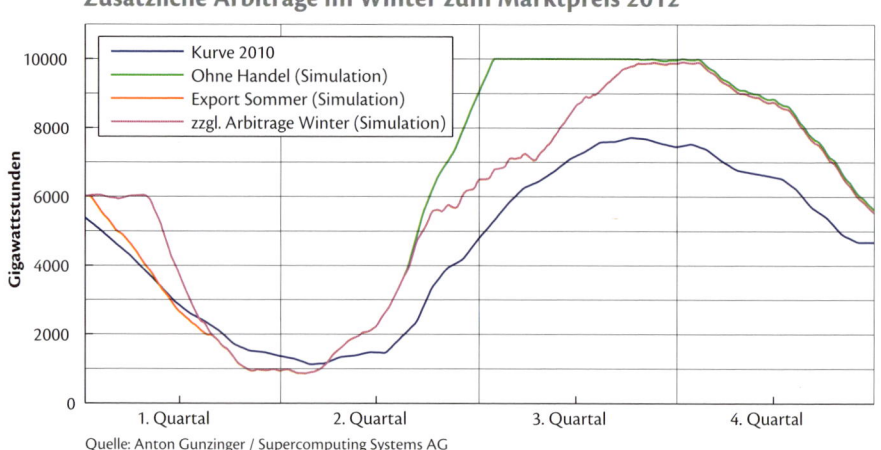

Quelle: Anton Gunzinger / Supercomputing Systems AG

In der Abbildung 76 zeigt die grüne Kurve den Füllstand der Pumpspeicherseen ohne Export. Wenn die Schweiz nach der Energiewende Strom exportieren würde, müssten die Pumpspeicherwerke übers ganze Jahr dynamisch eingesetzt werden (blaue Kurve).

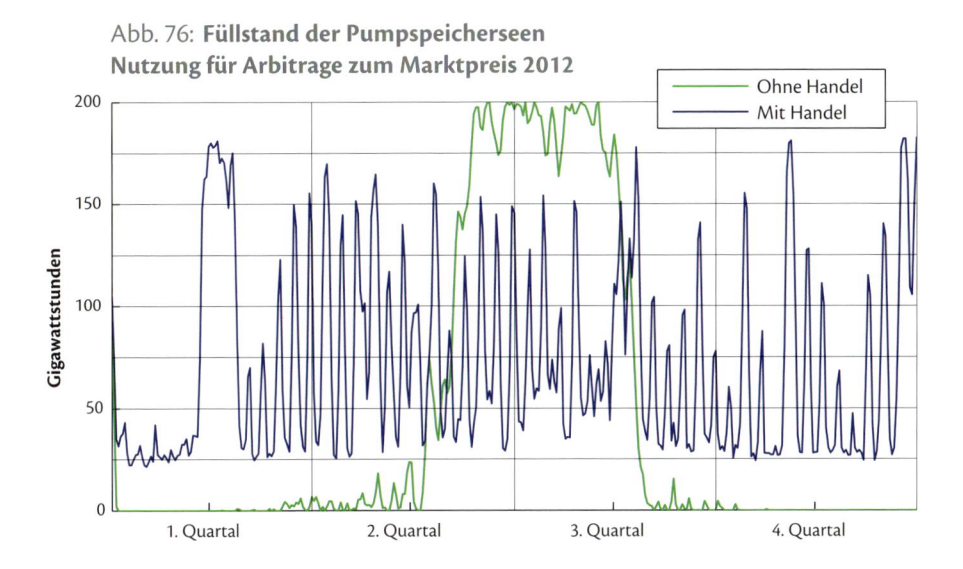

Abb. 76: Füllstand der Pumpspeicherseen
Nutzung für Arbitrage zum Marktpreis 2012

A 24: Die Tabelle «Handelserlös» zeigt die Erträge aus Stromexporten, die in den Jahren 2007 bis 2012 unter den Bedingungen einer bereits vollzogenen Energiewende zu damaligen Marktpreisen hätten erzielt werden können. Die Gesamterträge zeigen, dass die Schweiz auch nach der Energiewende grosse Handelsüberschüsse erzielen könnte – immer unter dem Vorbehalt der Preisentwicklung, die wir heute nicht mit Sicherheit voraussagen können. Durchschnittlich hätten die Überschüsse 621 Millionen Euro pro Jahr betragen.

Handelserlös

Referenzjahr für Preise	Saisonalspeicher Mio. EUR	Pumpspeicher Mio. EUR	Total Mio. EUR
2012	429	122	551
2011	418	54	471
2010	393	97	490
2009	391	190	581
2008	719	296	1 015
2007	389	229	618
Durchschnitt	456	165	621

A 25: Die Netzverordnung ist ein Reglement, das festlegt, nach welchen Kriterien das Schweizer Stromnetz ausgebaut wird, wie es zu unterhalten ist, wer es finanziert, überwacht und welche Tarife den Benutzern verrechnet werden.

Neue Netzverordnung gemäss Vorschlag Anton Gunzinger

Abgrenzung
1. Das elektrische Netz umfasst alle Einrichtungen zur Übertragung, Überwachung und Steuerung des Transports elektrischer Energie (inklusive Sicherheitssysteme) von allen Marktteilnehmern (Produzenten, Konsumenten, Prosumer).
2. Das elektrische Netz der Schweiz kann in Teilnetze unterteilt werden mit dem Ziel, dass alle Teilnetzbetreiber ihre Aufgaben möglichst kostengünstig erfüllen.
3. Jedes Teilnetz wird von einer eigenständigen Organisation mit eigener Rechnung geführt. Mögliche Rechtsformen sind die AG, die Genossenschaft oder der Verein.
4. Die eigenständigen Organisationen müssen sich im Mehrheitsbesitz der Öffentlichkeit/Nutzer befinden. Diese Mehrheit beträgt mindestens zwei Drittel.
5. Alle eigenständigen Organisationen (Netzbetreiber) müssen ihre Rechnungslegung unaufgefordert und periodisch dem Regulator, der Eidgenössischen Elektrizitätskommission ElCom, vorlegen.
6. Die Betreiberin des N1-Netzes (swissgrid) hat als Systemdienstleisterin zusätzlich die Aufgabe, im Schweizer Stromnetz das Angebot und die Nachfrage von elektrischer Energie jederzeit abzugleichen.
7. Netzbetreiber dürfen selbst keinen Strom verkaufen. Sie sind «Treuhänder» des elektrischen Systems.

Netzausbau
1. Grundsätzlich soll das Stromnetz so ausgebaut sein, dass jeder Prosumer über die von ihm gewünschte Anschlussleistung verfügt. Um eine teure Überdimensionierung zu vermeiden, ist der Netzbetreiber aber lediglich verpflichtet, so viel Anschlussleistung zur Verfügung zu stellen, dass die Bedürfnisse des Prosumers während 99 Prozent des Jahres vollständig abgedeckt sind.
2. Steigt die Netzauslastung während 1 Prozent der Zeit (87,6 Stunden pro Jahr) über 120 Prozent, wodurch die N-1 Sicherheit verletzt wird, muss das Netz ausgebaut werden.
3. Um Schaden von Menschen oder Material abzuwenden, kann der Netzbetreiber die Netzanschlussleistung temporär begrenzen.
4. Abhängig von Zeit und Ort kann dem Prosumer eine temporäre Begrenzung der eingespeisten Energie von 5 Prozent pro Jahr zugemutet werden, ohne dass er dafür entschädigt wird.
5. Stromleitungen werden prinzipiell unterirdisch verlegt, um dem Gemeingut «Landschaft» Rechnung zu tragen. Der Regulator kann nur Ausnahmen bewilligen, wenn die Kosten für eine unterirdische Leistung dreimal höher wären als für eine oberirdische.

Vorgehen beim Netzausbau
1. Wenn sich ein Ausbau der Technik oder der Stromtrassen aufdrängt, belegt dies der Netzbetreiber mit Daten. Anschliessend diskutieren Behörden und NGOs an einem runden Tisch, bis eine Einigung zustandekommt. Die Dauer dieses Prozesses ist auf sechs Monate zu beschränken.
2. Wenn klar ist, dass das Netz ausgebaut werden muss, wird das Projekt in einem ähnlichen Prozess unter Einbezug der Betroffenen diskutiert und definiert.
3. Einsprachen sind möglich, aber innert zwölf Monaten zu behandeln.
4. Bei Ablehnung der Einsprachen setzt der Netzbetreiber den Ausbau umgehend um.

Netzunterhalt
1. Für den Netzunterhalt ist der Netzbetreiber verantwortlich.
2. Der Netzbetreiber muss alle Komponenten (Netze, Transformatoren, Sicherungs- und Messeinrichtungen) bezüglich Lebenszeit überprüfen und gegebenenfalls ersetzen. Die Überprüfung erfolgt nach den Vorgaben «zustandsorientierte Instandhaltung und Ersatzplanung» des Verbands Schweizerischer Elektrizitätsunternehmen (VSE). Über Ausnahmen entscheidet der Regulator.
3. Alle Leitungen der Netze N5 und N7 müssen bis 2020 unterirdisch verlegt sein. Über Ausnahmen entscheidet der Regulator.

Netzüberwachung
1. Der Netzbetreiber erfasst laufend alle kritischen Netzgrössen (Monitoring). Dabei misst er Spannungen, Ströme, Leistungen, Energien und die Netzqualität. Die Erfassung erfolgt mindestens alle 15 Minuten (komponentenadäquat). Die Intervalle können später verfeinert werden.
2. Alle Messdaten werden swissgrid und dem Regulator in Echtzeit zur Verfügung gestellt.
3. Aus den Messdaten wird permanent und alle 15 Minuten die N-1-Sicherheit berechnet.
4. Zeitabschnitte, in denen die N-1-Sicherheit verletzt wird, werden besonders gekennzeichnet.
5. Wird die N-1-Sicherheit verletzt, was bei einer Netzauslastung über 100 Prozent der Fall ist, muss der Netzbetreiber Massnahmen ergreifen und die Nutzer seines Netzes entsprechend beeinflussen. Diese haben den Vorgaben unverzüglich Folge zu leisten. Der Regulator beaufsichtigt die Massnahmen.
6. Der Netzbetreiber überwacht die Netzqualität an jedem Netzpunkt bis und mit N6. Werden die Qualitätsziele nicht erreicht, ergreift der Netzbetreiber entsprechende Massnahmen. Ist nicht der Netzbetreiber, sondern der Prosumer für die schlechte Netzqualität verantwortlich, muss der Netzbetreiber den Prosumer zur Einhaltung der Qualität anhalten.
7. Die Netzebene 7 wird mittels SmartMeter überwacht.

Kostenberechnung
1. Die Einspeisung von Strom ins Netz ist in der Regel kostenfrei.
2. Für die Ausspeisung bestimmt der Regulator für jede Netzebene Kostenfaktoren. Faktor 1 ist der Abonnementsbetrag, der pauschal geschuldet ist. Faktor 2 ist der Leistungsbeitrag; er bemisst sich anhand der maximal bezogenen Leistung während eines Jahres. Faktor 3 ist der Energiebetrag (Preis pro bezogene Energie). Die Tarife können in Stadt-, Dorf- und Landregionen unterschiedlich sein.
3. Die Tarifstruktur sollte wenn möglich für die ganze Schweiz gelten. Über Ausnahmen entscheidet der Regulator.
4. In einem ersten Schritt sind die Tarife statisch; sie können in Zukunft eine zeitliche Abhängigkeit haben, je nach Belastung des Netzes.
5. Mit den erzielten Einnahmen muss der Netzbetreiber alle Investitionen, den Unterhalt, die Messsysteme (inklusive SmartMeter und SmartMarket für den Kunden, flächendeckend bis 2020), alle Managementsysteme (SmartGrid, flächendeckend bis 2024), alle Netzverluste und die gesamte Abrechnung, inklusive Inkasso, decken.

6. Der Regulator legt die Tarife so fest, dass der Netzbetreiber bei guter Arbeit maximal 5 Prozent Gewinn erzielen kann. Da die Netzbetreiber ohnehin in staatlicher Hand sind, stellt diese Gewinngrenze keinen grossen Eingriff in die freie Marktwirtschaft dar.

SmartMarket
1. Die Kunden wählen ihren Stromanbieter eigenständig.
2. Der Stromanbieter muss neben dem aktuellen Preis auch eine verbindliche Preisvorschau über mindestens die nächsten 24 Stunden geben.
3. Der Stromanbieter muss dem Kunden die entsprechenden Stromzertifikate unaufgefordert abgeben, sodass dieser die Herkunft des Stroms beurteilen kann (z.B. Kohle, Atom, Solar, Gas).
4. Der Netzbetreiber gibt die Marktinformationen der Stromanbieter via SmartMeter oder SmartGrid automatisch an seine Kunden weiter. In dieser Information sind auch die Stromzertifikate enthalten.
5. Der Netzbetreiber erstellt die Energieabrechnung in seiner Funktion als Treuhänder.
6. Der Netzbetreiber muss die Energierechnung so organisieren, dass er in Zukunft auch eine CO_2-Besteuerung auf Strom abrechnen kann.
7. Der Netzbetreiber wird für seine treuhänderischen Dienstleistungen entschädigt.

Systemdienstleister
1. Swissgrid sorgt dafür, dass die ausgeglichene Leistungsbilanz im elektrischen Netz jederzeit gewährleistet ist. Sie beschafft dazu die entsprechende Regelenergie (Primär-, Sekundär- und Tertiärregelenergie).
2. Swissgrid gibt für jeden Netzanschluss auf N1 Leistungskorridore vor, d.h., man setzt Limiten dafür, wieviel Leistung von den unteren Netzebenen an das Höchstspannungsnetz weitergegeben werden darf. Diese Limite wird anhand eines Verteilschlüssels, der die örtlichen Produktions- und Lastverhältnisse berücksichtigt, an die unteren Netzebenen weitergereicht. Die Betreiber auf den unteren Netzebenen sind dafür verantwortlich, die vorgegebenen Grenzen einzuhalten. Tun sie es nicht, werden sie gebüsst.
3. Die Netzbetreiber müssen über direkten Zugang zu den Prosumern verfügen, insbesondere bei PV- und Windanlagen. Sie dürfen die Prosumer automatisch zur Anpassung an die lokale und zeitliche Situation zwingen. Dabei ist darauf zu achten, dass die Massnahmen so ausgelegt sind, dass keine Sicherungsmechanismen im Netz ausgelöst werden. Solange die Prosumer dadurch lediglich Einspeiseverluste von maximal 5 Prozent erleiden, haben sie keinen Anspruch auf Entschädigung. Die Entscheidungen werden dezentral auf möglichst tiefem Netzniveau getroffen.

Handel
1. Der Energieversorger muss vor dem Abschluss eines Stromhandels bei Swissgrid die Netzsituation überprüfen. Der Handel kann erst abgeschlossen werden, wenn Swissgrid das Einverständnis gegeben hat.
2. Die Netzgebühren werden vom Regulator festgesetzt.
3. Diese Vorgaben gelten sowohl für den Binnenhandel, den Handel zwischen der Schweiz und Europa sowie für den europäischen Handel.
4. Der Binnenhandel wird prioritär abgewickelt, dann kommt der Handel zwischen der Schweiz und Europa und am Schluss der europäische Handel.
5. Wird ein Handel abgeschlossen und später doch nicht vollzogen, muss der Energieversorger bis 24 Stunden vor der Ausführung 50 Prozent der Netzgebühren bezahlen, später sind 100 Prozent fällig.

Aufgaben des Netzbetreibers
1. Die vordringlichste Aufgabe des Netzbtreibers besteht in der Netzsicherung. Zu diesem Zweck hat er das Verhalten der Produzenten und Konsumenten zu steuern und das Netz zu überwachen.
2. Der Netzbetreiber sorgt dafür, dass die Regeln des SmartMarket von allen Beteiligten eingehalten werden, und verrechnet ihnen die Netznutzung.

A 26: Die Jahresarbeitszahl (JAZ) ist ein Mass für die Leistungsfähigkeit einer Wärmepumpenheizung und bezeichnet das Verhältnis zwischen gewonnener Heizenergie und dem dafür eingesetzten Strom. Darin sind sowohl die Leistungszahl der Wärmepumpe als auch Verluste, die z.B. durch Umwälzpumpen und dergleichen entstehen, berücksichtigt. Je höher die Jahresarbeitszahl einer Wärmepumpe ist, desto effizienter arbeitet sie.
Die Jahresarbeitszahl ist stark vom Typ des Heizungssystems abhängig. Bei einer Bodenheizung (Niedertemperaturheizung ~30 °C) arbeitet die Wärmepumpe mit einer hohen Leistungszahl, d.h. es muss nur wenig Strom eingesetzt werden, um einiges an Wärme aus dem Erdreich zu mobilisieren. Eine Jahresarbeitszahl von 4,5 ist für ein solches System realistisch. Bei einer Radiatorenheizung (Hochtemperaturheizung ~60 °C) arbeitet die Wärmepumpe mit einer tieferen Leistungszahl, d.h., es muss mehr Strom eingesetzt werden, um dieselbe Menge an Wärme bereitstellen zu können. Die Jahresarbeitszahl sinkt auf 3.

Verwendet man eine Tieftemperaturheizung, so profitiert man von einer JAZ von 4,5. Man braucht für ein durchschnittliches Einfamilienhauses mit 160 m² Grundfläche und einem jährlichen Heizbedarf von 16 000 Kilowattstunden nur etwa 3 500 kWh Strom einzusetzen, um die benötigte Energie bereitzustellen. Die restlichen 12 500 kWh werden dem Erdreich entzogen. Hat man eine Hochtemperaturheizung, müssen 5 300 kWh an Strom investiert werden, um der Erde 10 700 kWh an Wärme zu entziehen.

A 27 a: Die folgende Tabelle vergleicht die Energiekosten vor Steuern und Abgaben sowie die CO_2-Emissionen eines durchschnittlichen Schweizer Personenwagens für verschiedene Antriebstechnologien und Treibstoffquellen.

		Benzinmotoren				Elektromotoren			
		Heute (Prospekt)	Heute (Realität)	Heute (Fracking)	Zukunft (Hybrid)	Kohlestrom (alt)	Kohlestrom (neu)	Gasstrom	Solarstrom
Fahrstrecke	km	16 000	16 000	16 000	16 000	16 000	16 000	16 000	16 000
Gewicht	kg	1 400	1 400	1 400	1 000	1 400	1 400	1 400	1 400
Energiebedarf (Fortbewegung)	kWh	2 240	2 240	2 240	1 600	2 240	2 240	2 240	2 240
Wirkungsgrad (Antrieb)	%	17	13	13	48	95	95	95	95
Energiebedarf (Treibstoff)	kWh	13 176	17 231	17 231	3 333	2 358	2 358	2 358	2 358
Wirkungsgrad (Kraftwerk)	%	–	–	–	–	33	48	66	100
Wirkungsgrad (Verteilung)	%	100	80	70	80	–	–	–	–
Primärenergie	kWh	13 176	21 538	24 615	4 167	7 145	4 912	3 573	2 358
Energiekosten	CHF	895	1 463	1 672	283	102	70	1 317	472
Ölverbrauch	L	1 318	2 154	2 462	417	–	–	–	–
Ölverbrauch	L/100 km	8,2	13,5	15,4	2,6	–	–	–	–
CO_2	t	3,56	5,82	6,65	1,13	2,64	1,82	0,82	0,09
CO_2-Ausstoss	g/km	222	363	415	70	165	114	51	6

Die Fahrstrecke beträgt in jedem Fall 16 000 Kilometer. Für das Gewicht setzen wir generell 1400 kg ein, ausser beim künftigen Hybridfahrzeug, das mit 1000 kg wesentlich leichter gebaut sein wird. Der Energiebedarf für die Fortbewegung errechnet sich aus der Fahrstrecke und dem Gewicht. Faustregel: Pro 100 kg Gewicht und 100 km Fahrstrecke benötigt man 1 Kilowattstunde (kWh).

Um daraus den Energiebedarf an Treibstoff zu berechnen, benötigt man die Effizienz des Motors. Benzinmotoren haben heute gemäss Prospekt einen Wirkungsgrad von 17 Prozent, aufgrund des schlechten Arbeitspunktes im Stop-and-go-Betrieb und von Verlusten im Getriebe werden de facto aber nur 13 Prozent erreicht. In Zukunft sind aber hocheffiziente Motoren als Batterieladegerät denkbar, die dank einem einzigen optimalen Arbeitspunkt und Turboverdichter einen Wirkungsgrad von bis zu 46 Prozent erreichen dürften. Elektromotoren haben einen hohen Wirkungsgrad von 95 Prozent.

Für eine vollständige Rechnung muss man auch den Energieaufwand für die Förderung des Erdöls sowie die Verluste beim Raffinieren und der Verteilung des Benzins an die Zapfsäulen mit einbeziehen (CO_2-Rucksack). Gemäss Prospekt ist dieser Prozess ideal, in Wahrheit kommen aber nur 80 Prozent des geförderten Öls als Benzin an der Tankstelle an, bzw. sogar nur 70 Prozent, wenn das aufwändigere Fracking zur Förderung benutzt wird. Beim Strom ist der Wirkungsgrad der Kraftwerke, die ihn erzeugen, zu berücksichtigen. Alte Kohlekraftwerke arbeiten mit 33 Prozent, neue mit bis zu 48 Prozent elektrischem Wirkungsgrad. Gaskraftwerke haben einen Wirkungsgrad von 66 Prozent. Für Solarstrom können wir 100 Prozent einsetzen, da nur der Strom ab Anlage interessant ist (und nicht die ursprünglich eingefallene Sonnenstrahlung). Die benötigte Primärenergie lässt sich in Öläquivalente umrechnen, indem man den Energieinhalt von Erdöl (10 kWh pro Liter) einsetzt. Für die Kostenberechnung gehen wir beim Benzin von einem Ölpreis von 120 $ pro Fass bei einem Wechselkurs von 0,9 CHF/$ aus. Die Stromkosten betragen 1,425 Rp./kWh für Kohle, 3,686 Rp./kWh für Gas und 20 Rp./kWh für Solarstrom. Die CO_2-Intensität (bezogen auf die Primärenergie) beträgt 270g/kWh für Benzin aus herkömmlich gefördertem Erdöl, 370 g/kWh für Kohle, 230 g/kWh für Gas und 40 g/kWh für Solarstrom.

A 27 b: Für die Berechnungen gehen wir von Fahrzeugen aus, die allesamt 1400 Kilogramm wiegen, 100 PS (75 kW) Leistung erbringen und eine Lebensdauer von 200 000 Kilometern haben. Den Wirkungsgrad der Benzinmotoren setzen wir mit hohen 27 Prozent ein. Bei der Berechnung der «grauen Energie» spielt der EROI (Energy Returned on Energy Invested) eine wichtige Rolle. Er gibt an, wie viel Energie eingesetzt werden muss, um eine bestimmte Energiemenge zu gewinnen. Die Hersteller von Personenwagen gehen immer von einem idealen (maximalen) EROI aus, doch in der Praxis sieht das anders aus, wie folgende Beispiele zeigen: Um 1930 musste umgerechnet nur 1 Liter Öl an Energie aufgewendet werden, um 100 Liter Öl zu fördern (1:100). Bei den heutigen Offshore-Bohrungen ist das Verhältnis mit 1:10 deutlich schlechter, ganz zu schweigen vom Fracking (1:7) und dem Abbau von Ölsand (1:2). Die «graue» Energie beim Strom aus Photovoltaik (PV) variiert je nach Datenquelle zwischen 30 und 90 Gramm CO_2/kWh. Diese Rechnung basiert auf einem Wert von 40 Gramm (Schweizer Strommix aus PV). Die detaillierte Herleitung der Zahlen in der folgenden Tabelle ist auf der Website *www.kraftwerkschweiz.ch* zu finden.

Energiequellen für den Antrieb von Benzin- und Elektro-Autos	Förder-Effizienz (EROI)	CO_2 Energie (g CO_2-/kWh)	CO_2 Fahrzeug (g CO_2/km)	CO_2 Batterie (g CO_2/km)	CO_2 Fahrt (g CO_2/km)	«CO_2-Rucksack» (g CO_2/km)	Belastung Total (g CO_2/km)
Gemäss Hersteller / NEFZ	max.	317	30	–	148	0	178
Fahren unter Laborbedingungen	max.	317	30	–	193	0	223
Konventionelles Öl, 1930	1:100	441	30	–	193	75	297
Konventionelles Öl, 1990	1:43	447	30	–	193	78	301
Konventionelles Öl, 2005	1:18	462	30	–	193	88	310
Off-Shore	1:10	485	30	–	193	102	324
Fracking	1:7	509	30	–	193	116	339
Öl-Sand	1:2	833	30	–	193	313	535
Strom aus Kohle alt		1100	24	8	168	0	200
Strom aus Kohle neu		757	24	8	115	0	147
Strom Gaskraftwerk		388	24	8	59	0	91
PV Strommix Schweiz		42	24	8	6	0	38

A 27 c: Im Kapitel 26 führt die zurückhaltende, wohl zu tief angesetzte Berechnung der Schweizer Strassenunterhaltskosten zu einem Betrag von 13,75 Milliarden Franken pro Jahr. Wenn man die Unterhaltskosten analog zu jenen des Stromnetzes berechnet, kommt man auf 28,65 Milliarden. Die Umrechnung des Schweizer Bruttosozialprodukts (BIP) und des gesamten CO_2-Ausstosses der Schweiz auf den Strassenbau führt zu folgenden Ergebnissen:

Jährliche CO_2-Belastung durch den Strassenbau		Bei Unterhaltskosten von 13,75 Mia. Fr. / Jahr	Bei Unterhaltskosten von 28,65 Mia. Fr. / Jahr
Bruttoinlandprodukt Schweiz (BIP)	659,8 Mia. Fr.		
CO_2-Ausstoss Schweiz pro Jahr	48,1 Mio. Tonnen		
CO_2-Ausstoss pro BIP-Franken	72,9 Gramm		
CO_2-Belastung durch den Strassenbau*		1,0 Mio. Tonnen	2,1 Mio. Tonnen
CO_2-Belastung durch Strassenbau pro Fahrzeug */**		204,1 Kilogramm	426,8 Kilogramm
CO_2-Belastung pro km bei 15 000 km Fahrleistung*		13,7 Gramm	28,5 Gramm
Tatsächliche CO_2-Belastung pro km (die Baubranche produziert bei einem BIP-Anteil von 5% rund 30% des Schweizer CO_2-Austosses = Faktor 6) ***		82,2 Gramm	171 Gramm

* Unter Annahme einer durchschnittlichen CO_2-Belastung pro BIP-Franken
** 4,9 Mio. Fahrzeuge gemäss Bundesamt für Statistik
*** Gemäss Angaben des Innerschweizer Bauunternehmers Markus Affentranger am Swiss Energy and Climate Summit 2017 in Bern

A 28: Autos benötigen viel mehr Mobilitätsflächen, um sich flüssig bewegen können. Dies geht aus einer Studie hervor, die am Institut für Verkehrsplanung und Transportsysteme von Professor Heinrich Brändli an der Zürcher ETH entstanden ist. Danach benötigen Fussgänger 1 Quadratmeter Raum, um ungestört voranzukommen (50 cm in der Breite und 2 m in der Länge). Ein Velofahrer benötigt mehr Platz, weil er schneller unterwegs ist (10 m²). Der öffentliche Verkehr in der Stadt braucht 15 m², jener auf dem Land 25 m². Der Platzbedarf eines Autos, das mit 30 km/h unterwegs ist, beträgt 67 m², bei 50 km/h sind es 111 m² und bei 120 km/h rund 267 m². Am flächeneffizientesten ist die U-Bahn, weil sie grösstenteils unterirdisch verläuft und nur Ein- und Einstiegsorte braucht. Solche Kennzahlen zur flüssigen Fortbewegung werden unter anderem gebraucht, um Bahnhöfe oder Fussgängerpassagen in der richtigen Grösse zu planen.

A 29: In dicht besiedelten Gebieten wie der Stadt Zürich erbringen die vier Mobilitätsarten Auto, Bahn, Strassen-ÖV (Busse) und Langsamverkehr (Velos, Fussgänger) je ein Viertel der Personentransportleistung. Ein Auto benötigt bei 50 km/h Geschwindigkeit 111 m^2 Fläche zur flüssigen Fortbewegung, der öffentliche Verkehr auf Schiene und Strasse beansprucht 15 m^2. Für den Langsamverkehr kann man einen mittleren Wert von 5 m^2 einsetzen. Da der Anteil am Personentransport für alle vier Mobilitätsarten ungefähr gleich gross ist, besetzen die Autofahrer rund 76 Prozent der Fläche, die Bahn und der Strassen-ÖV je 10,3 Prozent (zusammen 20,6 Prozent) und der Langsamverkehr nur etwa 3,3 Prozent.

A 30: Die Fläche von National-, Kantons- und Gemeindestrassen beträgt 573 km^2. Diese Fläche steht dem Verkehr während des ganzen Jahres, also während 8760 Stunden, zur Verfügung. Das gesamte Flächenangebot beträgt demnach rund 5 Millionen Quadratkilometerstunden (km^2h). Die Frage lautet, wie viele dieser 5 Millionen km^2h von den Fahrzeugen rund um die Uhr tatsächlich genutzt werden.
Wir berechnen das wie folgt: Laut dem Bundesamt für Statistik gibt es in der Schweiz etwa 4 Millionen Personenwagen. Im Durchschnitt fährt ein Auto pro Jahr etwa 16 000 km. Bei einer Durchschnittsgeschwindigkeit von 50 km/h wird diese Strecke in 320 Stunden zurückgelegt. Bei 50 km/h benötigt ein Auto laut Studien 111 m^2 an Fläche zur flüssigen Fortbewegung. Für 4 Millionen Wagen sind das folglich 444 km^2. Multipliziert mit den Stunden Fahrzeit ergibt sich ein Bedarf von 142 080 km^2h. Für die Fortbewegung stehen wie gesagt 5 Mio. km^2h zur Verfügung, effektiv benötigt werden aber nur 142 080 km^2h. Das entspricht einer Auslastung des Strassennetzes von 2,84 Prozent.

A 31: Als Ausgangspunkt für die Anwendung der Reduktionsmassnahmen dienen die aktuellsten Zahlen aus dem Jahr 2012. Der Gesamtbedarf an Elektrizität bei den Endverbrauchern kann dank verbesserter Effizienz (z.B. sparsamere Industriemotoren) und trotz Elektrifizierung von Heizungen und Mobilität auch bei wachsender Bevölkerung auf dem heutigen Niveau von 60 Terawattstunden pro Jahr gehalten werden. Dazu kommen gemäss unseren Simulationen 3.25 TWh an Stromaufnahme durch Batterien, 2.20 TWh an Verbrauch durch die Pumpspeicher und 0.68 TWh an Netzverlusten. Das entspricht einem jährlichen Gesamtverbrauch von 66.13 TWh.

Gemäss der Gesamtenergiestatistik aus dem Jahr 2012 benötigt die Schweiz zur Deckung ihres Wärmebedarf pro Jahr rund 45.9 TWh an Heizöl, 31.7 TWh an Gas, 4.8 TWh an Fernwärme und 10.6 TWh an Holz. Hier ist es vor allem wichtig, die fossilen Brennstoffe Heizöl und Gas zu substituieren, wohingegen man Fernwärme und Holz weiterhin wie gehabt nutzen kann. Durch bessere Isolation der Gebäude allein lässt sich der Heizbedarf um einen Faktor 4 reduzieren, sodass man anstelle von 77.6 TWh fossiler Brennstoffe nur noch 19.4 TWh benötigt. Durch den Einsatz von Wärmepumpen kann man sich der nicht erneuerbaren Brennstoffe sogar vollständig entledigen; stattdessen benötigt man Strom für den Betrieb der Wärmepumpen. Da ein Grossteil der Wärme aber dem Erdboden oder der Luft entnommen wird, profitiert man von einer weiteren Reduktion um einen Faktor 4. Anstelle von 19.4 TWh fossilen Brenstoffen benötigt man dann nur 4.8 TWh Strom, der in unseren Szenarien vollständig aus erneuerbaren Quellen stammt.

Auch in der Mobilität ist die Umstellung von einem mehrheitlich fossilen auf ein mehrheitlich elektrisches Regime möglich, wenn man von den herkömmlichen Verbrennungsmotoren auf Hybridmotoren umsattelt und sein Fahrverhalten ein wenig anpasst. Im Jahr 2012 verbrauchte die Schweiz insgesamt 64.6 TWh an Benzin und Diesel. Allein durch einen Verzicht auf unnötige Fahrten, die man statt mit dem Auto auch mit dem Fahrrad oder zu Fuss zurücklegen könnte, kann der Verbrauch um einen Faktor 2 auf 32.3 TWh reduziert werden. Durch die Verwendung von Hybridmotoren profitiert man von besseren Wirkungsgraden und der Möglichkeit, auch rein elektrisch fahren zu können. Etwa zwei Drittel aller Fahrten sind streckenmässig so kurz, dass man sie ohne Probleme nur mit dem in der Batterie gespeicherten Strom bewältigen kann, wobei man von der achtmal höheren Effizienz des Elektromotors profitiert. Die 2/3 der Fahrten entsprechen 21.5 TWh an fossilen Treibstoffen, die sich auf 2.7 TWh Strom reduzieren lassen. Das restliche Drittel der Fahrten geht über längere Strecken, die man im Hybridmodus zurücklegen muss. Hier fährt man zwar weiterhin mit fossilem Treibstoff, profitiert aber von einem viermal besseren Wirkungsgrad, weil der Verbrennungsmotor in einem seriellen Hybrid in einem optimalen Arbeitspunkt betrieben werden kann. Das ein Drittel der Fahrten entspricht 10.8 TWh Bedarf an Öl, die sich aufgrund des höheren Wirkungsgrades auf 2.7 TWh reduzieren. Für den Strassenverkehr werden somit nur noch je 2.7 TWh an erneuerbarem Strom und fossilem Treibstoff benötigt. Für den Flugverkehr nehme ich an, dass der Bedarf in etwa bei den 18.6 TWh gemäss Stand 2012 bleibt. Insgesamt beträgt der Verbrauch an fossilem Treibstoff im Strassen- und Luftverkehr also nur noch 21.3 TWh gegenüber 81.9 TWh im Jahr 2010 (siehe Tabelle).

	Vor der Energiewende (2010)			Nach der Energiewende (2035)	
Energieträger	Verbrauch TWh/Jahr	davon nicht erneuerbar	CO_2-Ausstoss Mio. Tonnen/Jahr	Verbrauch nicht erneuerbar	CO_2-Ausstoss Mio. Tonnen/Jahr
Öl (Heizen)	53.8	53.8	14,5	0.0	0,0
Gas (Heizen)	32.1	32.1	7,4	0.0	0,0
Fernwärme	4.8	–	0,5	–	0,5
Holz (Heizen)	10.6	–	0,0	–	0,0
Öl (Flugverkehr)	17.1	17.1	4,4	18.6	4,8
Öl (Strassenverkehr)	64.8	64.8	16,7	2.7	0,7
Kernenergie*	76.4	76.4	0,4	0.0	0,0
Kehricht	3.6	–	0,1	–	0,1
Wasserkraft	37.5	–	0,4	–	0,4
Biomasse				–	0,1
Wind				–	0,1
Solar				–	0,9
Total	300.7	244.1	44,40	21.3	7,5

* Aus der eingesetzten Primärenergie in Form von Uran entstehen 25.2 TWh Strom.
Quelle: Anton Gunzinger, Supercomputing Systems AG

A 32: Die USA und die Europäische Union produzieren derzeit (Datenbasis 2010) einen grossen Teil der benötigten Elektrizität mit Kohle-, Gas- und Kernkraftwerken, also aus nicht erneuerbarer Energie. Die Schweiz betreibt derzeit weder Kohle- noch Gaskraftwerke. Nach der Energiewende (2035) könnten sowohl die EU wie die USA auf Kohle- und Kernkraft verzichten. Voraussetzung ist der massive Ausbau von Windkraft und Photovoltaik. Null-Werte bedeuten nicht unbedingt, dass es keine entsprechenden Kraftwerke gibt; sie fallen aber statistisch (noch) nicht ins Gewicht.

Elektrizität aus ...	Schweiz		EU		USA	
	2010	2035	2010	2035	2010	2035
	TWh	TWh	TWh	TWh	TWh	TWh
Kohlekraftwerken	0.0	0.0	822.0	0.0	1847.3	0.0
Gaskraftwerken	0.0	0.0	839.0	596.6	1036.1	956.3
Kernkraftwerken	25.2	0.0	899.4	0.0	807.0	0.0
Biomassekraftwerken	0.0	4.3	68.2	125.3	71.3	106.5
Kehrichtverbrennung	3.6	3.7	75.3	139.6	0.0	0.0
Laufwasserkraftwerken	16.1	16.7	72.1	119.6	0.0	0.0
Windkraftanlagen	0.0	5.4	153.1	1005.6	94.7	1507.1
Photovoltaik	0.0	19.2	21.2	1213.2	1.2	1555.7
Pumpspeicherwerken	2.5	1.8	56.7	60.3	16.5	16.4
Stauseekraftwerken	19.0	15.3	233.1	302.0	260.2	265.7
Batterien	0.0	2.9	0.0	186.6	0.0	260.8
Total	66.4	69.4	3240.1	3748.8	4134.2	4668.5
Nicht erneuerbar in TWh	25.2	0.0	2560.4	596.6	3690.3	956.3
Erneuerbar in TWh	41.2	69.4	679.7	3152.3	443.9	3712.2
Nicht erneuerbar in %	38,0	0,0	79,0	15,9	89,3	20,5
Erneuerbar in %	62,0	100,0	21,0	84,1	10,7	79,5
Gesamtenergiebilanz im Jahr 2035 (Elektrizität, Heizung, Mobilität, Flugverkehr)						
Nicht erneuerbar in %	81,2	19,2	89,9	34,0	96,2	42,5
Erneuerbar in %	18,8	80,8	10,2	66,0	3,8	57,5

Weitere Informationen finden Sie auf der Website www.kraftwerkschweiz.ch, wo auch ein Programm zur Verfügung steht, das es jedermann ermöglicht, sein persönliches «Energieszenario Schweiz» zu simulieren.

Team

Anton Gunzinger, Autor. Der gelernte Radioelektriker studierte auf dem zweiten Bildungsweg Elektroingenieur an der Zürcher ETH. Für seine Dissertation zum Thema «Parallele Bildverarbeitungsrechner» erhielt er unter anderem den Swiss Technology Award. Als Oberassistent entwickelte Gunzinger mit seinem Team das «Multiprocessor System with Intelligent Communication» (MUSIC). Im Final der Weltmeisterschaft der schnellsten Rechner (Gordon Bell Award 1992 in Minneapolis, USA) belegte MUSIC hinter Intel, aber vor IBM und CRAY den zweiten Rang. In der Folge ernannte das «Time Magazin» den gebürtigen Solothurner zu einem der 100 wichtigsten Leader des 21. Jahrhunderts. 1993 gründete Gunzinger die Firma Supercomputing Systems AG (SCS) mit Sitz im Zürcher Technopark. Heute beschäftigt das Unternehmen rund 100 Mitarbeitende und gehört bei der Computertechnologie für Investitionsgüter zur Weltspitze. Daneben hat Gunzinger an der ETH Zürich einen Lehrauftrag in Computerarchitektur.

René Staubli, Ghostwriter. Der ehemalige Wirtschaftsredaktor der «Sonntags-Zeitung» und der «Weltwoche» wechselte nach der Auszeichnung mit dem Zürcher Journalistenpreis 2003 zum «Tages-Anzeiger», wo er das Reporterteam leitete. Seit Anfang 2014 ist er freiberuflich als Textarbeiter, Ghostwriter, Lektor und Rewriter tätig.

SCS-Ingenieure, Fachlektorat. Mitarbeiter der Supercomputing Systems AG haben die Diagramme für die Stromversorgungsszenarien aufbereitet sowie die in diesem Buch präsentierten Inhalte und Berechnungen überprüft.

Klaudia Meisterhans, Infografiken. Nach Abschluss der Textilfachklasse an der Kunstgewerbeschule Zürich arbeitete sie als Textildesignerin und Verpackungsgestalterin. Seit 1997 ist Klaudia Meisterhans zu 80 Prozent als Infografikerin beim «Tages-Anzeiger» angestellt – und daneben vielseitig kreativ und künstlerisch tätig.

Seraina Morell Gunzinger, Denkanstösse. Nach Studien in Psychologie (USA, B.A.) und Kunsttherapie (Schweiz, M.A.) war sie fünf Jahre als Kunsttherapeutin im Spital Affoltern am Albis tätig. Heute ist Seraina Morell Gunzinger Kulturschaffende und freie Mitarbeiterin bei der Supercomputing Systems AG.

Gianni Vasari, Bilder. Der gebürtige Bieler Bildhauer und Maler war Freischüler an der Kunstgewerbeschule Bern, stellte Keramik und Webereien in Brügg her, Skulpturen und Intarsien in Trogen und war Viehhirte und Schreiner im Emmental. Seit 1979 realisiert er unzählige künstlerische «Verrücktheiten» für und mit Anton Gunzinger.